U0185733

珠宝
鉴赏大全

（全彩珍藏版） 由伟 编著

（第2版）

清华大学出版社

北京

内容简介

本书介绍了目前市场上常见的 30 多种珠宝玉石，包括它们的主要特征、类型、价值判断方法、主要产地、常见的作假手段及鉴别方法，从而帮助人们掌握基本的珠宝鉴赏知识，准确地判断和评价珠宝的价值。本书的内容贴近当前的市场情况，具有较强的实用性，对人们的选购、投资能起到较好的指导作用。

本书既适合普通的珠宝爱好者和消费者阅读，也是珠宝专业人士值得拥有的实用参考书。

图书在版编目（CIP）数据

珠宝鉴赏大全：全彩珍藏版 / 由伟编著 . —2 版 . —北京：清华大学出版社，2023.1
（2024.8 重印）

ISBN 978-7-302-61506-4

Ⅰ . ①珠… Ⅱ . ①由… Ⅲ . ①宝石—鉴赏 Ⅳ . ① TS933.21

中国版本图书馆 CIP 数据核字（2022）第 139336 号

责任编辑：张　瑜
装帧设计：杨玉兰
责任校对：周剑云
责任印制：丛怀宇

出版发行：清华大学出版社
　　　　　网　　址：https://www.tup.com.cn, https://www.wqxuetang.com
　　　　　地　　址：北京清华大学学研大厦 A 座　　　　邮　　编：100084
　　　　　社总机：010-83470000　　　　　　　　　邮　　购：010-62786544
　　　　　投稿与读者服务：010-62776969, c-service@tup.tsinghua.edu.cn
　　　　　质量反馈：010-62772015, zhiliang@tup.tsinghua.edu.cn

印 装 者：北京博海升彩色印刷有限公司
经　　销：全国新华书店
开　　本：146mm×210mm　　印　张：18　　字　数：458 千字
版　　次：2018 年 7 月第 1 版　2023 年 1 月第 2 版　印　次：2024 年 8 月第 3 次印刷
定　　价：99.00 元

产品编号：093246-01

前　言

　　《珠宝鉴赏大全》（全彩珍藏版）自出版以来，受到广大读者的欢迎和喜爱。在这几年里，本书作者也和各位读者一样，一直在进一步学习珠宝方面的知识，不断充实、丰富自己。

　　在这段时间里，通过和珠宝消费者和珠宝爱好者的交流，作者发现为数不少的人对珠宝首饰的一些问题仍存在疑问，这些疑问在第 1 版中找不到答案，希望得到解答。另外，作者在这几年的教学和科研工作中，也学到了一些新知识，感觉很有必要和大家分享。

　　所以，作者写作了本书的第 2 版，增加的新内容以附录的形式体现。这样，和第 1 版相比，第 2 版增加了附录部分，而且这部分的形式也和第 1 版不同：它由 120 道问答题组成，以问答的形式介绍相关内容，涉及珠宝首饰的性质、鉴定、评价、加工、保养、采购等方面，很多都是读者经常遇到的实际问题，所以本版和大家的日常生活联系得更紧密，从而进一步提高了本书的实用性。

　　这些内容本来也可以融入第 1 版的各个部分中，但作者认为，那样会使各部分的篇幅增加，显得臃肿，可能会降低读者的阅读兴趣。而问答这种形式相对比较新颖，可以让读者有耳目一新的感觉，能提高他们的阅读兴趣，从而提高学习效果。

在本版的写作过程中，作者参考、引用了大量同行的知识、成果和资料，包括学术论文、著作及网络资料，没有这些资料，本书是不可能完成的，所以，作者在这里对他们表示真心的感谢。需要特别说明的是，很多参考资料的出处没有在书中标明，因而作者对它们的作者表示深深的歉意。

　　本书语言简练，具有较强的实用性，希望能继续对读者朋友提供帮助。

　　鉴于作者的知识水平有限，所以本版中仍不可避免地存在错误和疏漏之处，希望读者能够谅解并提出宝贵意见，以便作者将来进行修订和改进。

编著者

目
录

珠宝鉴赏概述

0.1 珠宝——大自然的精灵

"珠宝"是"金银珠宝"或"珠宝玉石首饰"的简称，包括金、银、宝石、玉石、珍珠等品种。

一、珠宝的特征

可以说，珠宝是大自然的精灵，是大自然赐予人们的珍贵礼物。和其他物质相比，珠宝有自己独有的特征，主要包括三个方面。

1. 美观

珠宝的外观都很漂亮、惹人喜爱，比如，有的颜色鲜艳、绚丽多彩，比如红宝石、蓝宝石、祖母绿；有的晶莹剔透，比如钻石、水晶；有的熠熠发光，比如金、银；有的温润柔和，比如珍珠、和田玉，如图0-1所示。

图 0-1 珠宝首饰

常言说：爱美之心，人皆有之。珠宝可以很好地满足人们的这种需求，所以自古以来，世界各地的人们都喜欢珠宝，并用它们制造首饰、装饰品或工艺品等。

2. 珍贵

珠宝的第二个特征是珍贵。这方面的例子很多，比如大家熟悉的古

代的和氏璧，秦王愿意用十五座城交换它。目前，一克拉钻石的价格是
5 万元左右，一克拉是 0.2 克，所以，一克钻石的价格就是 25 万元！
大家还能想到比它更贵的物品吗？

造成珠宝珍贵的原因主要有两个：一个是人们都喜欢它们，另一个
是珠宝的数量很少、很稀有，"物以稀为贵"，所以使得它们很珍贵。

3. 恒久

珠宝一般具有一些独特的性质，比如，有的结构致密、质地坚硬，
有的耐腐蚀性很好，有的能耐高温。所以，很多珠宝具有恒久性，即使
经历千百万年的时间，也不会发生变质或破坏，仍保持原有的品质，比
如颜色、光泽、质地等。例如，三星堆遗址出土的黄金面具，经过考证，
它们是距今 3000 年甚至 5000 年以前制造的，现在仍旧金光闪闪。

二、珠宝的种类

据统计，目前人们发现的珠宝有 200 多种，有的品种看起来相似，
但是价格却有天壤之别，比如，同样是绿色的手镯，翡翠的价格能达到
几万元、十几万元甚至几十万元，而岫玉的价格可能只有几百元。所以
在选购珠宝时，应该问清楚具体品种。

按照化学成分或外观，可以把珠宝分成以下四大类。

（1）宝石：从外观看，多数宝石最显著的特点是透明度好，比如钻
石、水晶、红宝石、蓝宝石、祖母绿、海蓝宝石等，如图 0-2 所示。

（2）玉石：从外观看，多数玉石的透明度比较低，一般是半透明，
有的完全不透明，比如翡翠、玛瑙、和田玉，如图 0-3 所示。

图 0-2 祖母绿

图 0-3 翡翠

（3）有机宝石：这类宝石的化学成分中含有有机物，比如珍珠、琥珀、珊瑚、象牙、犀牛角、砗磲等。如图 0-4 所示。

（4）贵金属：包括金、银、铂、钯等，如图 0-5 所示。

图 0-4　珊瑚

图 0-5　金首饰

三、珠宝的用途

1. 制造首饰

这是珠宝最典型的用途，人们用珠宝制造首饰，装饰自己，凸显自己的气质。

2. 表达情感

人们也经常用珠宝表达自己的情感，比如用钻石表达恒久不变的爱情，用玉石表达自己的志向、思念、祝福等感情，所以古代有"君子比德于玉"的说法。

3. 制造实用物品

在古代，人们经常用珠宝制造一些实用物品，比如用金银作为货币，用玉器制造礼仪用品、酒杯、发簪、乐器等。现在，一些奢侈品企业在手表、服装上也经常使用珠宝，在航空航天、精密仪器等领域，人们经常使用黄金、钻石等制造一些特殊的零部件。

4. 保值增值

古今中外，人们经常收藏珠宝，把它们作为一种投资媒介，实现资产的保值增值。

5. 其他用途

比如，有人用珠宝进行医疗保健、美容养颜，甚至延年益寿，我国的一些中医药典籍如《本草纲目》就记载了一些珠宝品种的药用价值。

0.2 珠宝的鉴定方法

很多人对珠宝鉴定很感兴趣，但是又感觉它很神秘，认为只有那些专家才能鉴定，自己根本学不会。实际上并非如此，只要了解了珠宝鉴定的原理，掌握了适当的方法，使用相关的工具、仪器，再加上平时多思考，每个人都能学会珠宝鉴定，甚至能做到举一反三。比如，对一些新品种，资料中找不到鉴定方法，读者也能对它们进行鉴定；还可以改进现有的一些鉴定方法的缺点或不足；或者自己开发出更好的鉴定方法。

一、珠宝鉴定的原理

理解珠宝鉴定的原理是学会珠宝鉴定方法的前提。珠宝鉴定的原理说起来很简单，可以归纳为四句话：一，"假"宝石和"真"宝石的化学成分、显微结构和性质三个要素存在一定的差别；二，了解"真"宝石的这三个要素；三，测出要鉴别的样品的这三个要素；四，把样品的这三个要素和"真"宝石进行对比，它们越接近，说明样品越可能是"真"的，它们的差别越大，说明样品越可能是假的。

二、珠宝的三个要素

（一）化学成分

我们都知道，珠宝的品种不同，化学成分也不同。珠宝的化学成分主要涉及以下内容。

（1）单质：有的珠宝由单质元素组成，比如钻石主要由碳元素构成，金、银、铂由对应的单质元素构成。

（2）氧化物：有的珠宝由氧化物组成，比如红宝石和蓝宝石的主要成分都是 Al_2O_3，水晶和玛瑙的主要成分都是 SiO_2。

（3）盐：有的珠宝的化学成分是盐类化合物，如翡翠的主要成分是硅酸盐 $NaAl(SiO_3)_2$，珍珠的主要成分是碳酸盐 $CaCO_3$。

（4）有机物：有的珠宝由有机物构成，比如琥珀的主要成分是有机物，珍珠、珊瑚中也含有有机物。

（5）次要成分：多数珠宝中都含有一些次要成分，比如微量元素、水分等。比如，钻石里经常含有氮元素，翡翠里经常含有铬元素，和田玉里经常含有一些水分。

（二）显微结构

从微观角度看，珠宝是由各种元素的原子按照一定的排列方式组成的，原子的排列方式就是显微结构。

1. 晶体

在有的珠宝的内部，原子是按照一定的规则排列的，这种显微结构叫晶体。

2. 晶体的类型

晶体可以分为不同的类型或结构，在不同的类型里，原子的排列方式不一样。比如，钻石的晶体类型是八面体形状，绿柱石的晶体类型是六棱柱形状，翡翠的晶体类型是斜四棱柱形状，如图 0-6 所示。

3. 非晶体

在有的珠宝的内部，原子的排列完全是混乱的，没有规律性，这种显微结构叫非晶体，琥珀的显微结构就是非晶体。

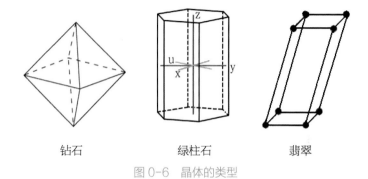

钻石　　　　　　　绿柱石　　　　　　　翡翠

图 0-6　晶体的类型

4. 内含物

内含物也叫包裹体，是指珠宝内部包含的一些物质，比如杂质、气泡、裂纹等。人们经常利用内含物鉴别珠宝真伪。比如不同产地的祖母绿，内含物的形状、颜色等经常不一样。人工合成的珠宝内部经常有少量没有反应完的原料、催化剂颗粒等，这也是内含物。

（三）性质

珠宝的性质包括多个方面，如光学性质、力学性质、热学性质等。

1. 光学性质

光学性质是珠宝最突出的性质，人们喜欢珠宝的一个重要原因就是因为它们有突出的光学性质。

珠宝的光学性质包括颜色、光泽、透明度、折射率、发光性等。

（1）颜色：珠宝的品种不同，颜色经常有差别。所以人们经常通过观察颜色鉴别珠宝的真伪。比如鉴别真假翡翠、黄金的成色、不同产地的祖母绿等。

（2）光泽：是指珠宝表面反射的光线。人们经常用光泽鉴别真假钻石和真假和田玉：真钻石的光泽很强，看起来有刺眼的感觉，而很多假钻石的光泽比较弱；和田玉具有典型的油脂光泽，而用其他品种仿冒的和田玉的光泽很多是蜡状的。

（3）透明度：是指珠宝的透明程度。透明度一般分为完全透明、亚透明、半透明、微透明、不透明等类型。对多数珠宝来说，透明度越高，质量越好，价值越高，如翡翠、红宝石、蓝宝石、海蓝宝石等。

（4）折射率：是珠宝的一种重要的光学性质，也是一个重要的鉴别指标，专业的鉴定机构进行珠宝鉴定时，经常测试样品的折射率。

（5）发光性：指有的珠宝被加热后，或受到紫外线、X射线照射后，会发出一定颜色的光线。专业鉴定机构在鉴别钻石时，经常通过测试发光性判断真伪。

2.力学性质

力学性质包括硬度、密度等。

（1）硬度：硬度是珠宝受人喜爱的很重要的一种性质，比如，人们都知道，钻石、红宝石、蓝宝石的硬度很高，纯金的硬度很低。所以，人们经常利用硬度鉴别真假钻石和黄金。

（2）密度：密度在珠宝鉴定中的应用也很广泛。近几年出现的一种钻石仿制品——莫桑石，用其他手段很难鉴别出来，而通过测试密度，可以很方便地鉴别出来。另外，鉴别真假珍珠、玉石、黄金时，也经常测试样品的密度。

3. 热学性质

珠宝的热学性质包括导热性、熔点或分解温度等。

人们经常利用热学性质进行珠宝鉴定。比如，唐代诗人白居易有一句诗"试玉要烧三日满，辨材须待七年期"，是指古代人们鉴别玉石时经常用火烧的办法——烧三天后，如果样品不变质，就说明是真正的玉石，如果样品被烧成粉末，说明不是玉石。它利用的是样品的分解温度。现在人们鉴别真假钻石时，经常通过测试导热率进行——真钻石的导热率很高，而多数假钻石的导热率比较低。另外，也可以通过导热率鉴别真假水晶、玉石，一种简单的方法是用手抚摸样品——如果感觉样品很凉，就说明它可能是真的，如果感觉样品比较温热，说明可能是假的。这是因为真正的水晶和玉石的导热性比较好，而玻璃、塑料等仿制品的导热性比较差。

4. 其他性质

常言说：道高一尺，魔高一丈。近年来，珠宝的造假技术越来越高，有的赝品只测试前面那些性质很难鉴别出来，所以人们开始通过测试其他一些性质进行鉴定，比如导电性、磁性、放射性等。

三、珠宝的鉴定方法

从上面提到的鉴定原理可以看出，珠宝鉴定的主要工作就是测试样品的三个要素——化学成分、显微结构和性质。测试方法其实就是珠宝的鉴定方法。目前，珠宝的鉴定方法主要有四类：经验法，简单工具法，常规专业鉴定仪器法，精密仪器法。

1. 经验法

经验法也叫作感官法，是指鉴定者用自己的感觉器官测试样品的三个要素，对样品进行鉴定的方法。这种方法的准确性和效率与鉴定者的经验关系很大，也可以说主要是依靠鉴定者的经验进行，所以叫作经验法。

经验法具体包括五种：眼法，手法，耳法，鼻法，牙法。

眼法就是用眼睛观察样品，通过颜色、光泽、透明度、内含物等特征进行鉴定。

手法就是用手抚摸、掂量样品，估计样品的导热性、密度等，对样品进行鉴定。

耳法就是用耳朵听声音，通过检验样品的质地、化学组成等鉴定真伪。比如，在一些影视剧里，我们经常能看到，人们对着银圆吹一下，然后听它的声音。

鼻法就是用鼻子闻样品的气味鉴定真伪。常见的是对琥珀的鉴别。

牙法就是用牙咬样品，通过硬度进行鉴定。比如用牙咬黄金制品。

经验法的优点是方法简单、使用方便、速度快、成本低，但是我们都知道，人的感觉灵敏度不高，所以这种方法的准确性和可靠性比较低，容易出错。

2. 简单工具法

这种方法是人们使用一些简单的工具，结合经验法进行鉴定。常用的工具有放大镜、聚光手电筒等。

（1）放大镜。

使用放大镜，鉴定者可以更清楚地进行观察，包括样品的表面特征和内部特征。

（2）聚光手电筒。

聚光手电筒能发射亮度很高的光线，人们使用它能更好地观察样品的透明度、很细微的裂纹等特征。

所以，简单工具法可以提高鉴定的准确性和可靠性。

3. 常规专业鉴定仪器法

为了更准确地测试样品的化学组成、显微结构和性质，专业鉴定机构的鉴定者使用专业仪器进行鉴定。常见的珠宝鉴定仪器及用途如表 0-1 所示。

表 0-1　常规珠宝鉴定仪器及用途

专业鉴定仪器	用　途
宝石显微镜	观察样品的外部和内部特征，放大倍数高
折射仪	测试样品的折射率等光学性质
偏光镜	测试样品的光性和多色性
二色镜	测试样品的多色性
分光镜	测试样品的吸收光谱
查尔斯滤色镜	测试样品的光学性质
紫外荧光仪	测试样品的发光性
阴极发光仪	测试样品的发光性
导热仪	测试样品的导热性
硬度计	测试样品的硬度
重液	测试样品的密度

专业鉴定仪器法的准确性大大提高了，但是成本也高，需要的时间也长。

4. 精密仪器法

为了进一步提高鉴定的准确性，有时候，专业鉴定机构还使用一些大型的精密仪器进行鉴定。表0-2列出几种常见的精密仪器。

表 0-2　精密仪器及其用途

精密仪器	用　途	特　点
扫描电镜	观察样品的微观结构，分析化学成分	分辨率高，放大倍数高
红外光谱仪	分析样品的化学组成	准确性高
激光拉曼光谱仪	分析样品的化学组成	准确性高
紫外可见分光光度计	分析样品的化学组成	准确性高
X射线荧光光谱仪	分析样品的化学组成	准确性高

四、珠宝鉴定的内容

笼统地说，珠宝鉴定的目的就是鉴别出真、假珠宝。实际上，"假"珠宝包括很多具体的种类，常见的有下面几种。

1. 仿制品

仿制品是指假冒的珠宝，一种是用价格较低的珠宝品种假冒价格较高的品种，比如用水晶假冒钻石，用碧玉冒充翡翠；另一种是用廉价材料假冒珠宝，比如用玻璃、塑料假冒钻石、珍珠、珊瑚等；还有一种是用其他产地的珠宝假冒知名产地的珠宝，比如，用赞比亚的祖母绿假冒哥伦比亚的祖母绿、用青海的和田玉假冒新疆的和田玉等。

2. 人工合成品

人工合成品是指完全按照天然珠宝的化学成分、显微结构和性质生产的珠宝。比如近几年兴起的培育钻石。

3. 拼合石

拼合石是指把几个小块的宝石粘在一起做成的大块宝石，因为一块大宝石的价格比几个小块宝石价格之和要高。

4. 优化处理品

有的天然宝石的质量比较差，比如颜色不纯、透明度低、有裂纹、有杂质等缺陷，所以有人就对它们进行一些处理，提高它们的质量，这样它们的价格就会提高。目前，珠宝市场上的很多品种如红宝石、蓝宝石、翡翠、珍珠等都是优化处理品。

具体到不同品种的珠宝，造假手段经常互不相同，有的特别复杂、特别新奇，让人防不胜防，这在后面的内容中会进行详细介绍。进行鉴定时，应该把具体的造假手段指明，这样才能让人信服。

五、珠宝鉴定的策略

前面提到，珠宝鉴定有四类方法，它们各有优缺点：准确性、成本互不相同。珠宝鉴定的准确性和成本是一对矛盾：要想准确性高，就需要使用更多、更精密的仪器，测试的项目也要多，但鉴定的成本就高；反之，要想降低鉴定成本，就尽量不使用精密仪器，测试的项目也要少一些，但鉴定的准确性就会降低。

所以，我们都明白，高水平的鉴定者可以较好地兼顾这对矛盾，提高鉴定的性价比。为了做到这一点，需要采取合理的鉴定策略，然后制定对应的鉴定方案和步骤。

合理的鉴定策略，笼统地说，就是根据鉴定对象的价值采取对应的鉴定方法，就像医生治病一样，"对症下药"。具体地说就是，如果鉴定对象的价值较低，就优先考虑鉴定成本，如果鉴定对象的价值较高，就优先考虑鉴定的准确性。比如，如果样品的价格只有几十元，那么只使用便宜的经验法鉴定就可以；如果样品的价格达几万元，就应该使用多种鉴定方法，包括专业仪器甚至精密仪器，保证鉴定结果的准确性。

使用多种方法时，采取的步骤一般是先简单后复杂、先便宜后昂贵，即先采用简单、便宜的方法，比如经验法、简单工具法，后采用复杂、昂贵的方法，如精密仪器法、新技术等。

0.3　珠宝之美的欣赏

"鉴赏"包括"鉴"和"赏"两个方面，"鉴"指鉴别、鉴定，"赏"指观赏、欣赏。实际上，人们在看到一件珠宝时，这两件事经常是同时进行的，分得并不清楚。但是它们确实是两回事，存在一些区别，所以在本书中分别进行介绍。

对珠宝进行欣赏，具体包括多个方面，因为珠宝的美体现在多个方面。同时，欣赏的途径或手段也有多个：很多人认为"欣赏"就是用眼睛看，但如果仔细想一想，我们可以明白，用眼睛看只是欣赏的一个方面，当然，这是很重要的一个方面，除此之外，欣赏还包括其他几个方面，比如用手触摸、用耳朵听、用鼻子嗅等，更重要的，是"心赏"，用心欣赏，仔细品味，可以说，这是珠宝欣赏最重要的方面，也是欣赏的本质。

一、外观之美

常言说"货卖一张皮"，珠宝的外观是吸引人的第一个要素，如图 0-7 所示。

图 0-7 蜜蜡

1. 尺寸

珠宝的尺寸大小最能吸引人的注意力。人们在看一件珠宝时，第一眼总是看它的尺寸大小。珠宝的数量稀少，大尺寸的珠宝更少。很多著名的珠宝，人们总是先关注它们的尺寸，那些被誉为"世界之最"的珠宝，也经常是以尺寸大小作为标准衡量的。所以，我们把尺寸之美称为"珠宝的第一美"。在很多情况下，尺寸之美甚至可以起到"一美遮百丑"的效果。

2. 颜色

无疑，颜色是珠宝吸引人的一个重要因素，几乎对所有的珠宝品种，包括钻石、红宝石、蓝宝石、翡翠、珍珠等，颜色都是衡量质量等级和价格的一个重要指标。

3. 透明度

人们经常用"晶莹剔透"来形容珠宝惹人喜爱，这个词表达的其中一个意思就是透明度。

4. 光泽

光泽也叫光芒，"光芒四射""金光闪闪""熠熠发光""光彩夺目""光辉灿烂"等词语都是描绘光泽的，"晶莹剔透"也描绘了光泽。光泽是珠宝吸引人的一个重要特点，而且珠宝的种类不同，具有的光泽类型也不一样。在珠宝行业里，人们把光泽分成了不同的类型，常见的有以下几种。

（1）金属光泽：指金属发出的光泽，如金、铂、银等。这种光泽非常强烈。

（2）金刚光泽：指钻石发出的光泽，也很强烈，有刺眼的感觉。

（3）玻璃光泽：指玻璃发出的光泽，比金刚光泽弱，很多珠宝会发出这种光泽，比如红宝石、蓝宝石、祖母绿、水晶、翡翠等。

（4）油脂光泽：指油脂发出的光泽，就是肥肉表面的那种光泽。这种光泽比玻璃光泽弱，闪闪发亮，但并不刺眼，感觉很舒适，人们经常把这种感觉称为温润感、温润而泽。和田玉具有典型的油脂光泽。

（5）蜡状光泽：蜡发出的光泽，比油脂光泽弱，没有温润感，显得比较干。除和田玉之外的其他很多玉石都是这种光泽。

（6）树脂光泽：指树脂发出的光泽，比如塑料，这种光泽也很弱。琥珀具有这种光泽。

（7）珍珠光泽：即珍珠发出的光泽，特点是柔和、自然。"珠光宝气"指的就是这种光泽。

5. 色散和火彩

在三棱镜实验里，白光通过三棱镜后，被分解成七种单色光的现象就叫色散。三棱镜一般是用玻璃制造的，如果是用宝石制造的，也会发生色散现象，而且宝石的品种不同，发生色散的程度也不同。也就是七种单色光互相之间的距离不同：有的离得很近，所以看起来不明显，而有的离得很远，七种颜色看得很清晰。

在珠宝行业里，人们经常把色散和光泽产生的综合光学效果称为"火彩"。火彩强的宝石看起来光彩夺目，而且在不同的位置呈现不同的颜色，五彩缤纷。

6. 特殊的光学性质

有的珠宝具有一些特殊的光学性质，比如星光宝石的表面具有星光现象，猫眼石的表面具有猫眼现象，欧泊的表面呈现多种颜色，琥珀、战国红玛瑙等表面或内部有一些纹理、图案，有的看起来很漂亮，甚至能引起人的遐想。图 0-8 所示是一块欧泊。

图 0-8　欧泊

二、质地之美

《礼记》里有一句话："大圭不琢，美其质也。"意思是上等的美玉是不需要雕琢的，它向人呈现的是自己本身的高质量的质地。图 0-9 所示是一块和田玉。

图 0-9　和田玉

1. 视觉欣赏

珠宝的质地一向是人们关注的焦点，对珠宝的质量和价格具有决定性影响，所以，很多人在欣赏珠宝时，重点是欣赏它们的质地，比如羊脂玉的细腻、致密，在翡翠行业里，有一句行话，叫"外行看色，内行看种"，"种"指的就是质地。

珠宝的内含物也和质地有关系。在多数情况下，人们认为有内含物的珠宝质量是比较差的，比如裂纹、气泡、斑点、杂质等。但是有时候，人们更喜欢有内含物的珠宝，比如内部有昆虫、树叶、小草的琥珀，内部包含一汪水的水胆玛瑙，里面有很多"小草"的发晶等。

2. 听觉欣赏

珠宝的质地之美一方面可以通过视觉欣赏，另一方面，也可以通过其他感觉欣赏，比如听觉欣赏：敲击金、银、玉石时，它们可以发出悠扬、悦耳的声音，这和它们的质地有关系。所以，在古代，人们一方面经常用它们制造乐器，另一方面，人们佩戴玉器时，也经常有意地让它们互相碰撞，发出声音，"环佩叮当"描写的就是女子佩戴的玉器发出的声音。在古代的"玉德"说中，玉器发出的声音就是其中一个重要方面，比如孔子说"叩之其声清越以长，其终诎然，乐也"，许慎在《说文解字》中说"其声舒扬尊以远闻，智之方也"。

3. 触觉欣赏

玉石的质地细腻、致密，所以密度高、导热性好。用手掂量时，会有"压手"感，也就是感觉沉甸甸的；用手抚摸时，会有凉爽的感觉；佩戴玉器时，肌肤接触玉器，可以感觉到美玉的细腻的质地以及它们的柔滑感、温润感，从而产生"人养玉、玉养人"的效果，这都是触觉对玉器质地的欣赏。

4. 嗅觉欣赏

英国作家、诺贝尔文学奖获得者吉卜林曾经说："气味要比景象和声音更能拨动你的心弦！"有的珠宝品种如琥珀会发出独特的芳香气味，所以它们的质地之美可以通过嗅觉欣赏。

三、工艺之美

工艺美也是珠宝之美的一个重要方面。玉雕行业的人常说"工料各半"，意思是玉器的价值一方面在于原料，另一方面在于加工。其实对其他的珠宝种类也是这样，尤其是国外高端的珠宝企业，它们设计的产品目前的一个发展趋势是少用贵重的原材料，从而保护环境、节省能源，产品的价值主要体现在设计和加工水平方面，以创意取胜，所以，这样的产品具有更高的附加值，企业的利润更高。

工艺美主要包括造型设计和加工工艺两个方面，造型设计包括宝石的琢型设计、玉器和金、银等贵金属的造型设计以及它们的组合造型设计等。高水平的设计者能够巧妙地利用原材料，设计出令人拍案叫绝的作品。

加工工艺是工艺美的另一个重要方面，包括宝石的切工、玉器的雕工、金、银等贵金属的加工等。常言说，"玉不琢，不成器"，设计巧妙的造型最终需要精心地加工才能成为巧夺天工的艺术品。除了对整体造型的欣赏外，很多时候，即使只是观看那些加工出来的面、线条、棱角，它们的柔和度、光滑度，或平直度，以及各部分的比例、角度、对称性等，就足以让人产生无限的美感。图 0-10 所示是一件水晶工艺品。

图 0-10　水晶工艺品

四．内涵之美

　　我国有丰富的玉文化，历史悠久，其中一个重要方面是孔子提出的"玉德"说，它充分挖掘了玉的内涵，把玉的自然属性人格化，比喻成人的品行修养和行为标准，几千年来，它成为无数人做人的准则，影响深远，"君子比德于玉""君子无故，玉不离身"的说法深入人心。

　　包括玉石在内的所有珠宝都具有丰富的内涵，值得我们认真体会、品味，所以，我们说，对珠宝之美的欣赏最终都可以归结为"心赏"，从而在传承古代玉文化的基础上，进一步发展、创新，形成新的玉文化、珠宝文化。在这方面，有人已经做了很多工作，比如，有的研究者提出，砗磲具有"中庸、含蓄、内敛、宽容"等美德。我们也可以提出自己的几点看法，比如钻石、黄金即使被深埋在地下，它们仍旧发出耀眼的光芒，这正是"自强不息"的体现；玉石、黄金的"压手"感是责任感的体现；"人养玉、玉养人"是感恩的体现……

钻石

钻石被称为"宝石之王"。人类在几千年前第一次发现它时，就被它的魅力深深地吸引了。从此之后，它就成为纯洁、永恒、忠贞、力量、权力、地位、财富的象征。

目前人们发现的珠宝玉石有几百种之多，从古至今，在世界各国，人们都公认钻石是最宝贵的品种之一，最受人们喜爱、价值最高，如图 1-1 所示。

图 1-1　钻石

特征

1 有强烈的火彩

　　火彩指的是宝石表面发出的光芒。和其他宝石相比，钻石的火彩有三个特点：第一个特点是面积大，基本上每个位置都有，而其他宝石一般只有部分位置有火彩；第二个特点是亮度高，如果近距离看，会感觉钻石很刺眼，就像电焊发出的那种亮光一样；第三个特点是五颜六色，不同的位置可以显示出不同的颜色，有的地方是红色，有的地方是蓝色，有的地方是黄色……如果左右转动钻石，会看到它的火彩也跟着转动，心中会情不自禁地产生秋波流转、心神荡漾的感觉！如图 1-2 所示。

图 1-2　钻石的火彩

2 硬度高，无坚不摧

　　钻石的莫氏硬度为 10，是自然界最硬的物质，它的硬度是玛瑙的 1000 倍，是蓝宝石的 150 倍。古希腊人将钻石称为 Adamant，意思是天下无敌、坚硬无比。

3 性质稳定，永恒不变

钻石的性质很稳定，不会发生氧化，不会变质，任何酸、碱都不能腐蚀它、溶化它，所以，它的颜色、光泽永远不会消失、变弱，硬度也始终不变。

正是因为这个特点，所以钻石被人类用来代表永恒、忠贞不渝的爱情。"钻石恒久远，一颗永流传"，是对它最好的描述，如图 1-3 所示。

图 1-3　钻戒

4 珍稀难得

常言说："物以稀为贵。"钻石就是一个很好的例子：它在地球上的储量很少，产量很低，据统计，2014 年，全球钻石的总产量只有 1.248 亿克拉，其中能加工成首饰的只有 20%，约 0.25 亿克拉。1 克拉是 0.2 克，0.25 亿克拉 =500 万克 =5000 千克 =5 吨！

而 2016 年，我国的钢产量是 8.1 亿吨，可以算出，两者的差距有多大。

至今，全世界最大的钻石是 1905 年在南非发现的，重量为 3106 克拉，约 620 克，即 0.6 千克！

目前，全世界重量 500 克拉（即 100 克）以上的钻石只有 20 多颗。

5 钻石的"三难"

（1）寻找难。由于地球上的钻石矿很少，需要经过多年的勘探才能找到，所以寻找钻石会耗费大量的时间以及人力、物力、财力。

（2）开采难。即使找到了钻石矿，但里面多数是普通石头，钻石很少也很小，需要仔细寻找。据有关资料统计，平均每 250 吨矿石才能产出 1 克拉钻石！

另外，钻石虽然硬度高，但是却很脆，所以在开采时需要特别小心，避免造成破坏。图 1-4 是俄罗斯一个钻石矿场的采矿现场。

图 1-4　俄罗斯钻石矿场

（3）加工难。钻石的加工工艺十分复杂，需要经过拣选、琢型设计、画线、切割、打磨、抛光、清洗等工序。每道工序还包括多个更具体的工序。因此，为了保证最终成品有最佳的质量，要求设计和加工人员

图 1-5　钻石加工

必须具有丰富的光学、力学知识，技术娴熟，经验丰富。图 1-5 是工程师正在加工钻石。

6 流程复杂

一件钻石首饰，要经过很复杂的工艺流程才能得到。

（1）采矿。近年来，被开采的钻石矿主要集中在非洲的一些国家及澳大利亚、俄罗斯等地。

（2）分选。从开采出的矿石中找出数量极少的钻石原石，然后再挑选出符合要求的宝石级矿石。

（3）设计和加工。目前，钻石加工技术水平最高的是比利时的安特卫普。所以，要把钻石原石从非洲等地运输到比利时。

（4）分级。钻石加工完后，得到裸石，这些裸石还不能销售，而是要送到分级机构对质量进行评价、分级。目前，最权威的分级机构是美国宝石学院（简称 GIA）。

（5）分级完成后，进行裸石销售。

（6）珠宝商将裸石采购回去，进行镶嵌，做成首饰。

（7）钻石首饰再经过批发、零售等一系列环节，最后才能到达消

费者手中。

根据粗略统计，一颗钻石从开采到佩戴，整个过程要涉及 200 多万人！

7 价格高昂

由于上述原因，导致钻石的价格非常昂贵，目前，在我国的珠宝市场上，普通钻石的价格在 40000 元 / 克拉左右。1 克拉 =0.2 克，所以，每克钻石的价格就是 20 万元！由此，可以算出它比黄金贵多少倍，也可以算出 1 千克钻石值多少钱、1 吨钻石值多少钱。

质量和价值的评价方法——钻石分级

如果用肉眼看，会感觉钻石的质量没什么区别，好像都是一个样子，都很漂亮。但是，如果用放大镜仔细看，就会发现，实际上每颗钻石的质量都不一样，比如颜色、纯净度、加工质量、大小等。既然质量不一样，那么每颗钻石的价格也不一样。

目前，在钻石行业内，一般采用四个指标来评价每颗钻石的质量和价值，它们是颜色（color）、净度（clarity）、切工（cut）、克拉（carat），这几个标准的英文单词首字母都是 C，所以，人们把这套标准称为"4C标准"，评价钻石的过程称为钻石分级。

1 颜色（color）

钻石的颜色有好几种，最常见的是无色透明的，人们一般称之为无色系列或白钻。如果粗略地看，会感觉它们都是无色透明的，但如果仔细观察，会发现很多钻石颜色发黄。在钻石行业里，这种发黄的钻石的颜色等级是较低的，价格也较低，如图1-6所示。

图 1-6　钻石的颜色

所以，评价钻石的颜色时，主要看它的黄色调的深浅：黄色越深，等级越低，价格也越低。

不同的分级机构通常用不同的方法表示颜色等级，最著名的美国宝石学院（GIA）用英文字母表示：D 的等级最高，颜色最纯；E 低一级，F 更低一级……依次类推，最低级是 Z，黄色调最深，所以价格最低。

表 1-1 是三个分级机构对钻石颜色级别的表示方法。

表 1-1　分级机构对钻石颜色级别的表示方法

美国宝石学院（GIA）	国际珠宝联合会（CIBJO）	中　国	特　征
D	Finest white（极白）	100	无色
E	Finest white（极白）	99	
F	Fine white（优白）	98	
G	White（白）	97	
H		96	
I	Slightly white（淡白）	95	小于 0.2 克拉的感觉不到颜色；大颗的能感觉到黄色
J		94	
K	Tinted white（微白）	93	
L		92	
M	Tinted（一级黄）	91	能感觉到发黄
N		90	
O	Tinted 2（二级黄）	89	颜色发黄
P		88	
Q		87	
R		86	
S－Z	Yellow（黄）	85 以下	黄色比较浓

大家平时经常听说"白金钻戒"，如图 1-7 所示，而很少听说"黄金钻戒"，应该知道是什么原因了吧？因为如果用黄金镶嵌钻石，会使钻石的颜色发黄，价格便会大打折扣。

除了无色系列钻石外，有少数钻石是彩色的，如黄色、粉色、蓝色甚至黑色等，如图 1-8 所示。

彩色钻石很少见，所以价格一般比无色系列钻石更高。这里说的黄色钻石，和发黄的无色钻石不一样：无色钻石发黄，是颜色不纯正，所以价格较低；而黄色钻石的颜色就是黄色，有的很鲜艳，所以属于彩色钻石，价格一般很高。

图 1-7　白金钻戒

图 1-8　彩色钻石

2 净度（clarity）

净度是指钻石的洁净程度。如果用放大镜观察，会发现钻石的内部经常会有一些瑕疵或缺陷，比如裂纹、气泡、斑点等，如图 1-9 所示。这些缺陷对钻石的质量和价格会有不良影响。

表 1-2 是三个分级机构对钻石净度级别的表示方法。

图 1-9　钻石的净度

表 1-2　分级机构对钻石净度级别的表示方法

美国宝石学院 （GIA）	国际珠宝联合会 （CIBJO）	中　国	特　征
FL	loupe clean	无瑕	放大 10 倍观察时，看不到瑕疵
IF			
VVS1	VVS1	VVS	放大 10 倍观察时，会发现个别瑕疵
VVS2	VVS2		
VS1	VS1	一号花	放大 10 倍观察时，能发现少量瑕疵
VS2	VS2		
SI1	SI	二号花	肉眼能发现少量瑕疵
SI2			
I1	P1	三号花	肉眼能发现较多的瑕疵
I2	P2	四号花	
I3	P3	（大花）	

3 切工（cut）

切工是指钻石的加工质量，因为加工者的技术水平不一样，所以加工出来的钻石其质量也不一样，比如形状的规则程度等。

举个例子，我们最常见的钻石琢型是圆形的，叫作标准圆钻琢型，如图 1-10 所示是它的侧面。如果从上往下看，会看到如图 1-11 所示的形状。

图 1-10　标准圆钻琢型——侧面　　　图 1-11　标准圆钻琢型——正面

钻石为什么要加工成这种形状呢？这不是拍脑袋想出来的，而是有依据的：波兰一位数学家，根据钻石的折射率和光线折射定律进行过计算，这种形状可以让钻石具有迷人的火彩。如果把钻石加工成别的形状，它的火彩就不明显了，比如，如果把一块钻石加工成小圆球，那它看起来就和一个普通的玻璃球一样了。

另外，这种琢型各部分的比例、角度都有严格的要求，如果切工水平高，钻石的火彩就很强烈；反之，如果切工水平低，则会影响钻石对光线的反射，使火彩不突出，从而影响钻石价格，如图 1-12 所示。

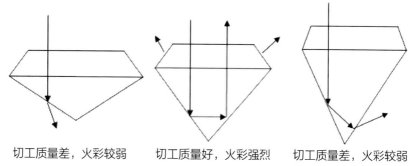

切工质量差，火彩较弱　　切工质量好，火彩强烈　　切工质量差，火彩较弱

图 1-12　切工对火彩的影响

评价切工时，要看两个方面：一是看线条的比例、角度的精确程度；二是看加工缺陷的数量和大小，比如线条有没有弯曲、棱角是不是尖锐、抛光表面上有没有抛光痕等。

评价切工时要使用放大镜或显微镜。

4 克拉（carat）

克拉是钻石的重量单位，简写为 ct。1 克拉 =0.2 克 =100 分（Point，简写为 pt）。

在市场上，我们会发现，1 克拉以上的钻石其实很少见，多数钻石都不到 1 克拉，如 30 分、40 分、60 分等。所以，钻石的重量对它的价格影响很大，而且这种影响和普通的物品不一样，有以下几个特点。

第一个特点：普通物品的价格一般和重量成正比，比如，1 克黄金是 300 元，那一块 10 克的黄金就是 3000 元，一块 50 克的黄金就是 15000 元。但是钻石不是这样，钻石的价格和重量的平方成正比，比如一颗 1 克拉钻石的价格是 4 万元，一颗 2 克拉钻石的价格并不是 8 万元，

而是 $4 \times 2^2 = 16$ 万元，一颗 3 克拉钻石的价格是 $4 \times 3^2 = 36$ 万元！也就是说，钻石的价格是呈指数关系增长的，所以，一堆小粒钻石的价格可能比不上一块大钻石。

第二个特点：整克拉的钻石价格会有一个飞跃。比如，36 分钻石的价格比 35 分钻石的价格贵 200 元，84 分钻石的价格比 83 分的贵 200 元，但一块 1.00 克拉钻石的价格比 0.99 克拉的可能会贵 6000 元，2.00 克拉钻石的价格比 1.99 克拉的可能会贵 30000 元！所以，购买钻石时，最好买整克拉以下的，比如 97 分、98 分、99 分的，因为它们的重量比 1 克拉的只差一点，但价格要低得多，也就是性价比更高。

钻石的琢型除了标准圆钻琢型外，还有其他琢型，如水滴形、心形、方形、椭圆形等，它们被称为异形钻，如图 1-13 所示。

这些异形钻的火彩不如圆钻强烈，但是它们的好处是充分利用了原材料，因为如果要把它们加工成圆钻，会损耗很多原料，重量会减轻，价格也会降低。所以，在市场上异形钻的单价一般不如圆钻高。

＊权威的钻石分级机构

在国际上，有三个权威的钻石分级机构：美国宝石学院（简称 GIA）、国际宝石学院（简称 IGI）、比利时钻石高层议会（简称 HRD）。其中，影响最大的是 GIA，目前使用的 4C 标准就是由它首先提出的。大家去市场上可以看到，我国销售的很多钻石都是使用它的分级证书，即 GIA 证书。

我国最权威的分级机构是国家珠宝玉石质量监督检验中心（简称国检中心，NGTC），它的技术水平高，检验结果可靠，行业内认可度很高。

图 1-13　钻石的其他琢型

分级机构对每颗钻石进行分级后，会颁发一本证书，这就相当于钻石的身份证，里面详细记载了它的 4C 等级。如图 1-14 所示是某颗钻石的 GIA 证书。

有了分级结果，钻石的价格才能确定下来。如图 1-15 所示是 2017 年国内某珠宝企业的钻石报价单。

FACSIMILE

This is a digital representation of the original GIA Report. This representation might not be accepted in lieu of the original GIA Report in certain circumstances. The original GIA Report includes certain security features which are not reproducible on this facsimile.

GIA REPORT
6262331324

Verify this report at gia.edu

GIA DIAMOND DOSSIER®

July 12, 2017
GIA Report Number 6262331324
Shape and Cutting Style .... Round Brilliant
Measurements .... 5.79 - 5.81 x 3.45 mm

GRADING RESULTS

Carat Weight .... 0.70 carat
Color Grade .... E
Clarity Grade VVS2
Cut Grade .... Very Good

ADDITIONAL GRADING INFORMATION

Polish .... Excellent
Symmetry .... Excellent
Fluorescence .... Strong Blue
Clarity Characteristics...**Needle, Pinpoint, Cloud, Internal Graining**
Inscription(s): GIA 6262331324

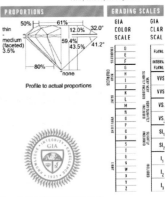

The results documented in this report refer only to the diamond described, and were obtained using the techniques and equipment used by GIA at the time of examination. This report is not a guarantee or valuation. For additional information and important limitations and disclaimers, please see www.gia.edu/terms or call +1 800 421 7250 or +1 760 603 4500. ©2014 Gemological Institute of America, Inc.

THE SECURITY FEATURES IN THIS DOCUMENT, INCLUDING THE HOLOGRAM, SECURITY SCREEN AND MICROPRINT LINES, IN ADDITION TO THOSE NOT LISTED, EXCEED DOCUMENT SECURITY INDUSTRY GUIDELINES.

www.gia.edu

图 1-14　GIA 证书

序号	证书号	重量	颜色	净度	切工	荧光	尺寸/毫米	售价/元	备注
1	5256648421	0.3	D	VVS2	3EX	N	4.30*4.28*2.64	5140	已售
2	7256689026	0.3	E	VS1	3EX	N	4.31*4.29*2.70	4300	已售
3	2246617776	0.3	F	VVS2	3EX	N	4.28*4.30*2.64	4431	
4	7256704299	0.3	F	VS1	3EX	N	4.29*4.27*2.69	4253	
5	6262071953	0.3	G	VS1	3EX	N	4.38*4.36*2.62	4196	
6	6252689616	0.31	E	VVS2	3EX	N	4.39*4.35*2.70	4691	已售
7	7252512011	0.31	H	VVS1	3EX	N	4.38*4.35*2.67	4212	
8	2226843855	0.31	H	VS1	3EX	N	4.35*4.34*2.72	4185	已售
9	3255786134	0.32	D	VVS2	3EX	N	4.41*4.40*2.73	5179	已售
10	3255120376	0.36	G	VVS1	3EX	N	4.50*4.54*2.83	5160	

图 1-15　国内某企业的钻石报价单

钻石市场

1 产地

钻石最早是在印度发现的，据资料记载，公元前 3000 年，人类就在那里发现了钻石。传说中的一些世界名钻，如厄运之钻——希望蓝钻石、光明之山、大莫卧儿钻石等都产于那里。

1725 年，人们在巴西发现了钻石。1867 年，人们在南非发现了钻石。南非钻石的特点是大块的多，而且质量好，所以从那时起，南非钻石开始享誉世界。

关于南非钻石，有一个有趣的传说：南非的第一块钻石是 1867 年被一个小孩发现的，那个地方就是著名的金伯利城，这颗钻石被称为"南非之星"。这条消息很快就传遍了南非乃至全世界。世界各地的人们纷纷到南非寻宝。其中有个幸运儿，有一天他想吃烤鸭，然后就宰了一只鸭子，在洗鸭脖子时，他发现里面有一块东西闪闪发亮，他拿出来一看——原来竟是一颗钻石！这个消息不胫而走，结果，那里的鸭子遭了殃，第二天，全城的鸭子都被杀光了。

后来，人们在附近发现了钻石矿，从那之后，南非取代了印度和巴西，成为世界钻石第一大国。

目前，全世界钻石的年产量为 1 亿克拉左右，其中宝石级的 2000 万克拉左右，主要产地有博茨瓦纳、南非、纳米比亚、安哥拉、俄罗斯、加拿大等。

2 加工

世界上最有名的钻石加工中心包括比利时的安特卫普、印度的孟买、美国的纽约、以色列的特拉维夫和阿联酋的迪拜。其中，比利时的安特卫普加工水平最高、贸易量最大，被称为"世界钻石之都"。

3 市场

世界最有名的钻石公司是南非的戴比尔斯（De Beers），它历史悠久，规模庞大，控制着全球 80% 的钻石原石！"钻石恒久远，一颗永留传"的广告语也来源于它的一个子公司——钻石贸易公司（The Diamond Trading Company，DTC）。它巧妙地把钻石的性质和爱情结合起来，赋予钻石很强的象征意义。它对自己的产品进行巧妙的推广，让女人产生一种感觉，即拥有了钻石，就拥有了永恒、纯真的爱情，而且钻石越贵，表示男人对自己的爱越深、越真。所以，钻石成为考验男人的感情——尤其是经济实力的重要依据。

作假手段

1 假钻石出现的原因

人们所说的"真"钻石指的是天然钻石。"假"钻石的出现主要有三个方面的原因。

第一个原因是，有的企业受到利益驱使，用假冒伪劣产品冒充天然钻石，以获取不正当的利润。

第二个原因是，天然钻石价格昂贵，很多普通消费者不容易承受，所以有的企业生产假钻石，它们的很多特征如火彩、耐久性和天然钻石很接近，甚至有的比天然钻石更优异，但是价格却比较低，所以，能够满足很多普通消费者的需求。

第三个原因是，天然钻石的价格很高，很多消费者担心万一在佩戴过程中发生损坏或丢失，经济损失太大，所以他们经常把天然钻石放在家里，平时只佩戴假钻石，这样即使发生损坏或丢失，经济损失也很小。

2 假钻石的种类

在市场上，假钻石的种类有很多，主要可分为四类。

（1）仿制品。仿制品是指用其他材料仿造的钻石，它们是真的"假"钻石。仿制品包括很多品种：① 铅玻璃。早期，人们用铅玻璃仿造钻石，因为铅玻璃的折射率、通透性都很好，经过加工后，火彩也很好。人们也把铅玻璃制作的仿钻叫作水钻。② 其他宝石。比如水晶、蓝宝石、金红石、钛酸锶等，它们的火彩也比较强，因此经常被制作成仿钻。③ 合成立方氧化锆。人们经常称其为锆石。这是目前市场上最常见的仿钻品种，火彩和天然钻石不相上下，很多商场里都有销售，标签上会标注"合成立方氧化锆"或"CZ"（英文单词首字母）。④ 莫桑石。人们经常称其为莫桑钻。这是近几年出现的新品种，由美国一家公司研制。莫桑石的火彩比天然钻石还要强烈，而且目前最流行的鉴定技术也难以鉴定，所以受到市场的追捧。有的商家甚至打出了"有了莫桑石，无须南非钻"的宣传广告语！⑤ 在仿制品表面镀一层合成钻石薄膜，市场上称其为 CVD 钻石。

（2）拼合石。拼合石是指拼接或粘接成的钻石，常见的有两类。① 由于一个大块钻石的价值要高于几个小块钻石之和，所以，有人就把几个小块钻石粘到一起，做成大块钻石销售。② 在仿制品表面粘几块小的天然钻石。

（3）人工合成钻石。这种产品完全按照天然钻石的化学成分和微观结构，采用专门的技术和设备制造，性质和天然钻石几乎完全相同。

（4）优化处理钻石。很多天然钻石存在一些缺陷，比如颜色发黄或者有裂纹、斑点等，这样，它们的价格就比较低。商家为了提高这些产品的价格，经常采用一些专门的技术进行处理，人们就把这些经过处理的钻石叫作优化处理品。处理钻石的技术有很多种：① 染色，即改变钻石的颜色，比如把发黄的染成蓝色；② 镀膜或贴箔，即在钻石表面镀一层或贴一层彩色薄膜，做成彩钻；③ 填充裂纹，即用透明材料填充钻石的裂纹，提高其净度；④ 激光处理，即用激光消除钻石内部的斑点，提高其净度；⑤ 辐射，即利用高能量射线辐射钻石，可以改变钻石的颜色，做成彩钻。

鉴别方法

1 仿制品的鉴别方法

（1）放大观察。放大观察可以归结为"四看"。① 看火彩。一些低端的仿制品火彩不强烈，可以直接鉴别出来，如图 1-16 所示。② 看切工。天然钻石的硬度很高，线条、棱角很尖锐，而很多仿制品的硬度比较低，线条、棱角经常会受到磨损，变得比较圆滑，如图 1-17 所示。③ 看内部。很多仿制品是经过高温熔化后，发生凝固形成的，它们的内部经常有波浪一样的痕迹，叫生长纹，有的仿制品内部会残留一些没有熔化的粉末。④ 看重影。有的仿制品材料有双折射现象，如果仔细观察，会发现棱线有重影，而天然钻石没有重影，如图 1-18 所示。

图 1-16　玻璃仿制品

图 1-17　合成立方氧化锆

（2）钻石热导仪测试。钻石热导仪能测试样品的导热率，如图 1-19 所示。大多数仿制品的导热率不如天然钻石，所以很容易用钻石热导仪测出来。这种方法效果很好，也很简单，使用方便，所以应用很普遍。

（3）物理性质测试。有的仿制品需要通过测试一些物理性质或化学成分进行鉴别，比如密度、折射率、色散、吸收光谱、发光性等，看它们和天然钻石有没有区别，如果区别比较大，就说明是仿制品。这些测试需要使用专业的检测仪器，一般要送到专业检测机构进行检测。

图 1-18　莫桑钻

图 1-19　热导仪

2 拼合石的鉴别方法

（1）放大观察。① 用放大镜观察样品的表面，看有没有很细的黑色接合缝，如图 1-20 所示。② 看样品表面各个位置的颜色、光泽，如果是拼合石，在不同的位置，颜色和光泽会有较大的差异。

（2）测试样品的密度。如果拼合石的内部是仿制品，用密度法可以鉴别出来。

3 人工合成钻石的鉴别

（1）放大观察——"二看"。① 看色带。天然钻石的色带不明显，即使能看到，也比较自然、柔和，而合成钻石经常有明显的色带，而且看起来比较尖锐、不自然。② 看内含物。天然钻石内部经常有天然矿物包裹体，合成钻石的内部没有天然矿物包裹体，但经常有生长纹或原料颗粒。

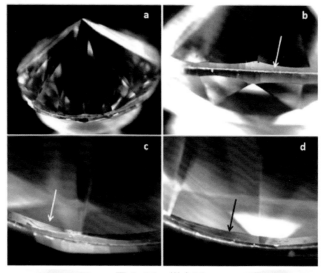

图1-20　拼合石

（2）物理性质测试。① 测试吸收光谱。分析吸收线的数量、位置和宽度，与天然钻石进行比较。② 测试发光性。用紫外线照射样品，观察会不会发出荧光，如果有，看其颜色、强度等特征是否与天然钻石相同。

4　优化处理品的鉴别

（1）染色处理品的鉴别。① 观察法。看表面的颜色，如果是染色处理品，表面的颜色深浅不一样。另外，染色处理品的颜色主要集中在表面，所以表面的颜色比较深，而内部颜色比较浅。② 擦拭法。用纸或棉球蘸一些水或酒精擦拭样品，有时候，染料会被擦下来。③ 物理性能测试法。测试样品的吸收光谱、红外光谱等，并与天然钻石进行比较。

（2）镀膜或贴箔的鉴别。① 放大观察。a. 镀膜钻石的表面会看到很多小颗粒，而天然钻石的表面很平滑。b. 镀膜钻石的表面经常有很多小裂纹。c. 在贴箔钻石的表面，经常会看到一些气泡状的鼓起。d. 在贴箔钻石的棱角处，经常会看到一些褶皱。② 物理性质测试。由于薄膜、箔的化学成分和钻石差别很大，所以它们的导热性、吸收光谱、红外光谱、发光性等特征和天然钻石也有明显差异。

（3）填充处理品的鉴别。① 放大观察。a. 看表面有没有填充物的流动痕迹。b. 看内部有没有流动痕迹、气泡等。c. 对着光线缓缓地转动样品，看内部有没有晕彩，它们是由填充物引起的。② 物理性质测试。如吸收光谱、发光性、红外光谱、激光 – 拉曼光谱等，与天然钻石比较，看有没有差异。③ 热针法。看样品表面是否出现小液滴，它们是由填充物质形成的。

（4）激光处理品的鉴别。① 放大观察。a. 看内部有没有笔直、纤细的线条，它们是激光通道。b. 进行激光处理后，一般还要对激光通道进行填充处理。所以还要看有没有填充物的特征，如上面提到的流动痕、气泡、晕彩等。② 利用物理性质测试和热针法，检测有没有填充物。

（5）辐射处理品的鉴别。① 放大观察。a. 辐射处理钻石表面的颜色较深，内部的颜色较浅。b. 表面的颜色深浅不一样：沿某个方向，颜色会越来越浅。这是因为样品离辐射源近的位置，颜色较深，离得越远，颜色越浅。② 物理性质测试。a. 测试吸收光谱：辐射处理品的吸收线特征通常和天然钻石有差别。b. 检测放射性：辐射处理品的内部有时会残留少量放射性物质。

②

红宝石

　　红宝石是世界五大名贵宝石之一，具有鲜艳迷人的红色（见图2-1），历来被人类认为是爱情、活力、美好、热烈的象征，因此，千百年来，受到人们广泛的喜爱。在《圣经》中，它被认为是最珍贵的宝石。传说：男人如果拥有红宝石，就能够获得至高无上的权力；女人如果拥有红宝石，就能够获得美好的爱情！

图2-1　红宝石

特征

1 容易被误解的名称

很多人认为，红宝石就是指红色的宝石，所以认为只要是红色的宝石都叫红宝石。其实，这种看法是不正确的，在珠宝界，红宝石指的是红色的刚玉宝石。

刚玉是一种矿物，主要成分是 Al_2O_3，由于经常含有一些微量元素，所以具有不同的颜色：有的是红色，有的是白色，有的是蓝色……如果刚玉矿石的透明度比较好，杂质比较少，就可以用来加工成宝石，这些宝石就叫刚玉宝石。其中，红色的刚玉宝石被称为红宝石。

后面会看到，很多其他的宝石也是红色的，比如红色尖晶石、石榴石、电气石等，但是它们都不能被称为红宝石，只有红色的刚玉宝石才能叫作红宝石。

2 颜色

笼统地说，红宝石的颜色是红色的。但是，它的红色也有很多种类型：有的是浅红色，有的是鲜红色，有的是暗红色，如图 2-2 所示。

红宝石的红色是由刚玉中的铬（Cr）元素引起的，铬元素的含量不同，红宝石的红色深浅也不同：铬含量越高，红色越深。

图 2-2　红宝石

3 质地坚硬

红宝石的矿物名称叫刚玉。在所有的天然矿物中，刚玉的硬度排在第二位，仅次于钻石，莫氏硬度是 9，所以，红宝石的质地非常坚硬。

4 性质稳定，不易变质

红宝石的化学性质很稳定，不容易发生氧化，不会变质，能耐很多种酸、碱的侵蚀，所以，它能够永远保持迷人的颜色和坚硬的质地，如图 2-3 所示。

图 2-3　永恒的质地

5 耐高温

红宝石在 2000℃的高温下仍不会发生熔化，这一点是很多其他宝石所不具备的：钻石在 800℃时就会发生气化，水晶、玛瑙在 1600℃时就会熔化。

质量和价值的评价方法

如何评价红宝石的质量和价值，现在国际上没有统一的标准，不像钻石那样有统一的 4C 标准。

不同的国家或机构评价红宝石时，使用的指标都不一样，但总体来看，主要包括如下几个指标：颜色、透明度、净度、火彩、切工、重量。

1 颜色

对红宝石来说，颜色是决定其质量和价值的最重要的指标，它也决定了人们对它的喜爱程度。

普通消费者经常把红宝石的颜色分为深红、鲜红、粉红、浅红等类型。

而专业分级人员则一般从色调、彩度、明度等几个方面来评价红宝石的颜色。

（1）色调：指颜色的纯度，颜色越纯、不带其他杂色，质量越好。

（2）彩度：指颜色的浓度或深浅。

（3）明度：指颜色的明暗程度，有的机构分为明亮、较明亮、一般等级别。

所以，评价红宝石的颜色时，记住三个字就可以，就是"纯、浓、亮"，意思就是颜色越纯、越浓、越明亮，质量越好，如图 2-4 所示。

行业内公认，在所有的红宝石中，最好的品种叫"鸽血红"，这种红宝石产于缅甸的抹谷（Mogok）地区，关于它的特点，有很多不同的

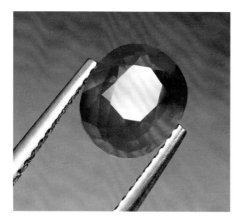

图 2-4　颜色

描述：有人说是深红色，有人说是鲜红色中略带紫色调，有人说是鲜艳的玫瑰红颜色，更有人把那种颜色形象地比喻为燃烧的烈火或流淌的血，好像那种颜色来自宝石内部燃烧的火焰。而流淌的血的比喻，则直接来源于这种宝石的名称，人们发现，这种颜色和抹谷地区鸽子的鲜血特别像，而且是正在流淌的新鲜的血液。

如果用上面提到的三个标准来说，鸽血红的红色色调纯正、鲜艳，彩度高、颜色浓、饱和度高，而且明度高、光泽强、明亮，如图 2-5 所示。

此外，鸽血红红宝石的火彩也很强，而且是从它的内部发出的，非常迷人。

鸽血红红宝石很少见，近年来价格飞涨，是很好的投资和收藏对象，具有很好的保值和升值潜力。

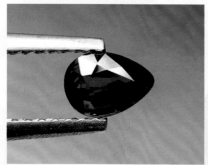 

图 2-5　鸽血红红宝石

鸽血红红宝石是拍卖会上的宠儿：2006年，佳士得公司曾拍卖过一颗8.62克拉的缅甸鸽血红红宝石，成交价为363万美元，折合成单价为42.11万美元/克拉。2016年5月12日，苏富比公司拍卖了一颗25.59克拉的鸽血红红宝石，成交价更是高达3033万美元，折合成单价为118.52万美元/克拉。

2 透明度

对红宝石来说，透明度是另一个重要的评价指标，因为它对红宝石外观的优劣具有决定性的作用，对质量和价值影响也很大，在购买时需要重点考虑。

在行业内，人们一般把红宝石的透明度分为透明、亚透明、半透明、微透明、不透明等级别。

总体来说，红宝石的透明度越高，质量越好，价值越高。

根据经验，透明度特别好的红宝石不多，对大多数红宝石来说，有的为亚透明或半透明，或者有的某一位置透明度很高，但其他位置透明度较低，很少有特别完美的，如图2-6所示。

图2-6 红宝石的透明度

3 净度

红宝石的净度指它的"干净"程度。这是由于红宝石的内部经常存在一些缺陷或瑕疵，比如裂纹、斑点、气泡等，它们的存在会影响消费者对红宝石的喜爱程度，所以，净度对红宝石的质量等级和价格具有重要影响。

这些缺陷和瑕疵的数量、体积大小以及它们在红宝石中所处的位置、明显程度都对红宝石的质量和价值具有不同的影响。在多数情况下，缺陷的数量越多，净度级别越低；体积越大，净度级别也越低。

但是这并不是绝对的：净度级别还取决于缺陷所处的位置和明显程度。比如，有的宝石内部的缺陷数量虽然比较多，或尺寸比较大，但如果它们位于产品的边缘，不太显眼，或者它们的颜色和周围部分比较接近，不太显眼，这样，红宝石的净度也不会特别低。而有的红宝石内部只有一个比较小的斑点，但它如果正好位于中心位置，而且颜色和周围反差很大，那样自然就特别显眼，会使净度级别很低，进而会导致产品的价格下降很多。

有的机构将净度分为六个级别。

一级：放大 10 倍观察时，看不到瑕疵。

二级：放大 10 倍观察时，能隐隐看到瑕疵。

三级：用肉眼可以看到少量细小的瑕疵。

四级：用肉眼可以看到一些较明显的瑕疵。

五级：用肉眼能较清楚地看到一些瑕疵。

六级：用肉眼能清楚地看到数量较多、体积较大的瑕疵。

也有的机构将红宝石分为五个级别：极难见、难见、可见、易见、极易见。

净度特别高的红宝石很少见，大多数会存在一些缺陷，所以，红宝石行业里有一句行话叫"十宝九裂"，就是这个意思，如图2-7所示。

图2-7　净度

4　火彩

火彩也是评价红宝石的一个指标，能够影响产品的质量和价值，如图2-8所示。

图2-8　火彩

具体来说，评价红宝石主要是看火彩的亮度以及面积大小：火彩越强烈、亮度越高，红宝石的价值越高；所占的面积越大，红宝石的价值越高。

和其他的红宝石相比，鸽血红红宝石的火彩更强烈、耀眼，而且面积更大。

5 切工

切工也是衡量红宝石的一个指标，它对红宝石的颜色、火彩、美观程度、重量等都有影响（见图2-9）。

切工质量高，红宝石的各部分对光线的反射、折射效果就好，它的颜色等级就高，火彩强烈，也会具有较好的美感，让人看起来会感觉很舒服，而且在加工时能充分利用原材料，不会造成浪费。

红宝石切工的评价方法和钻石的相似。一是看线条的比例、夹角的大小是否符合要求。二是看加工缺陷，比如棱角是否尖锐，有没有崩角；线条是不是笔直，有没有弯曲，线条上有没有缺口；平面的平直度是否符合要求，弧面的弧度是否符合要求；加工面上有没有磨痕……

图2-9 切工

由于红宝石的储量很少，为了保证最终的质量，在加工时，也需要经过多道工序，包括琢型设计、切割、打磨、抛光、清洗等；另外，由于红宝石的硬度很高，所以加工起来很困难。

6 重量

红宝石的储量很少，大块的也很少，所以，重量对其价值影响也很大。

多数红宝石的重量都不到1克拉，能达到1克拉的红宝石就属于大块了，价值很高。缅甸政府强制规定，重量在10克拉以上的红宝石属于国宝，所有权归国家，任何个人或单位都不能据为己有，不能任意处置，否则，属于违法。

所以，红宝石的重量和价格之间也存在着两个特殊的关系：一是价格和重量呈指数关系，如果1克拉的价格是2万元，那么，2克拉的价格是8万元，3克拉的价格是18万元……另外，整克拉红宝石的价格会产生一个阶梯式的飞跃，比如，0.37克拉比0.36克拉的贵300元，但1.00克拉的比0.99克拉的可能贵5000元，2.00克拉的比1.99克拉的可能贵40000元。重量越大，这种价格差也越大。

产地

红宝石的产地主要是东南亚和非洲一些国家。

1 缅甸

缅甸出产红宝石的历史悠久，而且质量很好，颜色、透明度、净度级别都很高。红宝石最好的品种"鸽血红"就是产于缅甸的抹谷地区。

2 斯里兰卡

斯里兰卡在古代称为锡兰。这里出产的红宝石的特点是透明度高、颜色种类多，但比缅甸出产的红宝石颜色浅一些，很多呈粉红色。此外，斯里兰卡盛产星光红宝石，曾产出 138.7 克拉的"罗瑟里夫"星光红宝石。

3 泰国

泰国出产的红宝石质量比较差，颜色发暗，透明度也比较低，这是因为其含的铁（Fe）元素较多。

4 越南

越南出产的红宝石的质量也比较差，颜色比缅甸的差，但比泰国的好一些，经常带一些紫色调。另外，净度较低，杂质、裂纹较多，所以很少能加工成刻面宝石，只能做弧面宝石，因此价值大打折扣。

5 柬埔寨

柬埔寨的红宝石产地离泰国很近，所以特点和泰国的很相似：颜色比较暗，透明度较低。

6 坦桑尼亚

坦桑尼亚出产的红宝石普遍铁元素含量较高，颜色较暗，而且内部的裂纹和杂质也较多，因此净度较低，而且透明度也较低，所以整体质量较差，价值较低。只有少数产品质量比较好，透明度高，受到市场的欢迎。

7 莫桑比克

近年来，市场上出现了产于莫桑比克的红宝石，它的特点是块度比较大，而且颜色等级比较高，和缅甸红宝石很接近，再加上产量较高，所以价格比较便宜，因而具有较高的性价比。

总体来看，红宝石的储量很少，因此珍稀难得。在缅甸，从 400 吨红宝石矿石中才能选出 1 克拉左右的红宝石原石，而这些原石大多数质量比较差，1000 颗原石中只有 1 颗才能达到宝石级的质量标准而被加工成真正的红宝石！其他的只能作为工业用途。

正是由于这点，所以红宝石的价格非常昂贵，优质产品的价格甚至比钻石还高。

目前，全世界发现的最大的红宝石原石重 3450 克拉，还不到 0.7 千克，来自缅甸；最大的鸽血红红宝石原石只有 55 克拉，即 11 克。

加工与贸易

　　泰国是世界上最大的红宝石加工中心和贸易中心，各个产地的红宝石原料汇集到泰国，经过加工后再销售到其他市场。

　　缅甸是另一个红宝石集散地，它的规模不如泰国，但是红宝石品质和口碑都更好。

作假手段

1 仿制品

仿制品是指用其他材料冒充红宝石，常见的有红色尖晶石、红色石榴石、红色托帕石、红色碧玺，甚至有人用红玻璃或红塑料冒充红宝石。

还有一种情况，就是用不出名产地的红宝石冒充著名产地的红宝石，比如，用泰国或越南的红宝石假冒缅甸的红宝石。

2 拼合石

由于一颗大块红宝石的价格比几颗小块之和还要高，所以，有人就用几颗小块红宝石粘成大块产品，或者在廉价品种表面粘几块名贵品种的薄片，甚至在仿制品的表面粘几块小的天然红宝石。

3 人工合成

人工合成是指使用天然红宝石的下脚料，或购买化学试剂，将它们溶化、冷却后生产人工合成红宝石，如图 2-10 所示。

4 优化处理

很多天然红宝石的颜色、透明度、净度都不理想，所以有必要对它们进行优化处理，以提高其品质，进而提高其价格。在市场上，很多看起来很漂亮的红宝石就是经过优化处理的。

图 2-10　玻璃仿制品

（1）热处理。就是在不同的条件下对天然红宝石进行加热，然后缓慢冷却。这种方法的作用很多：① 可以改变宝石的颜色，既可以把颜色太深的宝石变浅，也可以把颜色太浅的变深；② 可以使宝石内部的一些杂质熔化、裂纹熔合，从而提高产品的透明度和净度；③ 可以把普通红宝石加工成星光红宝石。

（2）改色处理。它包括染色、镀膜、贴箔等，即在颜色不理想的红宝石表面染一层红色颜料或镀红色薄膜或贴一层红色的箔，改变红宝石的颜色。

（3）扩散处理。通过加热，向颜色不理想的红宝石表面扩散一些元素，使颜色变得更理想。这种方法也能生产星光红宝石。

（4）充填。向红宝石的裂纹或气泡中充填一些透明的材料，比如树脂（包括蜡、胶等）、玻璃等，这种方法能提高红宝石的净度和透明度。

（5）辐照。即用高能量的射线辐照颜色不理想的红宝石，改变它们的颜色。

鉴别方法

1 仿制品的鉴别

（1）观察法。如图2-10所示。① 看产品的尺寸。天然红宝石的尺寸一般很小，如果看到尺寸较大的红宝石，而且价格比较低，说明很可能是仿制品。② 看产品的内部。天然红宝石内部经常有裂纹、杂质等瑕疵，颜色、透明度等也不理想，而一些仿制品由于产量高，容易挑选出颜色、净度、透明度都很理想的产品，以玻璃、塑料为原料的仿制品其内部经常有规则的生长纹。

（2）物理性质测试。测试样品的物理性质、化学成分等，如折射率、发光性、吸收光谱、多色性、密度等，与天然红宝石进行比较，就可以鉴别出来，如表2-1所示。

表2-1 红宝石与仿制品的物理性质对比

名　　称	莫氏硬度	密度（克/立方厘米）	折射率	二色性
红宝石	9	4.00	1.764 ~ 1.772	明显
镁铝榴石	7.5	3.7 ~ 3.9	1.74 ~ 1.76	无
红尖晶石	8	3.60	1.72	无
托帕石	8	3.53	1.63 ~ 1.64	个别有
电气石	7	3.06	1.62 ~ 1.64	明显

（3）鉴别不同产地的红宝石时，通常采用的办法是观察内部包裹体的特征，包括形状、大小、数量、类型等。

2 拼合石的鉴别

（1）观察法。① 仔细观察样品表面，看有没有特别细的黑色的接合缝。② 看样品表面各个位置的颜色、光泽是否一致，如果不一致，就有可能是拼合石。

（2）密度测试。有的拼合石的内部是仿制品，所以还应该进行密度测试。

3 人工合成红宝石的鉴别

（1）观察法。如图 2-11 所示。① 看尺寸。人工合成红宝石经常有大块的产品。② 天然红宝石的颜色经常不均匀，但看起来很柔和、自然，透明度也不太好；合成红宝石的颜色比较均匀，而且很鲜艳，透明度也很好，但感觉比较生硬、不自然。③ 天然红宝石的净度特别好的不多，合成红宝石的净度有的很高，有的比较低，净度较低的里面经常有生长纹或一些原材料粉末。

图 2-11　合成红宝石

（2）物理性质测试。它包括多色性、发光性、吸收光谱、化学成分、显微结构等，人工合成的红宝石这些特征经常与天然红宝石有或大或小的区别，但这些需要专业人员才能鉴别。

4 优化处理品的鉴别

（1）热处理品的鉴别。如图2-12所示。热处理红宝

图2-12　热处理红宝石

石的表面经常有很多很细的裂纹，这是热处理过程中产生的。另外，热处理红宝石的内部也经常有比较密集的裂纹，而且内部包裹体的棱角比较圆滑，这是由它们发生熔化造成的。

（2）改色处理品的鉴别。① 染色处理的鉴别。用纸或棉球蘸水或酒精擦拭样品，有的颜料一擦就掉。染色层只位于红宝石表面，所以表面的颜色比较深，而内部很浅；此外，放大观察时，会发现染色宝石裂纹里的颜色比周围深。通过测试物理性质，如发光性、吸收光谱、红外光谱等，也能鉴别出来。② 镀膜和贴箔的鉴别。镀膜宝石表面可以看到很多小颗粒，还经常能看到细微的裂纹；贴箔宝石表面经常有褶皱和气泡状鼓起。

（3）扩散处理品的鉴别。① 扩散处理品的表面和内部也经常有微细裂纹，内部包裹体的棱角比较圆滑。② 颜色层只位于表面，所以，表面的颜色较深，而内部颜色很浅。③ 测试物理性质和化学成分，如吸收光谱、发光性等，也可以进行鉴别。

（4）充填处理品的鉴别。① 观察法。仔细观察样品表面和内部有没有填充物的流动痕迹、气泡等；对着光线转动样品，经过填充的宝石内部会产生五颜六色的晕彩。② 通过测试物理性质，如发光性、吸收光谱、红外光谱，也可以鉴别出填充物。

（5）辐照处理品的鉴别。① 辐射处理宝石表面的颜色深，内部浅。② 在辐射时，宝石离辐射源近的位置颜色深，而离得越远，颜色越浅。所以这种宝石的不同位置，颜色深浅不一样。③ 辐射宝石的吸收光谱和天然红宝石有区别；而且内部经常残留一些放射性物质，可以通过仪器检测出来。

权威的红宝石评价和鉴定机构

世界上权威的红宝石鉴定机构有三个，它们都在瑞士。

1 GRS（瑞士宝石鉴定研究所）

GRS 是世界最权威的彩色宝石鉴定机构，它的鉴定范围包括红宝石、蓝宝石、祖母绿等多种彩色宝石，它出具的鉴定证书在国际珠宝界受到广泛认可。

GRS 能够对红宝石的质量进行评价，也可以对产地、仿制品、人工合成品、优化处理品等进行鉴定。

在国际珠宝市场上，包括我国国内，很多商家出售的红宝石都使用GRS 证书。

2 Gubelin Gem Laboratory（古柏林宝石实验室）

古柏林宝石实验室的历史较为悠久，它建立于 1923 年，后来成为世界著名的宝石鉴定机构，在国际珠宝界享有盛誉。高端产品一般都让它出具证书，比如拍卖品。当然，该机构鉴定的价格很贵。

3 SSEF（瑞士宝石学院）

SSEF 是第三个著名的红宝石鉴定机构，也受到很多珠宝公司、个人收藏者及拍卖公司的认可和欢迎。它主要也是面向高端产品。

③

蓝宝石

蓝宝石也是世界五大名贵宝石之一，它具有深邃悠远的蓝色、清澈的质地，使佩戴者具有一种独特的端庄、高雅气质，如图 3-1 所示。

自古以来，蓝宝石就一直代表着永恒、忠诚、坚贞、浪漫、神秘，因此受到人们的喜爱。

在古代，人们把蓝宝石称为"命运之石"和"灵魂之石"，认为佩戴者能够得到神灵的保佑，永远平安吉祥，不会受到疾病、灾难、恶魔的侵害。

古代波斯人认为，人类居住的大地是由一块巨大的蓝宝石支撑着的，天空的蔚蓝色就是由这块蓝宝石的反光形成的！

图 3-1　蓝宝石

特征

1 特殊的名称

　　很多人认为，蓝宝石就是指蓝色的宝石，或者认为，凡是蓝色的宝石都叫蓝宝石。实际上，这种看法不正确：在珠宝界，蓝宝石是指除了红色的刚玉宝石之外，其他所有颜色刚玉宝石的统称。

　　如果刚玉宝石中不含任何微量元素，即 Al_2O_3 的含量是 100%，那它就是无色透明的，如果里面含有铬（Cr）元素，它就会呈红色，就是红宝石；如果含有其他元素，它就会呈其他颜色，如绿色、黄色、紫色等。当含有二价铁离子和钛离子时，它就会呈蓝色。

　　所以，蓝宝石实际上包括多种颜色，为了区别，分别称为无色蓝宝石、绿色蓝宝石、黄色蓝宝石等。如果不特别标明，"蓝宝石"一般就指蓝色的蓝宝石。在行业内，人们也经常把除蓝色和无色之外的蓝宝石统称为彩色蓝宝石，如图 3-2 所示。

　　所以，在珠宝界，"蓝宝石"这个名称有特定的意思，蓝色、无色、黄色、绿色的刚玉宝石都叫蓝宝石；而蓝色的水晶、坦桑石、托帕石、碧玺等，虽然颜色都是蓝色，但都不叫蓝宝石。

2 蓝宝石的颜色

　　在本书中，主要介绍蓝色的蓝宝石。蓝宝石的颜色虽然都是蓝色的，但是互相并不完全相同，有多种类型：有的是浅蓝色，有的是标准的蓝色，有的是深蓝色等，如图 3-3 所示。

图 3-2　彩色蓝宝石　　　　　　　图 3-3　蓝色系列

　　蓝宝石的颜色和微量元素铁、钛的含量有关：含量越高，颜色越深。蓝色特别深的宝石看起来是黑色的，只有对着阳光观察时，或用强光照射观察时，才能看出它们是蓝色的。

3 质地坚硬

　　和红宝石一样，蓝宝石也属于刚玉矿物，莫氏硬度是 9，在自然界的所有物质中，只比金刚石低，所以，蓝宝石的质地非常坚硬。

4 耐热性优异

　　蓝宝石的熔点是 2200℃，所以，它的耐热性能很优异。在目前已经发现的天然宝玉石中，蓝宝石的熔点是最高的，耐热性也是最好的。

5 耐腐蚀性好，不易变质

　　蓝宝石的化学性质很稳定，不容易和其他物质发生反应，所以不容易变质。比如，不会发生氧化；能耐很多种酸、碱、盐的腐蚀。同时，由于它具有的高硬度和高熔点，所以能永久地保持它的质地，不会发生褪色、氧化、腐蚀等现象，如图 3-4 所示。

图 3-4 性质优异

质量和价值的评价方法

评价蓝宝石的质量和价值，一般也采用颜色、透明度、净度、火彩、切工、重量等指标。

1 颜色

颜色是评价蓝宝石质量和价值的第一个重要指标。

普通消费者经常把蓝宝石的颜色分为深蓝、海蓝、鲜蓝、天蓝、淡蓝、灰蓝、黑蓝等类型，如图 3-5 所示。

专业人员则通常采用色调、彩度、明度等对蓝宝石的颜色进行分类。

（1）按色调，分为蓝、微绿蓝、微紫蓝三种。

（2）按彩度，分为深蓝、艳蓝、浓蓝、蓝、浅蓝五种。

（3）按明度，分为明亮、较明亮、一般三个级别。

总体来说，高质量的蓝宝石，要求颜色纯正、浓艳、明亮。

图 3-5 不同的蓝宝石

蓝宝石的颜色等级和透明度是密不可分的，两者会互相影响：如果颜色太深，透明度会下降；如果透明度特别好，颜色的浓度就不会太高。所以高质量的蓝宝石，这两个指标会达到一个较好的平衡。

高质量的蓝宝石会使人产生一种沉静、悠远、典雅的感觉，身心会很自然地放松、舒缓下来。静静地观看蓝宝石时，和聆听世界名曲《蓝色多瑙河》的感觉特别相似，心情会变得澄净、晴朗。还有人说，佩戴蓝宝石的人有一种特别的稳重、澄澈的气质，会给周围的人带来一种安全感、信任感，如图 3-6 所示。

图 3-6　蓝宝石首饰

* 名贵品种

在宝石界，人们公认，在所有的蓝宝石中，有两个品种最名贵：矢车菊蓝宝石和皇家蓝蓝宝石。

（1）矢车菊蓝宝石。矢车菊蓝宝石产于现在主权还有争议的克什米尔地区，素有"蓝宝石之王"的美誉。它的颜色是深蓝色，纯正、浓郁、鲜艳，而且带有一些紫色调。这种颜色和一种叫矢车菊的植物花朵颜色很像，如图 3-7 所示。矢车菊主要产于德国，是德国的国花，被德国人称为"吉祥之花"和"眼睛保护神"。

图 3-7　矢车菊蓝宝石

　　克什米尔矢车菊蓝宝石的产量很少，在一般的市场上很难见到，只能偶尔在拍卖会或一些高级珠宝公司的展览会上才能见到。2008 年 11 月 21 日，世界著名的拍卖行——佳士得拍卖行在瑞士日内瓦拍卖了一颗 42.28 克拉的克什米尔矢车菊蓝宝石，成交价为 345.842 万美元，平均价格达到了 8.180 万美元 / 克拉。梵克雅宝（Van Cleef & Arpels）珠宝公司制作了一枚蓝宝石戒指，上面镶嵌了一颗 16.65 克拉的克什米尔矢车菊蓝宝石，2009 年由佳士得拍卖行在香港拍卖，成交价为 240 万美元，平均价格达到了 14.4 万美元 / 克拉。

　　（2）皇家蓝蓝宝石。皇家蓝（Royal Blue）蓝宝石产于缅甸抹谷地区——和鸽血红宝石一样。它的特点是蓝色纯正、浓郁、深沉，带有一些紫色调，如图 3-8 所示。据说，英国女王伊丽莎白二世就珍藏着一枚产于缅甸的皇家蓝蓝宝石胸针。

图 3-8　皇家蓝蓝宝石

（3）矢车菊蓝宝石和皇家蓝蓝宝石的区别。① 矢车菊蓝宝石的颜色比皇家蓝蓝宝石浅一些，从而看起来更明亮，而且比较柔和。② 皇家蓝蓝宝石的颜色更深，而光泽更强烈，显得更锐利，给人的"蓝感"更强。

两者的价格相比，一般矢车菊蓝宝石的价格更高，因为它的产量更少，克什米尔的矢车菊蓝宝石矿在 19 世纪末被发现，十多年就开采完了。但皇家蓝蓝宝石，即使是缅甸产的，目前也仍在不断地开采。

* 彩色蓝宝石

除蓝色和无色外，其他颜色的蓝宝石统称为彩色蓝宝石。它们的颜色种类多，可以满足不同消费者的不同需求。欧美和日本的消费者很喜欢彩色蓝宝石。

目前，在彩色蓝宝石各品种中，产于斯里兰卡的粉橙色蓝宝石最有名，在国际市场上最受追捧，价格连年上涨。

彩色蓝宝石的颜色等级，一般也可从纯度、浓度、亮度几个方面进行评价，如图 3-9 所示。

图 3-9　彩色蓝宝石

2　透明度

透明度是蓝宝石另一个重要的评价指标，对颜色、光泽、净度都有重要影响。

蓝宝石的透明度也分为透明、亚透明、半透明、微透明、不透明等级别。在其他指标相似的情况下，蓝宝石的透明度越高，质量越好，价值越高。

在市场上，经常能发现透明度很好的蓝宝石，如图 3-10 所示。

3　净度

天然蓝宝石内部也经常存在一些缺陷或瑕疵，比如裂纹、斑点、气泡等，如图 3-11 所示。在多数情况下，这些缺陷会使蓝宝石的净度降低，从而质量和价格也会受到影响。

图 3-10　透明度

　　缺陷和瑕疵的数量、大小，在蓝宝石中所处的位置，与周围基体的对比度对净度都有影响。一般来说，缺陷的数量越多、体积越大、越靠近中央、与周围基体的对比度越大，净度级别也就越低，因而质量越差，价格越低。

　　和红宝石相同，很多评价机构将蓝宝石的净度分为六个级别。

　　一级：放大 10 倍观察时，看不到瑕疵。

　　二级：放大 10 倍观察时，能隐约看到个别瑕疵。

图 3-11　净度

三级：用肉眼可以看到少量细小的瑕疵。

四级：用肉眼可以看到一些较明显的瑕疵。

五级：用肉眼能较清楚地看到一些瑕疵。

六级：用肉眼能清楚地看到较多、较大的瑕疵。

由于蓝宝石的产量比较高，所以净度高的也比较常见。

从2017年3月1日开始，我国实施的国家标准《蓝宝石分级》将蓝宝石的净度分为极纯净、纯净、较纯净、一般四个级别。

有时候，瑕疵对蓝宝石也会产生有益的作用：最有名的克什米尔矢车菊蓝宝石内部就是由于含有一些细小的杂质，它们对入射光线产生反射、折射等作用，所以看起来比较柔和，也显得比较明亮，特别吸引人。

4 火彩

火彩也是评价蓝宝石的一个指标。

很多普通消费者经常听到这个词，但并不明白它是什么意思。在《蓝宝石分级》国家标准里，给火彩下了一个定义："转动宝石时，可在宝石冠部观察到的光在宝石内经反射、内反射等作用产生的闪烁现象。"

简单地说，火彩就是转动宝石时，看到的闪闪发光的现象，如图3-12所示。

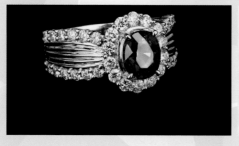

图3-12　火彩

评价火彩的等级，主要根据亮度和所占冠部的面积：火彩的亮度越高发光越强烈，所占的面积越大、等级越高，价值也越高。

火彩和很多因素都有关系。首先是宝石的品种，钻石的火彩最强烈，亮度最高，而且所占的面积很大，其他宝石的火彩亮度和面积都不如钻石。

对不同的蓝宝石来说，火彩的亮度和面积取决于产品的光泽、颜色、切工、透明度、净度等多个因素。

皇家蓝蓝宝石的颜色比矢车菊蓝宝石更锐利，其中一个原因就是它的火彩比较强，如图 3-13 所示。

5 切工

切工会影响蓝宝石的透明度、颜色、净度、火彩、重量等，所以它也是一个重要的评价指标，如图 3-14 所示。

图 3-13 皇家蓝蓝宝石的火彩　　　　图 3-14 切工

（1）一般来说，宝石的颜色和透明度是相互矛盾的：颜色浓度高，透明度就会下降；反之，当透明度高时，颜色的浓度就会降低。

人们经常通过对宝石进行适当的加工，使透明度和净度达到一个较好的搭配效果：对颜色太深、透明度较低的产品，可以适当减小它的厚度，从而提高透明度；反之，对颜色太浅的产品，尽量保持它的厚度，或通过设计琢型，利用光线传播原理，使光线的透过率降低一些，从而提高颜色的浓度。

（2）对净度的影响。有的宝石内部包含较多的瑕疵，导致净度较低。常采用的方法是把宝石加工成弧面，外部的光线照射到弧面后，发生漫反射，人们就不容易看到内部的瑕疵了。所以，在市场上经常能看到很多弧面型的蓝宝石。如果蓝宝石的净度很高，一般都加工成刻面。

（3）对火彩的影响。如果切工质量高，蓝宝石各部分对光线的反射、折射效果好，它的火彩也会很强烈。

（4）对重量的影响。切工质量高，可以充分利用原材料，增加成品的重量。

评价切工时，主要也是看两个方面：第一，看线条长度、夹角、平面的平整度、弧面的弧度是否符合要求；第二，看加工缺陷，包括线条的平直度，棱角的尖锐度，有没有崩角、缺口、磨痕等缺陷。

6 重量

蓝宝石的产量比红宝石高很多，大块的很常见，在市场上经常能见到十多克拉甚至几十克拉的蓝宝石。所以，蓝宝石的重量对价格的影响不像红宝石那么敏感，基本呈直线关系。

产地

蓝宝石的产地主要也是东南亚和非洲的几个国家。

1 克什米尔地区

这里出产最有名的蓝宝石品种——矢车菊蓝宝石。

2 缅甸

缅甸出产的蓝宝石的质量很好，由于含有钛元素，所以颜色纯正、鲜艳，透明度、净度等也很好。著名的蓝宝石品种——皇家蓝蓝宝石就产于缅甸。此外，目前世界最完美的星光蓝宝石——"亚洲之星"也产于缅甸，重量达 330 克拉。

在市场上，克什米尔和缅甸的优质蓝宝石价格能达到每克拉十几万元甚至上百万元人民币。

3 斯里兰卡

斯里兰卡出产的蓝宝石的开采历史非常悠久，质量也很好，颜色纯正、透明度高，而且产量大，块度大。世界最大的蓝宝石原石就产于这里，重 19 千克。2016 年 1 月 8 日，斯里兰卡展出了世界最大的星光蓝宝石——"亚当之星"，重 1404.49 克拉，价值估计达 1 亿美元。

此外，斯里兰卡也出产其他颜色的蓝宝石，即彩色蓝宝石。

4 泰国

泰国出产的蓝宝石的质量较差，因为含有较多的铁元素，所以颜色发暗甚至发黑，导致透明度也较低。

5 柬埔寨

近年来，柬埔寨出产的蓝宝石在国际市场上受到欢迎，它的特点是颜色纯正、鲜艳、浓度高。

6 马达加斯加

近年来，马达加斯加出产的蓝宝石因颜色鲜艳，光泽较强，性价比比较高，所以很受市场欢迎。

7 中国

我国的山东、海南、福建、黑龙江等地也出产蓝宝石。其中山东昌乐出产的蓝宝石最有名，特点是粒度大、净度高，但很多颜色发暗，透明度比较低。

加工与贸易

　　泰国是世界最大的蓝宝石加工和贸易中心。

　　由于蓝宝石的产量比红宝石高很多，所以，总体上，蓝宝石的价格比红宝石低得多。

作假手段

1 仿制品

蓝宝石的仿制品有三类。第一类仿制品是用其他蓝色宝石冒充蓝宝石，比如坦桑石、托帕石、蓝碧玺等。第二类仿制品是用蓝色玻璃甚至塑料冒充蓝宝石。 第三类仿制品是用一些不出名产地的蓝宝石冒充著名产地的蓝宝石，比如，用泰国或柬埔寨出产的蓝宝石冒充克什米尔或缅甸出产的蓝宝石。

2 拼合石

因为蓝宝石的产量比较大，大块的也比较多，所以很少有人用小块蓝宝石拼合成大块的。有人会在仿制品的表面粘几片天然蓝宝石。

3 人工合成蓝宝石

市场上这类产品很多，它们有的是收集天然蓝宝石的下脚料，高温熔化而成。另一类是以 Al_2O_3 粉末为原料，按比例添加颜料，然后高温熔化。因为人工合成蓝宝石的化学成分和工艺参数可以调节，所以很多质量都比天然蓝宝石好。

4 优化处理蓝宝石

很多天然蓝宝石的颜色、透明度、净度都不理想，所以人们会对它们进行优化处理，以提高其质量和售价。这类产品在市场上很多。

具体的优化处理技术也很多，常见的有以下几种方法。

（1）热处理。即对天然蓝宝石进行加热。这种方法最大的作用就是可以改善蓝宝石的颜色，比如把比较浅的蓝宝石改得深一些，或把发暗的蓝宝石改得明亮一些。这种方法还有一个作用，就是能使蓝宝石内部的裂纹发生熔化并闭合，从而提高产品的净度和透明度。在泰国，热处理优化技术很盛行，行业里甚至流传"不烧不成宝"的说法。

（2）扩散处理。即向蓝宝石表面扩散一些元素，改善其颜色。为了提高效率，这种方法也经常需要加热。这种方法也能生产星光蓝宝石。

（3）改色处理。改色处理包括染色、镀膜、贴箔等，即在蓝宝石表面染一层颜料或镀薄膜、贴一层箔，以改变产品的颜色。

（4）充填。用一些透明材料填充蓝宝石的裂纹，提高产品的净度和透明度。这种方法也叫作注胶、注油、注蜡等。

（5）辐射处理。用射线辐射蓝宝石，改变它们的颜色。这种技术目前应用得越来越广泛。

鉴别方法

1 仿制品

（1）观察法。如图3-15所示，其他的蓝色宝石，在色调、内部的包裹体等方面大多与蓝宝石有区别；玻璃、塑料等仿制品的颜色比较单一，而且有的净度和透明度特别高，显得不自然。

图3-15 蓝色锆石

鉴别不同产地的蓝宝石，常采用的办法是观察内部的包裹体，它们的类型、形状等互不相同。

（2）物理性质测试。这包括折射率、发光性、吸收光谱、多色性、密度、化学组成等，与蓝宝石进行比较，就可以鉴别出来。表3-1是蓝宝石与一些仿制品的物理性质对比。

表3-1 蓝宝石与仿制品的物理性质对比

名　称	莫氏硬度	密度（克／立方厘米）	折射率	双折射率	二色性
蓝宝石	9	4.00	1.76～1.77	0.008	明显
蓝色尖晶石	8	3.60	1.72	—	无
蓝色托帕石	8	3.56	1.61～1.62	0.008	中等
蓝色碧玺	7	3.10	1.62～1.64	0.020	明显

2 拼合石的鉴别

（1）观察法。① 观察样品表面，看有没有特别细的黑色的接合缝。② 观察样品表面各个位置，看它们的颜色、光泽、透明度、净度等是否一致，如果差别很大，说明有可能是拼合石。

（2）密度测试。如果拼合石的内部是仿制品，可以通过测试密度来鉴别。

3 人工合成蓝宝石的鉴别

（1）观察法。如图 3-16 所示。合成蓝宝石的化学组成和工艺参数可以调整，所以通常质量很好，显得很完美；而天然蓝宝石的颜色、透明度、净度很多都不理想，比如颜色不均匀，透明度较低，净度低。

（2）物理性质测试。如多色性、发光性、吸收光谱、化学成分等，与天然蓝宝石进行对比，可以鉴别出来。

图 3-16　合成蓝宝石

4 优化处理品的鉴别

（1）热处理品的鉴别。热处理蓝宝石的表面和内部经常有很多细小的裂纹，这是由加热和冷却速度太快产生的，内部一些包裹体的棱角比较圆滑，这是它们在高温下发生熔化形成的。

（2）扩散处理品的鉴别。① 观察法。扩散处理品的表面和内部也经常有微细的裂纹，内部包裹体的棱角比较圆滑，如图3-17所示。另外，扩散处理品的颜色只集中在表面一层，里边的颜色很浅。② 测试物理性质和化学成分，如吸收光谱、发光性等，和天然蓝宝石进行对比，可以鉴别出来。

（3）改色处理品的鉴别。① 染色处理的鉴别。方法1：用纸或棉球蘸水或酒精擦拭样品。方法2：看表面和内部的颜色深浅。如果是染色品，表面的颜色会比较深，而内部的颜色会很浅。方法3：如果是染色品，裂纹里的颜色比周围部分深。方法4：测试物理性质，如发光性、吸收光谱、红外光谱等。② 镀膜和贴箔的鉴别。方法1：看宝石的表面。镀膜宝石的表面不光滑，有很多小颗粒，经常有细微的裂纹。方法2：贴箔宝石的表面经常有褶皱和气泡状的鼓起。方法3：宝石表面和内部的颜色不一致。方法4：测试物理性质和化学组成，如发光性、吸收光谱、红外光谱等。

（4）充填处理品的鉴别。方法1：观察表面和内部有没有液体的流动痕迹。方法2：对着

图3-17　扩散处理蓝宝石

光线转动样品，填充处理品内部会有五颜六色的晕彩。方法 3：测试物理性质，如发光性、吸收光谱、红外光谱。

（5）辐照处理品的鉴别。方法 1：看表面和内部的颜色是否一致。方法 2：看宝石不同位置的颜色是否一致。离辐射源近的位置颜色深，离辐射源较远的位置颜色浅。方法 3：测试有没有残余的放射性物质。

4

祖母绿

　　祖母绿是世界五大名贵宝石之一，被称为"绿色宝石之王"。它的颜色很特别，具有一种与众不同的魅力，如图4-1所示。

　　祖母绿象征着生命、青春、活力、忠诚、仁慈、善良、幸福，在几千年前就受到人们的喜爱。

　　在历史上，祖母绿有很多美好而且富有传奇色彩的传说：据说，耶稣在最后的晚餐上使用的圣杯是用祖母绿做的！在古希腊，人们把祖母绿献给维纳斯女神，以表达对她的爱戴。此外，历史上著名的埃及艳后——克利奥帕特拉七世就特别喜欢佩戴祖母绿首饰。

图4-1　母绿

特征

1 特别的名称

祖母绿的名称很特别，因为很多人顾名思义认为它一定和"祖母"有关系。但是事实并非如此：因为在古代，古波斯人把祖母绿叫作Zumurud，我国根据它的读音，把它翻译成了"祖母绿"。

所以，这种宝石和祖母没有任何关系，不论年龄大小，什么人都适合佩戴它。

2 独特的颜色

祖母绿的颜色是绿色。实际上，绿色宝石的品种有很多，常见的有翡翠、碧玉、绿色蓝宝石、玉髓、绿碧玺、岫玉等。如果把祖母绿和它们进行比较，就可以看出，祖母绿的颜色很特别：有一种清澄、纯净、透彻的感觉。这种颜色很耐看，即使长时间地盯着看，眼睛也不会感觉累。而且在聚精会神地观察时，会感觉自己被吸引到了它的内部，而它也深深地进入了自己的内心！如图4-2所示。

正是由于这种独特的颜色，所以，祖母绿被称为"绿色宝石之王"。

3 历史悠久

祖母绿的历史很悠久，据记载，距今6000多年前，古巴比伦人就

开始使用祖母绿了，古埃及、古希腊、古罗马、古波斯、古印度等国家
都很喜爱祖母绿首饰。

图 4-2　沁人心脾的颜色

4　质地坚硬、脆性高

祖母绿的莫氏硬度是 7.5，虽然不如钻石、红宝石和蓝宝石，但也
属于硬度比较高的宝石。

祖母绿的脆性比较高，受到外力作用时容易产生裂纹甚至发生破碎，
所以平时佩戴时，应注意避免和其他物体碰撞；做剧烈运动时，应该把
它摘下来。

5　耐热性

祖母绿本身的熔点比较高，不容易发生熔化。但它在高温下脆性会
变得更大，更容易产生裂纹。所以祖母绿的耐热性不好，应该避免长时
间阳光暴晒，即使在洗澡时，最好也把它摘下来。

6 耐腐蚀性

祖母绿本身的化学性质很稳定，不容易发生氧化、变质等，能耐很多种酸、碱、盐的腐蚀。但市场上销售的很多祖母绿都进行了注油处理，就是用一些透明的物质填充到它的裂缝里，以提高产品的净度和透明度。

这些注入的填充物一般是不耐腐蚀的，而且容易发生溶解，出现这种情况后，祖母绿的表面会变得粗糙，光泽会下降，颜色、透明度、净度都会变差。

所以，在平时洗手、洗脸、做饭、洗澡、运动时，最好把祖母绿首饰摘下来；甚至在雨天时，也应防止淋湿，以避免雨水、汗水及各种洗涤剂等化学物质对填充物造成损坏。

如果祖母绿变脏，需要清洗，最好用清水洗，洗完后马上吹干，不要让水分在表面停留太长时间。不能使用超声波清洗，因为超声波会使注入的填充物质发生熔化而流出来。

质量和价值的评价方法

评价祖母绿的质量和价值，主要应从以下几个方面入手：颜色、透明度、净度、火彩、切工、重量。

1 颜色

颜色是祖母绿最吸引人的一个指标，它决定了祖母绿的质量和价值。

祖母绿的颜色是由其中含有的微量元素铬（Cr）形成的，铬元素含量不同，颜色的种类也不同，可以从色调、彩度、明度等几个方面进行分类。

（1）按照色调分，可以分为翠绿色、蓝绿色、黄绿色等。

（2）根据彩度分，可以分为深绿、浓绿、绿、浅绿等。

（3）按照明度分，可以分为明亮、较明亮、一般三个级别。

总体来说，高质量的祖母绿颜色应该纯正、浓郁、鲜艳、明亮，如图 4-3 所示。

在行业内，哥伦比亚出产的蓝绿色祖母绿被公认为是最好的品种，颜色浓艳、明亮，如图 4-4 所示。其他的品种有的颜色过深、发暗，有的颜色太浅、浓度偏低。

2 透明度

透明度是祖母绿另一个重要的评价指标，它会影响祖母绿的颜色。

图 4-3　祖母绿颜色的种类

图 4-4　哥伦比亚的蓝绿色祖母绿

祖母绿的透明度也可分为透明、亚透明、半透明、微透明、不透明等类型，如图 4-5 所示。

图 4-5　透明度

透明度高，祖母绿的颜色的色调、彩度、明度都很好，看起来显得鲜艳、明亮；反之，如果透明度低，颜色就显得沉闷、发暗。最典型的哥伦比亚出产的祖母绿就是呈现清澈、通透的绿色。

3 净度

祖母绿的净度普遍都不高，内部的杂质、裂纹比较多，如图 4-6 所示。这和它的形成环境以及本身的特性有关：在形成过程中，经常混入其他杂质。另外，它的化学成分和显微结构导致它的脆性较高，在形成过程和开采

图 4-6　净度

过程中，由于受到外界的作用力，所以内部容易出现裂纹。

祖母绿的净度可以分为极纯净、纯净、较纯净、一般等级别。祖母绿内部的缺陷和瑕疵的数量、大小、位置、与周围基体的对比度对净度等级都有影响。

而且，净度也会影响其他因素，如颜色、透明度。

4 火彩

一般的机构都不把火彩作为评价祖母绿的指标。实际上，它对祖母绿的颜色有重要影响：在很大程度上，颜色的明度受火彩的影响，火彩如果较强，颜色的明度就更高、更明亮，如图 4-7 所示。

图 4-7　火彩

火彩的强弱也受其他因素的影响，比如光泽、颜色、切工、透明度、净度等。

5 切工

祖母绿经常被加工成如图 4-8 所示的琢型。

在宝石行业里，人们把这种形状专门称为"祖母绿切工"或"祖母绿琢型"。

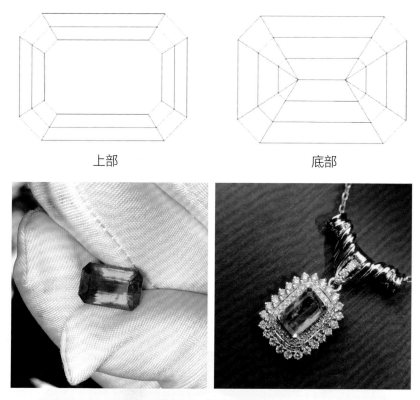

上部   底部

图 4-8　祖母绿琢型

这样加工的原因有两个。

（1）它能充分利用祖母绿晶体结构对光线的作用，使祖母绿的颜色、光泽呈现最佳效果。

（2）它能避免祖母绿承受外力，从而不容易发生损坏。

由于这种琢型有自身的特点，所以人们很快把它推广到其他宝石的加工中，包括钻石、红宝石、蓝宝石、水晶等。

标准的祖母绿琢型的长宽比为 10：8，因为从审美学的角度考虑，它的美感最好。但在很多时候，人们为了充分利用原石，经常加工成与原石相近的形状，如图 4-9 所示的正方形。

有的祖母绿因内部含有太多缺陷，为了掩盖它们的影响，所以经常把祖母绿加工成如图 4-10 所示的弧面形。

图 4-9　祖母绿琢型的变异形状　　　　图 4-10　弧面形祖母绿

评价切工时，主要也考虑两个方面的因素：一是线条比例、夹角大小；二是加工缺陷，如线条的直度、平面的平直度、线条和棱角的尖锐度、崩角、缺口、磨痕等。

6 重量

祖母绿的产量很低，而且由于它的脆性较高，原石中经常含有很多裂纹，所以最后得到的成品重量一般不大。尤其是高质量产品，如哥伦比亚祖母绿，0.5 克拉以上的都很少见，价格比钻石还贵。

2001 年 9 月 28 日，佳士得拍卖行在伦敦拍卖了一块重量为 217.80 克拉的祖母绿，价格达 2.2 亿美元，平均单价超过 100 万美元 / 克拉。

产地

祖母绿的产地主要有哥伦比亚、巴西、赞比亚、俄罗斯、津巴布韦等。

1 哥伦比亚

哥伦比亚出产的祖母绿被公认为品质最好，其特点是颜色纯、透明度高、净度高。

哥伦比亚祖母绿从 16 世纪中叶开始生产，很快就风靡国际市场，一直持续到今天。

2 巴西

巴西出产的祖母绿在市场上比较常见，但颜色比较淡，很多带有黄色调，内部的缺陷也比较多，净度较低，颗粒一般也比较小。

3 赞比亚

近年来，市场上经常能见到赞比亚出产的祖母绿，其特点是颜色鲜艳，有的还带有蓝色调，透明度也较高，很受消费者的欢迎。

4 俄罗斯

俄罗斯出产的祖母绿的特点是很多颜色过深、发暗，透明度、净度也不理想。

5 津巴布韦

津巴布韦出产的祖母绿的特点是颜色鲜艳，有的带有黄色调，但粒度比较小。

作假手段

由于天然祖母绿价格昂贵，所以市场上有比较多的假冒产品。

1 仿制品

祖母绿的仿制品主要有三类：第一类是用其他的绿色宝石仿冒，如翡翠、碧玉、绿碧玺、绿玉髓等；第二类是用绿玻璃甚至塑料仿冒；第三类是人造祖母绿，常见的是绿色的人造锆石。

还有一类仿制品，是用一些不出名产地的祖母绿仿冒著名产地的祖母绿，如仿冒哥伦比亚祖母绿。

2 人工合成产品

很多国家包括美国、法国、日本及我国等进行了人工合成祖母绿的研究和生产，有的产品已经进入了市场。

3 祖母绿的优化处理

天然祖母绿包含的裂纹比较多，所以对祖母绿来说，最常用的优化处理技术是充填技术，也叫注油，即向裂缝里充填透明物质，提高产品的透明度和净度。

除此之外，还包括其他技术，如染色、镀膜、贴箔、扩散等。染色是在产品表面涂染绿色颜料，镀膜是在产品表面镀一层薄膜，贴箔是在产品表面贴一层箔，扩散处理是向产品表面扩散特定的元素，改善其颜色。

鉴别方法

1 仿制品

（1）观察法。① 观察颜色。前面已经提到，祖母绿的绿色很特别，和其他的绿色的宝石、玉石、玻璃等有较大的差别。而且，不同产地的祖母绿颜色也有差异，只要看得多了，很容易就能发现这个特点。② 观察透明度、净度。前面也提到，天然祖母绿的内部经常含有裂纹和杂质等，致使其净度和透明度都比较低，其他品种的绿色宝石、玉石、玻璃等净度和透明度一般比较高。如图 4-11 所示是两种人造祖母绿。③ 观察内部包裹体的特征。这点主要用来进行产地鉴定，因为不同产地的祖母绿内部的杂质的类型不一样，形状、大小、分布都有差别。比如，哥伦比亚出产的祖母绿中杂质有气泡、液体和固体颗粒，俄罗斯出产的祖母绿中杂质很多看起来像竹节，印度出产的祖母绿中杂质的形状特别像逗号。

图 4-11　人造祖母绿

（2）物理性质测试。这包括折射率、发光性、吸收光谱、多色性、密度、化学组成等。祖母绿和其他品种的宝石、玉石都有区别，可以鉴别出来。表4-1是祖母绿与一些仿制品的物理性质对比。

表4-1　祖母绿与仿制品的物理性质对比

宝石品种	光　性	莫氏硬度	密度（克/立方厘米）	折射率	双折射率
祖母绿	一轴晶（﹣）	7.25 ~ 7.75	2.65 ~ 2.90	1.56 ~ 1.60	0.005 ~ 0.009
绿色翡翠	不消光	6.50 ~ 7.00	3.33	1.66 ~ 1.68	0.014
绿色萤石	均质体	4.00	3.18	1.43	无
绿色磷灰石	一轴晶（﹣）	5.00	2.90 ~ 3.10	1.63 ~ 1.67	0.002 ~ 0.005

2 人工合成祖母绿的鉴别

（1）观察法。① 观察净度。天然祖母绿的净度一般不高，内部通常有裂纹和杂质。合成产品的净度一般都很高。② 观察内部的杂质。天然祖母绿内部的杂质是天然矿物颗粒，它们的特征和合成产品不一样，合成产品内部的杂质有自己的特征，比如是没有反应的原料颗粒。

（2）物理性质测试。它包括发光性、吸收光谱、红外光谱、化学成分测试等。与天然祖母绿进行对比，就可以鉴别出来。

3 优化处理品的鉴别

（1）充填处理品的鉴别。① 如果看到样品表面或内部有液体流动的痕迹，说明可能是处理品。② 对着光线转动样品，如果看到内部有五颜六色的晕彩，说明可能是处理品。③ 用棉签蘸少量酒精擦拭样品，放大观察，如果棉签沾上了一些较黏的物质，说明可能是处理品。④ 测试物理性质，如发光性、吸收光谱、红外光谱、热针试验法等。如图4-12

所示。

（2）改色处理品的鉴别。

① 用棉签蘸酒精擦拭样品。

② 染色品表面的颜色比较深，而内部的颜色很浅。③ 染色品裂纹里的颜色较深，周围部分较浅。④ 测试物理性质，如发光性、吸收光谱、红外光谱等。

图 4-12　祖母绿的充填处理——注油

（3）镀膜和贴箔的鉴别。① 观察表面。镀膜产品的表面有很多小颗粒，而且经常有细微的裂纹。② 贴箔样品的表面经常有褶皱和气泡状的鼓起。③ 样品表面的颜色较深，内部较浅。④ 物理性质测试，如发光性、吸收光谱、红外光谱、化学组成等。

（4）扩散处理品的鉴别。① 扩散处理品表面的颜色比较深，内部的颜色比较浅。② 扩散处理品裂纹里的颜色比较深，周围比较浅。③ 物理性质测试，如发光性、吸收光谱、红外光谱、化学组成等，与天然祖母绿进行对比，就可以鉴别出来。

* 权威鉴定机构

祖母绿的权威鉴定机构也是瑞士三大实验室：GRS（瑞士宝石鉴定研究所）、Gubelin Gem Laboratory（古柏林宝石实验室）和 SSEF（瑞士宝石学院）。如图 4-13 所示是祖母绿的 GRS 证书。

图 4-13　GRS 证书

猫眼石

猫眼石也是世界五大名贵宝石之一，由于具有独特的"猫眼效应"，有一种神秘感，因而自古以来就受到世界各国人们的喜爱，如图5-1所示。

在古代的很多国家，猫眼石都象征着权力，能保佑人们平安和幸福，使他们逢凶化吉、遇难成祥。传说，古埃及的法老王佩戴着一枚猫眼石戒指，猫眼石可以向他传达神灵的旨意。而现在埃及人还经常用猫眼石祭拜神灵，以祈求他们的庇护。

我国对猫眼石最早的记载源于唐朝：印度洋上有一个国家叫"狮子国"，它派使节给唐玄宗送来一颗宝石，叫"狮负"，这颗宝石晶莹剔透、闪闪发光，最特别的地方是表面有一条亮线，这条亮线在白天时很亮，到了晚上会变暗，第二天又会变亮。如果左右转动宝石，那条亮线也会跟着转，"莹莹宛转如猫眼"。唐玄宗对这颗宝石爱不释手，经常拿出来玩赏，而且把亮线最细的那个时间规定为午时。

实际上，那颗叫"狮负"的宝石就是猫眼石。从那时起，我国的人民就认识了这种奇特、神秘、稀有的宝石。我国古代一向有"礼冠须猫眼"的说法，可见它的珍贵性。

图 5-1　猫眼石

特征

1 名称的由来

猫眼石的全称叫"金绿猫眼"，简称为猫眼石或猫眼。它的矿物名称叫金绿宝石，化学分子式是 $BeAl_2O_4$，通常含有铁（Fe）、铬（Cr）、钛（Ti）等微量元素，所以呈黄色、褐色、绿色等多种颜色，通体半透明或微透明。

2 奇特的猫眼效应

"猫眼"这个名字来源于这种宝石具有的一种特殊的光学效应——猫眼效应，它的表面有一条白色的明亮的光线，看起来和猫的眼睛很像。

具体来说，猫眼效应有以下几个特点。

（1）宝石表面有一条白色的明亮的光线。

（2）左右转动宝石时，猫眼线也会跟着转动。

（3）猫眼线的亮度会随着周围的光线发生变化。如果周围的光线强，猫眼线就会很亮；如果周围的光线弱，猫眼线就会变弱。

（4）用两盏灯照射宝石，然后转动，猫眼线会发生开合现象，就是有时候会张开，变得很宽，有时候会闭合，成为很细的一条线，如图 5-2 所示。

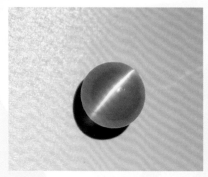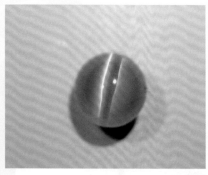

图 5-2　猫眼效应

3 产生原因

　　猫眼效应的形成和宝石内部的化学组成有关：研究发现，猫眼石内部存在很多特别细小的杂质颗粒，它们基本上沿着一个方向排列。宝石表面被打磨、抛光后，光线照射到内部，那些颗粒对光线产生折射或反射，就形成了猫眼线，如图 5-3 所示。

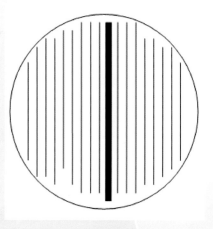

图 5-3　猫眼形成的原因

4 真假猫眼

　　除了金绿宝石外，其他一些宝石也有猫眼效应，比如石英、碧玉、碧玺、磷灰石等。在宝石界，人们规定：猫眼石指的就是金绿猫眼。其他具有猫眼效应的宝石不能称为猫眼石，只能叫作有猫眼效应的宝石，比如石英猫眼、碧玺猫眼、碧玉猫眼等。所以，可以说，只有金绿猫眼是真猫眼石。

5 基本性质

（1）颜色。猫眼石的颜色比较多，有黄色、褐色、黄褐色、黄绿色等，如图5-4所示。

（2）光泽。猫眼石的光泽不如前几种宝石强烈，有的是玻璃光泽，有的是油脂光泽。

（3）透明性。猫眼石的透明度也不如前几种宝石，多数是半透明或微透明的。

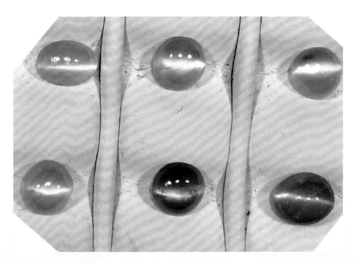

图 5-4　猫眼石的颜色

（4）猫眼石的莫氏硬度为8～8.5，仅次于钻石、红宝石和蓝宝石，比其他多数宝石都高。

6 性质稳定，不易变质

猫眼石的化学性质很稳定，不容易发生氧化，不会变质，能耐很多种酸、碱、盐的侵蚀，耐高温性也比较强。

质量和价值的评价方法

判断猫眼石的质量和价值，主要应考虑颜色、猫眼线的质量、切工、净度、重量等。

1 颜色

猫眼石有多种颜色，其中，蜜黄色的价值最高，因为这种颜色和猫的眼睛的颜色最像。黄绿色、棕黄色、褐绿色、黄褐色、褐色等的价值依次降低，白里泛黄和泛绿色的猫眼石价值更低，灰色和杂色的猫眼石价值最低，如图 5-5 所示。

2 猫眼线的质量

对猫眼石来说，猫眼线的质量对它的价值具有决定作用。猫眼线的质量可以用五个字来衡量：亮、正、直、细、活。

（1）亮：指猫眼线应该明亮、清晰，和周围部分的反差越大，价值越高。

（2）正：指猫眼线位于宝石的中央，而且竖直、端正、不歪斜。

（3）直：指猫眼线应该笔直，不能弯弯曲曲。

（4）细：猫眼线越细越好，而且粗细均匀、连续、完整，不能断断续续。

（5）活：指猫眼线的灵活度，如果左右转动猫眼石，猫眼线应该随之转动。另外，如果在两盏灯的照射下转动猫眼石，猫眼线应该能张能合，张得开、合得拢，如图 5-6 所示。

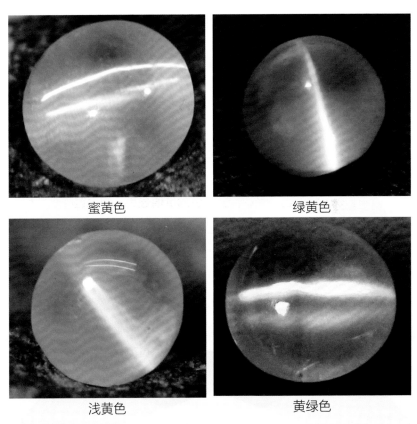

蜜黄色   绿黄色

浅黄色   黄绿色

图 5-5   猫眼石的颜色

3 切工

（1）切工的重要性。① 猫眼石的切工对猫眼线的质量有影响：切工质量高，猫眼线的亮度会提高，会更清晰、连续，线条更细。② 切工能保证猫眼线的位置处于宝石中央，而且端正、竖直。③ 切工能保证猫眼线的灵活度，移动自如、开合明显。④ 切工能提高猫眼石的匀称性，使各部分的比例比较协调。⑤ 切工能更好地保证猫眼石的重量，如图 5-7 所示。

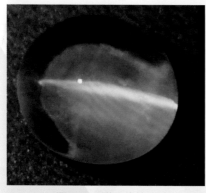
图 5-6　猫眼线的质量

图 5-7　切工

（2）对切工的评价方法。评价切工的质量，首先，看产品各部分的比例是否匀称、协调、美观；其次，看加工面的质量，猫眼石的表面是弧面，所以要看弧面是否标准；最后，看表面的抛光质量，抛光质量对猫眼线的质量也有影响，如果抛光质量低，猫眼线会不明显。

4 重量

猫眼石是五大名贵宝石之一，储量很少，大块的更少见，优质的猫眼石能达到 1 克拉就具有收藏价值了。所以，在其他因素一定的情况下，猫眼石的重量越大，它的价值也越高。

5 其他因素

除了上述因素外，还有一些因素会影响猫眼石的价值，比如净度和透明度：如果产品净度高，没有杂色、杂质、斑点等缺陷，它的价值自然会高；如果透明度比较高，猫眼线的质量也比较好，自然更吸引人，价值也会很高。

产地

　　猫眼石的产地主要是斯里兰卡。

　　斯里兰卡出产的猫眼石历史悠久，而且质量好，产量高。

　　马可·波罗曾记载，斯里兰卡国王有一件稀世珍宝，是一颗无与伦比的猫眼石。此外，伊朗国王的王冠上镶嵌着一颗重达 147.7 克拉的猫眼石，产于斯里兰卡。据称，这颗猫眼石的眼线质量很好：首先是亮度高；其次，它的猫眼线非常灵活，只需稍稍转动宝石，那条猫眼线就会很轻盈地随着移动，会让人不由自主地想到"眼波流转"这个词，可以说充满了灵性。

　　缅甸、巴西、俄罗斯等国也出产猫眼石，但产量很低，质量也与斯里兰卡出产的有差距。

作假手段

　　猫眼石的作假手段主要有两种：第一种是用其他有猫眼效应的宝石假冒金绿猫眼；第二种是用人造猫眼冒充天然的金绿猫眼。

　　除了金绿猫眼外，其他一些宝石也有猫眼效应，常见的有碧玉猫眼、石英猫眼、碧玺猫眼、海蓝宝石猫眼等，在珠宝市场上经常能看到，但它们的价值都不如金绿猫眼。

　　人造猫眼石指按照天然猫眼石的化学成分和显微结构特点，用一定的原料和生产工艺制造的人造产品，常见的是玻璃猫眼。

鉴别方法

1 其他有猫眼效应的宝石的鉴别

（1）观察法。① 看颜色和透明度。金绿猫眼的颜色多数是黄色系列，其他品种的颜色多种多样，如碧玉猫眼是绿色、海蓝宝石猫眼是浅蓝色，碧玺猫眼是蓝色，石英猫眼是白色……② 看猫眼线的质量。金绿猫眼的猫眼线一般质量较高，线条明亮、清晰，比较细、直。其他宝石的猫眼线其质量普遍比较低，线条较暗、模糊，而且比较宽。如图 5-8 所示是其他几种具有猫眼效应的宝石。③ 金绿猫眼的颜色还有一个特殊的地方，就是用聚光手电筒照射时，会看到向光的一面颜色比较深，呈黄色；而背光一面的颜色比较浅，呈乳白色，如图 5-9 所示。

石英猫眼

磷灰石猫眼

图 5-8　其他有猫眼效应的宝石

（2）物理性质测试。如果在观察法的基础上，再结合物理性质测试，鉴别的准确性会更高，包括硬度、密度、折射率、吸收光谱等，如表 5-1 所示。

表 5-1 猫眼石和其他一些具有猫眼效应的宝石的物理性质对比

宝 石	密度（克/立方厘米）	莫氏硬度	折射率	双折射率	光 性
猫眼石	3.72	8.50	1.740 ~ 1.750	0.009	B+
石英猫眼	2.56	7.00	1.544 ~ 1.554	0.009	U+
碧玺猫眼	3.01 ~ 3.11	7.00 ~ 7.50	1.620 ~ 1.660	0.018	U−
海蓝宝石猫眼	2.70 ~ 2.90	7.25 ~ 7.75	1.560 ~ 1.590	0.004 ~ 0.009	U−
磷灰石猫眼	3.18 ~ 3.22	5.00	1.620 ~ 1.650	0.002 ~ 0.006	U−

2 人造猫眼的鉴别

人造猫眼常用的原料是玻璃，如图 5-10 所示。其鉴别方法主要如下。

（1）观察法。① 主体颜色、透明度的观察。② 猫眼线质量的观察。③ 向光面和背光面的观察。④ 内部包裹体特征的观察。

（2）物理性质测试。

物理性质测试包括密度、硬度、折射率、发光性、吸收光谱、化学成分测试等。

图 5-9 金绿猫眼两侧的颜色

图 5-10 玻璃猫眼

水晶

　　水晶是最常见的宝石品种之一，晶莹剔透、质地坚硬，使佩戴者具有一种纯洁、高雅的气质，因而受到人们广泛的喜爱，如图6-1所示。水晶的储量大，价格比较便宜，大多数消费者都能承受。

　　在古代，人们就很喜欢水晶，在神话传说里，龙王就住在晶莹剔透的水晶宫里。

　　由于水晶像水一样清澈通透，同时又具有玉石一样坚硬的质地，所以，我国古代也把它称为"水玉"或"水精"。

　　很多古籍和古诗中都有对水晶的记载，比如，在《资治通鉴·后晋高祖天福二年》中记载："闽主作紫微宫，饰以水晶。"唐朝诗人温庭筠在《题李处士幽居》里有"水玉簪头白角巾，瑶琴寂历拂轻尘"的美好诗句。

图6-1　水晶

特征

1 水晶和石英的区别

我们经常听到"水晶"和"石英"这两个词，有人说它们是一种物质；有人说它们是两种物质，并不完全相同。到底是怎么回事呢？

实际上，水晶是石英的一种类型。石英是一种天然矿物，主要成分是 SiO_2，但经常含有一些杂质或结晶度较低，从而透明度很低，有的看起来就和普通的石头一样。

少数石英含有的杂质比较少，而且结晶度很高，从而透明度很好，晶莹剔透，可以加工成首饰或工艺品，人们把这种石英称为水晶。

所以，可以说结晶度低的 SiO_2 是石英，结晶度高的 SiO_2 是水晶。或者说，水晶也是石英，只不过是结晶度高的石英，如图 6-2 所示。

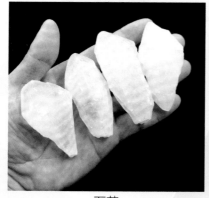
石英

水晶

图 6-2　石英和水晶

2 质地晶莹剔透

人们用很多词语描写水晶的外观，如"清澈""通透""无瑕"等，但用得最多最贴切的词还是"晶莹剔透"，因为这一点给人的印象最深，也最吸引人，如图6-3所示。

水晶这种独特的外观主要和它的三种性质有关。

图6-3 质地

（1）透明度。

水晶由于结晶度高，内部的杂质少，所以透明度很高。如果把一块普通玻璃和一块水晶放在一起，很容易就能把它们分辨出来——普通玻璃的透明度明显较低，内部显得比较浑浊；而水晶的透明度要高得多，只有看到水晶的透明度时，才会真正地理解"清澈"这个词的含义。

（2）光泽和火彩。

水晶的折射率是1.54，呈玻璃光泽，对光线的反射比较强烈，所以亮度比较高，明代医学家李时珍曾形容水晶"莹洁晶光，如水之精英"。

水晶的色散是0.013，有一定的火彩，尤其当加工成特定的琢型时，火彩会比较强烈。

（3）水晶的化学成分很纯净，杂质少，而且结晶度很高，所以是真正的无色透明。这一点同样可以和普通玻璃进行比较：水晶的颜色很纯，如果是无色水晶，它的颜色没有杂色；而玻璃的颜色发蓝或发绿，这是因为里面含有钠、钙等元素。

3 丰富的颜色

水晶最常见的是无色品种，此外，也有其他的颜色，如紫色、粉色、黄色、褐色、棕色、黑色等，如图 6-4 所示。

水晶的颜色和它含有的微量元素有关：当含有锰元素和铁元素时，水晶呈紫色；只含有铁元素时，水晶呈黄色；含锰元素和钛元素时，水晶呈粉色。

图 6-4　水晶的颜色

4 坚硬、致密的质地

水晶的莫氏硬度为 7，密度为 2.65 克 / 立方厘米，质地坚硬、致密。这和它的形成条件有关：水晶在形成过程中，要受到高温和高压两方面的作用。

我国古人很早就认识到了水晶的这个特点，形容它"其莹如水，其坚如玉"，也有人说水晶是"千年之冰所化"。

5 水晶亦久远

水晶的性质很稳定，可以说永恒不变，这主要有以下几个方面的原因。

（1）耐高温性优异。水晶的熔点高达 1713℃，所以耐高温性能很好。

（2）水晶不会氧化，从而不会发生变质。

（3）耐腐蚀性能优异。水晶能耐很多种酸、碱的腐蚀。

所以，可以套用钻石的那句广告语：水晶亦久远。

6 特殊的性质——压电性

水晶具有一种特殊的性质，叫压电性，就是如果对一块水晶施加压力，它的表面会产生电荷。

水晶的品种

水晶分为很多个品种，主要包括以下几种。

1 无色水晶

无色水晶即无色透明的水晶。这是市场上最常见的品种，如图6-5所示。

这种水晶的化学成分很纯净，几乎完全由 SiO_2 组成，其他的微量元素很少。

2 紫水晶

这种水晶的颜色呈紫色，深浅不一，如图6-6所示。这是由于水晶中含有锰和铁两种元素。紫水晶的价格普遍比无色水晶高。

3 黄水晶

黄水晶颜色呈黄色，深浅不等，如浅黄色、黄色、深黄色、黄褐色等，如图6-7所示。这主要是由于黄水晶含有微量的铁元素。

图6-5 无色水晶

图6-6 紫水晶

图6-7 黄水晶

4 茶晶

茶晶呈深褐色，和茶水的颜色很像，如图 6-8 所示。

5 粉水晶

粉水晶也叫蔷薇水晶、芙蓉石，呈粉色，如图 6-9 所示。这是由于粉水晶含有微量钛元素。

图 6-8 茶晶

6 发晶

这种水晶的颜色不稀奇，和其他品种一样，包括无色、黄色、褐色等。它最吸引人的特点是其内部有一些天然矿物的包裹体，这些包裹体的形状经常像头发、小草或树枝一样，惹人喜爱，如图 6-10 所示。

图 6-9 粉水晶

图 6-10 发晶

发晶中最有名的一个品种叫钛晶，这是因为这种发晶中的矿物包裹体的名称叫金红石，化学成分是 TiO_2。钛晶是水晶中最昂贵的品种之一，一向被称为"水晶之最"。

和一般的发晶相比，钛晶有两个特点：一是包裹体的形状是片状或板状的；二是包裹体的颜色是黄色的。对钛晶来说，片状或板状特征越明显，价值越高；颜色越鲜艳，如金黄色，价值越高。

7 其他品种

（1）墨晶，呈黑色，深浅不一。如果是很浓的纯黑色，很受人喜爱，价格比较高。

（2）绿幽灵，即绿水晶，内部含有微量元素镁和铁。天然绿水晶很稀有，所以很珍贵。

（3）红兔毛水晶，即红水晶，也叫"维纳斯水晶"，这种水晶呈红色，内部有细密的细丝状赤铁矿包裹体。这种水晶也很少见，属于名贵品种。

质量和价值的评价方法

水晶的品种较多，不同品种的评价标准并不完全相同。

1 颜色

可以按彩色宝石的标准进行评价。

（1）色调：即纯度，颜色越纯正、不带其他杂色，价值越高。

（2）彩度：即鲜艳程度。

（3）明度：即明亮程度，越明亮、不发暗，价值越高。

有的水晶在不同部位有不同的颜色，甚至会形成一些特别的图案或花纹，价值也比较高。

对发晶来说，一般情况下，主体颜色为无色时，里面的发丝会更明显，所以价值更高。

2 透明度

水晶的透明度越高，价值越高。

3 净度

水晶的净度越高，裂纹、杂质、斑点等瑕疵越少，价值越高，如图 6-11 所示。

4 包裹体

对发晶来说，内部的包裹体对整块水晶的价值影响很大，包括包裹体的形态、颜色、大小、造型等。

5 加工工艺

　　水晶的加工工艺对其价值也具有很大的影响，构思巧妙、加工质量高超的产品，尤其是具有一定的寓意和文化价值时，价值会很高。

　　评价加工工艺，主要看两方面：第一，看平面的平整度、弧面的弧度、线条的平直度、内孔的平直度、圆度、均匀度等；第二，看加工缺陷，如崩角、缺口、磨痕等，如图6-12所示。

图 6-11　颜色、透明度、净度　　　　图 6-12　加工工艺

6 块度

　　水晶的块度对价值也有影响，尤其是当达到一定程度时，由于其稀缺性，会使得其价值很高。

　　对水晶原石来说，有的可以直接作为观赏石使用，如水晶晶簇、水晶洞等。评价它们的价值时，经常从品种、造型、质地、块度、包裹体等方面考虑。

产地

世界最著名的水晶产地是巴西。巴西出产的水晶的特点是质量高、产量大、品种多，最有名的是紫水晶，如图 6-13 所示。

我国很多地方也出产水晶，古代很多典籍中都有记载。比如《山海经》里出现过多次，"又东三百里，曰堂庭之山……多水玉""丹山出焉，东南流注于洛水，其中多水玉""逐水出焉，北流注于渭，其中多水玉""又南三百里，曰耿山，无草木，多水碧"。

目前，我国最有名的水晶产地是江苏的东海县，它被称为"中国水晶之都"。

图 6-13　巴西紫水晶原石

作假手段

1 仿制品

由于水晶的价格一般不是特别高，所以人们通常不用其他品种的宝石仿冒水晶。目前，水晶的仿制品主要包括如下几种。

（1）人造水晶。人造水晶也叫水晶玻璃、水钻，主要成分是铅玻璃、钾玻璃等。

（2）熔炼水晶。熔炼水晶也叫再生水晶，就是将天然水晶的下脚料重新加热、熔化生产的水晶。

（3）玻璃、塑料等。有人用透明度比较高的玻璃、塑料仿冒水晶。

2 拼合石

最典型的是拼合钛晶，常见的方法是把一块白水晶和一块钛晶板粘成一块钛晶，或在普通的白水晶的底面钻个洞，在里面放入片状或板状的钛晶，然后再密封起来。

其他的一些发晶、观赏石等也可以用这些方法做。

3 合成水晶

合成水晶是模仿天然水晶的化学组成和形成条件，经过一定时间的结晶，形成的水晶。目前合成水晶的结晶速度是每天 0.8 毫米左右。

4 优化处理水晶

（1）染色。即改变水晶的颜色，比如把白色水晶染成蓝色水晶。

（2）镀膜或贴箔。即在水晶表面镀一层或贴一层彩色薄膜，做成彩色水晶。

（3）填充裂纹。即用透明材料填充水晶的裂纹，提高其净度。

（4）辐射。即利用高能量射线辐射水晶，改变水晶的颜色，做成彩色水晶。

（5）热处理。如对紫水晶进行热处理，可以做成绿水晶。

水晶的鉴别

1 仿制品的鉴别

（1）手法。即通过用手掂量或抚摸，来鉴别假水晶。这种方法对用玻璃、塑料等制的假水晶很有效，因为天然水晶的密度比较高，感觉沉甸甸的，而且导热性比较好，抚摸时会感觉比较凉。而玻璃和塑料密度较低，掂量时感觉比较轻；另外，它们的导热性比较差，抚摸时会有温热的感觉，如图 6-14 所示。

（2）物理性质测试。通过测试折射率、密度、吸收光谱、硬度、化学成分等，可以更
准确地进行鉴定。

图 6-14　人造水晶手链

2 拼合品的鉴别

拼合品的鉴别主要是寻找产品表面有没有接合缝，接合缝一般在背面、底面和侧面。

3 合成水晶的鉴别

（1）观察法。天然水晶内部经常有一些缺陷，如棉絮状夹杂物、裂纹等，合成水晶的净度普遍很高，不容易看到缺陷，如图6-15所示。

（2）物理性质测试。常用的技术是红外光谱测试，合成品和天然水晶的红外光谱存在较明显的差别。

4 优化处理品的鉴别

（1）染色处理品的鉴别，如图6-16所示。

① 放大观察。染色处理品的颜色主要集中在表面，所以表面的颜色比较深，而内部颜色很浅；裂纹内部的颜色很深，周围部分的很浅。

② 擦拭法。用纸或棉球蘸一些水或酒精擦拭样品，有的染料会被擦下来。

③ 物理性能测试法。这包括吸收光谱、红外光谱等。

图6-15　合成水晶球

图6-16　染色水晶

（2）镀膜或贴箔的优化处理的鉴别。

① 镀膜水晶的表面会看到很多小颗粒，而天然水晶表面很平滑；镀膜水晶的表面经常有很多小裂纹。

② 贴箔水晶的表面经常有一些气泡状的鼓起，棱角处经常能看到褶皱。

③ 物理性质测试。由于薄膜和箔的化学成分与水晶差别很大，所以它们的物理性质如导热性、吸收光谱、红外光谱、发光性等，与水晶也有明显的差异。

（3）填充处理品的鉴别。

① 观察表面和内部有没有填充物质的流动痕迹、气泡等。对着光线转动样品，看内部有没有晕彩，它们是填充物质引起的。

② 物理性质测试。如吸收光谱、发光性、红外光谱、激光－拉曼光谱等。

③ 热针法。看样品表面是否出现小液滴，它们是由填充物质形成的。

（4）辐射处理品的鉴别方法。

① 辐射处理品表面的颜色较深，内部较浅。

② 表面的颜色深浅不一样：沿某个方向，颜色会越来越浅。这是因为样品离辐射源近的位置，颜色会较深，离得越远，颜色越浅。

③ 物理性质测试。首先是测试吸收光谱，辐射处理品的吸收线特征经常和天然水晶有差别。其次是检测放射性物质，辐射处理品的内部经常会残留少量放射性物质。

（5）热处理品鉴别。

热处理品的表面和内部经常有细裂纹；内部包裹体的棱角比较圆滑，这是由它们发生熔化造成的。

7

海蓝宝石

海蓝宝石具有海水一样的蓝色，清澈通透，惹人喜爱，如图 7-1 所示。

人们传说，海蓝宝石有一种神奇的力量：它能使佩戴者具有先见之明，能预测自己的未来！

船员、水手认为海蓝宝石产于海底，是海水的精华，所以经常用它祈祷海神，保佑平安。在电影《加勒比海盗》中可以看到，水手们多数都佩戴着一块海蓝宝石。

海蓝宝石是三月的诞生石，象征着冷静、勇敢、幸福，也被称为"爱情之石"，能保佑人们找到美好的爱情。

图 7-1　海蓝宝石

特征

1 迷人的颜色

　　海蓝宝石的颜色呈浅蓝色，有的是海蓝色，有的是天蓝色，少数海蓝宝石的蓝色中带有一些绿色调，它的颜色是由于宝石中含有微量的二价铁离子。

　　海蓝宝石的颜色给人一种纯净、清澄、透彻的感觉，有一种自然、单纯、清纯的美。如果做一个比喻的话，蓝宝石就像化了妆的女人，很漂亮，很成熟；海蓝宝石则像没有化妆的小姑娘，清纯甜美，如图7-2所示。

图7-2　海蓝宝石的颜色

2 透明度

高质量的海蓝宝石透明度很好，这种透明度能把它的颜色特点很好地表现出来。而且，它们两者结合在一起，使海蓝宝石像一个小姑娘，丽质天成，有一种天生的自然美，如图7-3所示。

图7-3　透明度

正是由于海蓝宝石的透明度比较好，所以，在中世纪时期，欧洲人把海蓝宝石制造成薄片，人们用它们观察远处的景物，这就是原始的望远镜。

3 光泽

海蓝宝石的折射率为 1.567 ~ 1.590，双折射率为 0.005 ~ 0.007，光泽比较强，尤其是抛光后，显得晶莹剔透、纯净无瑕。古代的欧洲人经常利用这个特点，用海蓝宝石制作镜子。人们认为，这种镜子具有一种神奇的魔力：能够预测人的命运！

4 化学成分

海蓝宝石和祖母绿属于同一种矿物——绿柱石，主要化学成分相同，都是 $Be_3Al_2(SiO_3)_6$；只是微量元素不同：祖母绿含有微量元素铬（Cr），所以是绿色；海蓝宝石含有微量元素铁（Fe），所以是浅蓝色。

5 质地致密、坚硬，韧性较好

海蓝宝石的质地致密、坚硬，莫氏硬度是 7.5 ～ 8，仅次于钻石、红宝石和蓝宝石。

在绿柱石类宝石中，祖母绿的脆性比较高，容易受到破坏；而海蓝宝石的韧性比较好，不容易破裂。但这只是相对来说的，在平时佩戴时，也需要注意保护，避免发生碰撞，比如在做剧烈运动时，最好摘下来。

6 耐热性

海蓝宝石的熔点较高，不容易熔化，所以耐热性比较好。但在高温下，海蓝宝石容易开裂。所以，平时应该注意这点，比如不要戴着它洗澡，避免被阳光长时间暴晒。

7 耐腐蚀性

海蓝宝石由于经过了长时间的结晶过程，因而化学性质很稳定，不容易氧化、变质，能耐很多酸、碱、盐的腐蚀。

但很多海蓝宝石的内部或表面有天然形成的微裂纹，人们在销售前，经常对海蓝宝石进行填充处理，提高产品的净度和透明度。

海蓝宝石使用的填充物的耐腐蚀性、耐热性都很低，容易被很多物质腐蚀、溶解、分解，从而会使宝石的颜色、光泽、透明度、净度等性能降低。

所以，在洗脸、做饭、洗澡及运动时，最好把海蓝宝石摘下来；下雨时也要摘下来，防止淋湿。

质量和价值的评价方法

评价海蓝宝石的质量和价值时，使用的指标和其他彩色宝石一样，包括颜色、透明度、净度、切工和重量等。

1 颜色

海蓝宝石的颜色也要根据色调、彩度和明度来评价。

（1）色调：要求颜色纯正，不带灰色、黑色等杂色。

（2）彩度：要求颜色浓郁、鲜艳。

（3）明度：要求颜色明亮，不发暗。

海蓝宝石的颜色和其含有的二价铁离子的数量有关系：当二价铁离子含量很少时，颜色会很淡，蓝色里透着白色；当铁离子含量较高时，蓝色就会变浓，显得更鲜艳，如图7-4所示。

图7-4　海蓝宝石的颜色

2 透明度

透明度是评价海蓝宝石的第二个重要指标。

海蓝宝石的透明度也分为透明、亚透明、半透明、微透明、不透明等级别。透明度越高，其质量越好，价值越高。

海蓝宝石的透明度对颜色、光泽会产生重要的影响：透明度高时，颜色等级也会提高，会显得更纯正、鲜艳、明亮，光泽也会更强，好像有一种灵气；透明度低时，海蓝宝石的颜色会显得呆板、死气沉沉。

观看透明度和颜色等级高的海蓝宝石时，人的心情会变得敞亮、放松，所以海蓝宝石可以减轻人的压力。可以打个比喻：观看蓝宝石就像听钢琴曲《蓝色多瑙河》一样；而观看海蓝宝石时，就像听《让我们荡起双桨》一样，如图 7-5 所示。

图 7-5　透明度

3 净度

海蓝宝石的净度对它的价值也有很大影响，可以将净度分为四个级别。

（1）极纯净。放大 10 倍观察时，看不到瑕疵。

（2）纯净。放大 10 倍观察时，能看到个别瑕疵，但肉眼看不到。

（3）较纯净。肉眼能看到少量瑕疵。

（4）一般。肉眼能看到较多的瑕疵。

对净度进行评价时，瑕疵的数量、大小、和宝石主体的对比度以及在宝石中的位置都会影响净度等级，比如，瑕疵的数量越多，宝石净度越低；瑕疵的尺寸越大，宝石净度越低；瑕疵和主体的对比度越大，看起来越明显，宝石净度也越低；瑕疵越靠近中央，看起来也很明显，宝石净度级别也越低。

净度对海蓝宝石的颜色和透明度也有影响：一般来说，净度高，颜色也显得越纯正、鲜艳、明亮，透明度也高，如图7-6所示。

图7-6　净度

4 切工

海蓝宝石的切工对质量和价值都有影响，而且会影响其他几个因素，包括颜色、透明度、重量、火彩等。

评价切工时，首先看各线条的长度、比例、角度等是否符合要求；其次看平面的平直度、弧面的弧度、线条的平行度、对称性、棱角的尖锐度等；最后看加工缺陷的数量和程度，比如磨痕、棱角的破损、缺口等，如图7-7所示。

图 7-7　切工

5 重量

海蓝宝石的重量也会影响其价值。由于大块的海蓝宝石很少见，所以它的单价比小块的要高。

6 其他因素

其他因素包括光泽、火彩、特殊的光学效应等。

海蓝宝石的光泽越强，价值越高；火彩越亮、面积越大，价值越高，如图 7-8 所示。此外，有的海蓝宝石具有一些特殊的光学效应，如猫眼效应或星光效应，它们的价值比普通产品要高。

图 7-8　光泽和火彩

产地

　　海蓝宝石的产地主要是巴西、俄罗斯等国家。如图 7-9 所示是一块海蓝宝石原石。

图 7-9　海蓝宝石原石

作假手段

1 仿制品

海蓝宝石的仿制品包括两类：一类是其他宝石，如蓝色尖晶石；另一类是人造产品，如海蓝色锆石、浅蓝色玻璃等。

2 优化处理品

常见的优化处理方法有以下几种。

（1）染色：把颜色不佳的海蓝宝石染成纯正、鲜艳的颜色。

（2）镀膜或贴箔：在颜色比较浅的海蓝宝石表面镀一层或贴一层彩色薄膜。

（3）辐射：利用高能量射线辐射颜色较浅的海蓝宝石，改善它的颜色。

（4）填充裂纹：用透明材料填充海蓝宝石的裂纹，提高它的净度。

（5）热处理：对颜色不佳的海蓝宝石进行热处理，可以改善其颜色。

鉴别方法

1 仿制品的鉴别

（1）观察法。海蓝宝石的颜色是浅蓝色，和其他蓝色宝石的区别较明显，此外，内部包裹体的形状也和其他宝石不一样，如图7-10所示。

图7-10 人造海蓝宝石

（2）物理性质测试。这包括密度、硬度、折射率、双折射率、吸收光谱、多色性等，可以更准确地进行鉴定。

2 优化处理品的鉴别

（1）染色处理品的鉴别。

① 观察法：染色处理品的颜色主要集中在表面和缝隙里，所以这些

位置的颜色比较深。

②擦拭法：用纸或棉球蘸水或酒精擦拭样品，有的染料会被擦下来。

③ 物理性能测试：如吸收光谱、红外光谱等。

（2）镀膜或贴箔的鉴别。

① 镀膜产品的表面会看到很多小颗粒，还常有很多小裂纹。

② 贴箔产品的表面经常有气泡状鼓起或褶皱。

③ 物理性质测试：包括硬度、导热性、吸收光谱、红外光谱、发光性等。

（3）填充处理品的鉴别。填充处理也叫注胶。天然海蓝宝石经常有很多裂纹，很难加工，所以需要注胶。

① 观察法。如图 7-11 所示。总体来看，注胶海

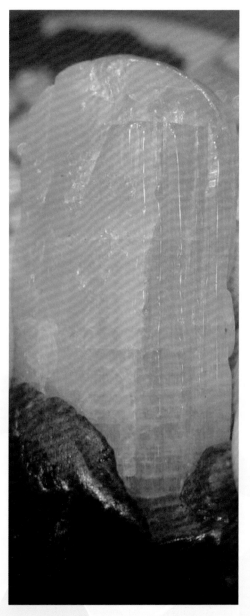

图 7-11　填充处理的海蓝宝石

蓝宝石的透明度不高，有人说和奶油很像。

另外，可以放大观察样品的表面和内部看有没有填充物的痕迹，如流动痕、气泡等。或者转动样品，看内部有没有晕彩。

② 物理性质测试：如吸收光谱、发光性、红外光谱、激光 – 拉曼光谱等。

③ 热针法：用热针接触样品的表面，看有没有小液滴出现。

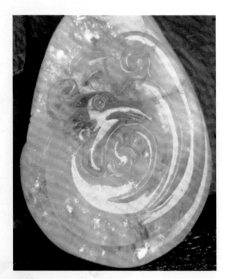

图 7-11　填充处理的海蓝宝石（续）

（4）辐射处理品的鉴别。

① 辐射处理品表面的颜色比内部深。

② 表面不同位置，颜色深浅不同：沿某个方向，颜色会越来越浅或越来越深。

③ 物理性质测试：包括吸收光谱和残余放射性物质检测等。

（5）热处理品的鉴别。

热处理品的表面和内部经常有细小的裂纹；内部包裹体也比较圆滑，因为它们的棱角在高温下容易发生熔化。

碧玺

碧玺是一种中档宝石。这几年，它在珠宝市场的行情很好，受到消费者的普遍欢迎，如图 8-1 所示。

碧玺有两个突出的特点：一是它的名字的读音——和"避邪"相近，所以有很好的寓意；二是碧玺能自动发射远红外线，对人体有一定的保健、养生作用。

据传说，清朝的慈禧太后很喜欢碧玺，她的殉葬品中有多件碧玺制品，如有一朵用碧玺雕琢的莲花，还有一个用碧玺雕琢的枕头，这个枕头在当时价值 75 万两白银！

图 8-1　碧玺

特征

1 成分复杂

碧玺的矿物名称叫电气石，也叫托玛琳，这是根据它的英文名称 Tourmaline 音译过来的。

碧玺的化学成分很复杂，分子式为：

$$(Ca,K,Na)(Al,Fe,Li,Mg,Mn)_3(Al,Cr,Fe,V)_6(BO_3)_3Si_6O_{18}(OH,F)_4$$

2 颜色丰富

由于碧玺的化学成分复杂，包括多种元素，而且各自的含量互不相同，所以碧玺的颜色种类很多，这是它和别的宝石相比最大的特点。

图 8-2　丰富的颜色

有人进行过统计，碧玺的颜色一共有 15 种，包括无色、蓝色、绿色、红色、黄色、黑色等，如图 8-2 所示，而且同一块碧玺上面经常会有两种或多种颜色。

3 透明度

碧玺的透明度也有多种，包括透明、半透明、不透明等。透明度高时，碧玺的颜色显得更鲜艳、更明亮。

4 光泽

碧玺的折射率为 1.62 ~ 1.65,双折射率为 0.014 ~ 0.021,光泽较强。

5 质地致密、坚硬，脆性较高

碧玺的质地致密、坚硬，莫氏硬度是 7 ~ 7.5，但脆性较高，所以平时应防止碰撞，不要佩戴碧玺进行剧烈运动。

6 耐热性

当温度较高时，碧玺里有的元素的化学价会发生变化，所以碧玺的颜色会发生改变。

此外，碧玺里含有少量的结晶水，当温度太高时，结晶水会分解出来，使碧玺的光泽下降，而且会出现开裂。

基于这两点，碧玺平时应避免高温，比如不能长时间暴晒，避免接触热水和其他的高温物体。

7 耐腐蚀性

碧玺的化学性质很稳定，不容易氧化、变质，能耐很多酸、碱、盐的腐蚀。但是市场上销售的很多碧玺都进行了填充处理，以提高净度和透明度。这些填充物的耐腐蚀性、耐热性都很低，容易受腐蚀、溶解、分解，从而会使宝石的颜色、光泽、透明度、净度等降低。

所以，在洗脸、做饭、洗澡及运动时，最好不佩戴碧玺；下雨时也要防止淋湿。

8 释放远红外线

碧玺有一种独特的性质，就是会释放远红外线。远红外线能促进血液循环，增强人体新陈代谢，活化组织细胞并防止老化，提高免疫功能。所以，碧玺具有一定的保健、养生作用。

主要品种

人们主要根据碧玺的颜色进行分类，常见的有以下几种。

1 蓝色碧玺

蓝色碧玺包括浅蓝、蓝、深蓝、湖蓝、蓝绿、灰蓝等多种，如图 8-3 所示。

价值最高的是湖蓝色，最有名的是被称为"帕拉依巴"的湖蓝色碧玺，这种碧玺产于巴西的帕拉依巴省，颜色和湖水很像，纯正鲜明、深邃悠远。

"帕拉依巴"碧玺还有一个特点，就是有强烈的火彩，从不同的角度或转动观察时，会发现表面和内部闪闪发亮、璀璨夺目，如图 8-4 所示。

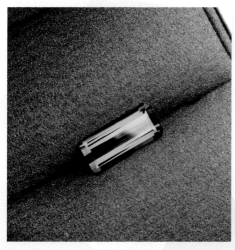

图 8-3　蓝色碧玺

图 8-4　"帕拉依巴"碧玺

2 红色碧玺

如图 8-5 所示为红色碧玺，其包括多个品种，如粉红色、红色、紫红色、玫瑰红色、红褐色、深红色、桃红色、酒红色、棕红色等。其中价值最高的是被称为"双桃红"的碧玺，这种颜色是红色中带有紫色调，鲜艳明亮。此外，玫瑰红色、酒红色的品种价值也很高。

3 绿色碧玺

绿色碧玺比较常见，如图 8-6 所示，所以价格普遍比蓝色和红色的低，有祖母绿色、翠绿色、黄杨绿色、蓝绿色、黑绿色等。

图 8-5　红色碧玺　　　　　图 8-6　绿色碧玺

4 黄色碧玺

黄色碧玺也比较常见，如图 8-7 所示，有淡黄色、橙黄色、棕黄色等品种。其中价值最高的品种称为"金丝雀"黄碧玺，也称中黄色碧玺，它的颜色纯正、鲜艳，稍带嫩绿色，和金丝雀的羽毛很像。"金丝雀"

黄碧玺的价值仅次于"帕拉依巴"碧玺，比绝大多数红色和蓝色的品种价值都高。

5 西瓜碧玺

西瓜碧玺是指同时具有红色和绿色两种颜色的碧玺，很受欢迎，如图 8-8 所示，因此价值较高。传说慈禧墓中的翡翠西瓜实际是一块西瓜碧玺。

图 8-7　黄色碧玺

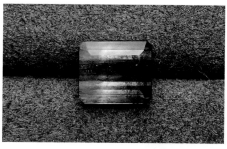

图 8-8　西瓜碧玺

6 其他品种

（1）其他颜色。如无色、棕色、紫色、黑色、褐色等，如图 8-9 所示。

（2）碧玺猫眼。有的碧玺内部有平行排列的包裹体，所以经过加工后会具有猫眼效应，称为碧玺猫眼。

（3）变色碧玺。这种碧玺在不同的光线下会呈不同的颜色，比如，在可见光下是红色，但被紫外光照射时就变为绿色。

图 8-9　褐色碧玺

质量和价值的评价方法

1 颜色

  碧玺的颜色种类很多，如图8-10所示。其中，蓝色碧玺的价值最高，其中最名贵、价值最高的是"帕拉依巴"碧玺。其次是红色碧玺，其中，双桃红、玫瑰红的价值最高。被称为"金丝雀"的黄碧玺的价值也很高。一些特殊品种，如变色碧玺、多色碧玺、碧玺猫眼等价值也比较高。普通的黄色和绿色碧玺比较常见，价值中等，无色碧玺的价值普遍比较低。

图 8-10　颜色

对同种颜色的碧玺，可根据色调、彩度和明度来评价。

（1）色调。颜色越纯，价值越高。

（2）彩度。颜色越浓、鲜艳，价值越高。

（3）明度。颜色越明亮，价值越高。

对多色碧玺，不同的颜色反差越大、对比越鲜明，价值越高。

2 透明度

碧玺的透明度也分为透明、半透明、微透明、不透明等类型。透明度越高，质量越好，价值越高。

同样，碧玺的透明度对颜色、光泽也会产生影响：透明度高时，颜色会更纯正、鲜艳、明亮，光泽也会更强，价值会更高，如图 8-11 所示。

图 8-11　透明度、光泽、火彩

3 净度

碧玺的净度对价值也有很大影响，可以分为四个级别。

（1）极纯净。放大 10 倍观察时，看不到瑕疵。

（2）纯净。放大 10 倍观察时，能看到个别瑕疵，但肉眼看不到。

（3）较纯净。肉眼能看到少量瑕疵。

（4）一般。肉眼能看到较多的瑕疵。

碧玺内部瑕疵的数量、大小、颜色、位置都会影响净度等级：数量越多、尺寸越大、颜色越明显、越靠近中央，净度越差，价值越低。

净度对颜色和透明度也有影响：净度高，颜色会显得纯正、鲜艳、明亮，透明度也高，如图8-12所示。

4 切工

碧玺的切工会影响质量和价值，而且会影响颜色、透明度、重量、火彩等，如图8-13所示。

切工等级取决于：①各线条的长度、比例、角度等；②平面的平直度、弧面的弧度、线条的平行度及对称性、棱角的尖锐度等；③抛光质量；④加工缺陷，如棱角的破损、缺口、磨痕等。

图8-12　净度　　　　　　　　　图8-13　切工

5 重量

碧玺的重量也会影响其价值，在其他因素相同时，块度越大，重量越重，价值越高。

6 其他因素

其他因素包括颜色的多样性、特殊光学效应等。多色碧玺、变色碧玺、碧玺猫眼等品种比普通颜色的碧玺价值要高。

产地

　　碧玺的产地主要有巴西、俄罗斯、美国、斯里兰卡及非洲一些国家。在珠宝市场上，巴西出产的碧玺最常见，质量也高，其中，最有名的品种是"帕拉依巴"碧玺。如图 8-4 所示。

作假手段

1 仿制品

目前，市场上碧玺的仿制品比较多，如水晶、玛瑙、萤石、玻璃、塑料等。常用的方法是用水晶和玛瑙做原料，先对它们加热，然后迅速放进颜料溶液里，水晶或玛瑙的表面和内部会产生很多裂纹，颜料就会渗入这些裂纹里，看起来和碧玺一样。

2 拼合石

碧玺的拼合石，有的是把几个小块粘成大块，还有的是在无色碧玺表面粘一层蓝色或红色碧玺薄片，或者在水晶、玛瑙、玻璃表面粘一层碧玺薄片。

3 人工合成品

按照天然碧玺的化学成分和形成条件，用人工方法合成碧玺。

4 优化处理品

碧玺常见的优化处理方法如下。

（1）染色。把无色或其他颜色的碧玺染成蓝色、红色等贵重的品种。

（2）镀膜或贴箔。在颜色比较浅的碧玺表面镀一层蓝色或红色薄膜，或贴一层蓝色或红色的箔。

（3）辐射。即采用高能量射线对颜色不理想的碧玺进行辐射，改善它的颜色。近几年，这种技术应用比较多，市场上经过这种处理的碧玺也越来越多。

（4）注胶充填。用树脂等透明材料填充碧玺的裂纹，提高它的净度和透明度。

（5）热处理。对颜色不佳的碧玺进行加热，控制加热气氛，使内部的微量元素的价态发生变化，就可以改变碧玺的颜色、净度和透明度。

鉴别方法

1 仿制品的鉴别

（1）观察法。

① 碧玺有较明显的多色性，从不同的角度观察，颜色会发生一些变化。多数碧玺仿制品没有这个特点。

② 碧玺有双折射现象，透过它观察下面的物体时，会产生重影。玻璃、塑料等仿制品没有这种现象。

③ 碧玺内部的包裹体和很多仿制品也有区别，如玻璃中经常有小气泡，如图 8-14 所示。

④ 碧玺有热释电性，摩擦后会带上电荷，能吸附灰尘、碎纸屑等，如图 8-15 所示。多数碧玺仿制品没有这种特性。

⑤ 利用加热着色方法生产的碧玺仿制品，放大观察时，可以看到产品的裂纹颜色很深，周围颜色很浅，如果用强光照射观察，这种特征会更明显。

图 8-14　碧玺仿制品

图 8-15　碧玺吸附纸片

（2）物理性质测试。

物理性质测试包括密度、硬度、折射率、双折射率、吸收光谱、多色性、化学成分测试等。

2 拼合品的鉴别

拼合品的鉴别主要是观察样品表面有没有黏结缝，包括正面、侧面、后面、底面等。

3 人工合成品的鉴别

人工合成品的鉴别主要使用观察法，观察内部的包裹体，天然碧玺内部经常有絮状物、裂纹、天然矿物包裹体等；而合成品的净度一般比较高，包裹体较少，有时候会有未熔化的原材料粉末。

4 优化处理品的鉴别

（1）染色处理品的鉴别。

① 观察法。染色产品的特征是，产品表面的颜色比较深，而内部较浅；另外，裂纹里的颜色较深，周围颜色较浅。

② 擦拭法。用棉球蘸一些水或酒精，擦拭样品表面，有时染料会被擦下来。

③ 物理性能测试。这包括吸收光谱、红外光谱等。

（2）镀膜或贴箔的鉴别。

① 镀膜产品的特征是表面有很多小颗粒，还经常有微小的裂纹。

② 贴箔产品的特征是表面经常有气泡状鼓起或褶皱。

③ 物理性质测试。这包括硬度、折射率、导热性、吸收光谱、红外光谱、发光性等。

（3）注胶填充处理品的鉴别。

① 观察法。

特征 1：注胶填充碧玺表面的光泽比较弱，透明度也较低，内部显得比较浑浊。

特征 2：注胶碧玺的内部经常有填充物的流动痕、气泡等。放大观察时，经常可以看到填充物的痕迹，如图 8-16 上图所示。如果转动样品时，会看到内部有闪闪发亮的小片或五颜六色的晕彩，如图 8-16 下图所示。

② 热针法。用热针接触样品表面，如果经过了注胶处理，表面会出现小液滴。

③ 物理性质测试。这包括吸收光谱、发光性、红外光谱等，都可以鉴别出注胶的特征。

（4）辐射处理品的鉴别。

① 观察法。

特征 1：样品表面的颜色较深，内部颜色较浅。

特征 2：沿一定方向观察时，表面的颜色深浅也不同。

② 检测样品是否有残余放射性物质。

（5）热处理品的鉴别。

特征 1：热处理品的表面颜色也较深，而内部较浅。

特征 2：裂缝里的颜色较深，周围颜色较浅。

特征 3：表面和内部经常有细小的网状裂纹，这是由于冷却速度快产生的。

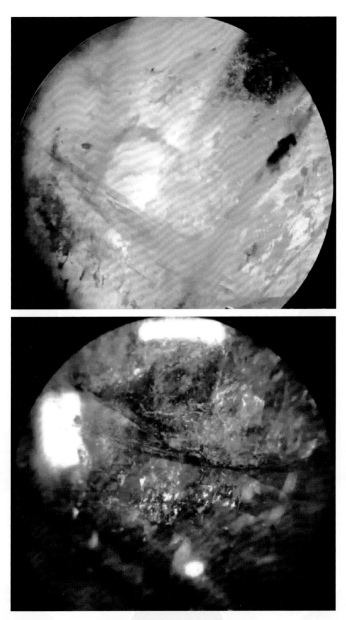

图 8-16 注胶碧玺的特征

9

坦桑石

和其他很多宝石相比，坦桑石的历史很短——它于 1967 年才被发现！但它凭借独特的性质，在短短几十年的时间里，迅速风靡全球，获得很多国家消费者的认可和喜爱，如图 9-1 所示。

图 9-1　坦桑石

特征

1 珠宝界的新贵

1967 年，人们在坦桑尼亚发现了一种漂亮的石头，它的颜色为特殊的蓝紫色，而且透明度很高。很快，世界著名珠宝公司——蒂芙尼（Tiffany）公司就注意到了这种石头，1969 年，蒂芙尼公司将它命名为坦桑石，并推向国际珠宝市场。

1997 年，在轰动全球的影片《泰坦尼克号》中，女主角佩戴的"海洋之心"就是一颗坦桑石。从那之后，坦桑石更是受到无数消费者的追捧。

现在，坦桑石已经成为国际珠宝界一个著名的宝石品种，所以，它是名副其实的珠宝界的"新贵"，如图 9-2 所示。

图 9-2　坦桑石首饰

2 独特、迷人的颜色

坦桑石在这么短的时间里就获得人们的认可，最重要的原因是它具有独特、迷人的颜色：坦桑石呈纯正、浓郁、鲜艳的湛蓝色，经常带一些紫色调。这种颜色和等级最高的蓝宝石——克什米尔矢车菊蓝宝石的颜色很接近，所以受到人们的喜爱，如图 9-3 所示。

图 9-3　坦桑石的颜色

3 透明度

多数坦桑石的透明度很高，看起来清澈、纯净，有人说，坦桑石就像好莱坞影星伊丽莎白·泰勒的眼睛一样美丽，如图 9-4 所示。

4 光泽和火彩

坦桑石的折射率为 1.70，双折射率为 0.008 ~ 0.013，色散值为 0.021，所以它的光泽、火彩都比较强。很多人都说：观看坦桑石时，好像感觉自己的对面有一双蓝眼睛，同时，那双蓝眼睛也在深情地看着自己，如图 9-5 所示。

图 9-4　透明度　　　　　　　图 9-5　光泽与火彩

5 化学成分

坦桑石的化学分子式为 $Ca_2Al_3(SiO_4)_3(OH)$，此外，还含有钒（V）、铬（Cr）、锰（Mn）等微量元素，坦桑石的颜色就是由这些微量元素引起的。

6 硬度低，韧性高，易加工

坦桑石的莫氏硬度只有 6～7，比其他很多宝石都低。这使得它的加工性很好，切割、打磨、抛光都比较容易。

7 耐热性

坦桑石的熔点比较高，性质很稳定，不容易熔化。但是当温度高时，它容易发生开裂，产生裂纹。所以，平时佩戴坦桑石首饰时，应该避免接触高温物体或暴晒。

8 耐腐蚀性

坦桑石的结构很致密，耐腐蚀性很好，不容易发生溶解、氧化、变质等现象。

但人们经常对坦桑石进行填充处理，在它的裂隙里填充树脂等有机物，以提高产品的净度和透明度。这些填充物的性质很不稳定，耐腐蚀性、耐热性都差，容易发生溶解、分解、变质等现象，使产品的质量和价值降低。

所以，平时佩戴坦桑石时，应该尽量避免接触腐蚀性的物质，包括香皂、洗衣粉、厨房油烟、汗水、化妆品等，防止其发生变质。

9 块度较大

坦桑石比较容易找到块度大的原料，所以容易加工成尺寸比较大的产品，如图 9-6 所示。电影《泰坦尼克号》中的"海洋之心"，重量 50 克拉左右，西方人很喜欢这种大块的宝石。

图 9-6　仿"海洋之心"坦桑石

10 价格便宜

和蓝宝石相比，坦桑石的价格便宜得多，普通消费者也能够承担。

质量和价值的评价方法

1 颜色

坦桑石的颜色根据色调、彩度和明度来评价。

（1）色调。纯正的蓝色或带紫色调的价值最高，带灰色、黑色等杂色的价值较低。

（2）彩度。颜色越鲜艳、浓郁，价值越高；反之，颜色越浅、越淡，价值越低。

（3）明度。颜色越明亮，价值越高；颜色越发暗，价值越低。

坦桑石的颜色和微量元素的含量有关系：含量低时，颜色会比较淡；含量较高时，颜色会比较浓，等级会提高，如图9-7所示。

2 透明度

坦桑石的透明度分为透明、半透明、微透明、不透明等类型。透明度越好，坦桑石的价值越高，如图9-8所示。

坦桑石的透明度也会影响其他因素，如颜色、光泽等。透明度高的产品，颜色会显得更纯正、鲜艳、明亮，光泽更强，因此会提高产品的价值。

3 净度

坦桑石的净度可以分为四个级别。

（1）极纯净。放大10倍观察时，看不到内部的缺陷、瑕疵。

（2）纯净。放大 10 倍观察时，能看到个别的缺陷、瑕疵。

（3）较纯净。肉眼能看到少量缺陷、瑕疵。

（4）一般。肉眼能看到较多的缺陷和瑕疵。

净度还会影响产品的其他性质，如颜色、透明度。净度越高，颜色等级也会提高，纯正、鲜艳、明亮；净度越高，产品的透明度也越高。

图 9-7　颜色级别　　　　　　　图 9-8　透明度

4 切工

坦桑石的切工也会影响产品价值，如图 9-9 所示。

切工的等级可从以下几个方面进行评价。

（1）各线条的比例、角度是否符合要求。

（2）加工面的质量是否符合要求，如平面的平直度、弧面的弧度。

（3）线条的平直度、平行度、对称性及棱角的尖锐度。

（4）产品有没有加工缺陷，比如崩角、线条缺损、磨痕等。

切工对坦桑石的其他因素如颜色、透明度、火彩、重量也有影响。

5 重量

和其他宝石一样，坦桑石的重量越大，价值越高，如图 9-10 所示。

图 9-9　切工

图 9-10　重量

产地

坦桑石的产地主要是非洲的坦桑尼亚。

作假手段

1 仿制品

坦桑石的仿制品包括两类：一类是其他宝石，如蓝色碧玺、海蓝宝石、蓝色锆石；另一类是价格便宜的材料，如合成蓝色镁橄榄石、蓝色玻璃等。

2 拼合石

坦桑石的拼合石，有的是用几个小块的天然产品粘成大块，有的是在蓝色玻璃表面粘一层天然坦桑石薄片。

3 人工合成品

人工合成品按照天然坦桑石的化学组成，进行高温熔炼、凝固结晶、切割、打磨、抛光等工艺合成。

4 优化处理品

市场上的优化处理坦桑石很常见，主要包括以下几类。

（1）染色。把颜色较浅的产品染成纯正、鲜艳的蓝色。

（2）覆膜。在颜色比较浅的产品表面覆盖一层薄膜。

（3）辐射。对颜色较浅或者品种不好的产品，用高能量的射线辐照，使颜色变为纯正、鲜艳的蓝色。

（4）充填处理。用树脂等材料填充坦桑石的裂纹，提高它的净度。

（5）热处理。这种技术应用很广泛，因为很多天然坦桑石的颜色是褐色，价值比较低，对它们进行热处理后，可以变为蓝色或蓝紫色。

鉴别方法

1 仿制品的鉴别

（1）观察法。

① 看颜色。坦桑石的蓝色中，经常带有较多的紫色调，而多数仿制品没有这个特征，或者紫色调不这么明显，如图 9-11 所示。

② 看内部的包裹体。坦桑石的包裹体和仿制品也有区别。

（2）物理性质测试。

图 9-11　仿坦桑石

物理性质测试包括密度、硬度、折射率、双折射率、多色性、吸收光谱、化学成分分析等。比如，坦桑石具有三色性，其他仿制品有的没有多色性，如蓝色玻璃、尖晶石，有的是二色性，如海蓝宝石、蓝宝石。

2 拼合品的鉴别

常用的是观察法，即看宝石表面有没有黏结缝；表面各个位置的颜色、光泽等有没有差异；表面和内部的颜色差别大不大等。

3 人工合成品的鉴别

（1）天然坦桑石的颜色不均匀，而合成品的颜色很理想、分布均匀。

（2）看净度。天然坦桑石的净度一般不如合成品，内部经常有天然矿物包裹体；合成品的净度一般比较高，内部的包裹体比较少，少量产品内部会有气泡或残留的原料粉末，如图 9-12 所示。

图 9-12　合成坦桑石

4　优化处理品的鉴别

（1）染色处理品的鉴别。

① 观察法。染色处理品的表面颜色比较深，而内部颜色比较浅。

② 擦拭法。用纸或棉球蘸水或酒精擦拭，有的染料会被擦下来。

③ 物理性能测试。如吸收光谱、红外光谱等。

（2）覆膜处理品的鉴别。

① 覆膜产品的表面颜色比较深，而内部较浅。

② 覆膜产品的表面经常有气泡状鼓起或褶皱。

③ 物理性质测试。这包括硬度、导热性、多色性、吸收光谱、红外光谱、发光性等。

（3）填充处理品的鉴别。

① 观察法。看产品内部有没有填充物的流动痕、气泡等特征；或者

转动样品，看内部有没有晕彩，这是填充物的特征。

② 物理性质测试。如吸收光谱、发光性、红外光谱、激光－拉曼光谱等。

③ 热针法。用热针接触样品，看表面是否出现小液滴。

（4）辐射处理品的鉴别。

① 辐射品表面的颜色较深，内部较浅。

② 在表面的不同位置，颜色深浅也不同：沿某个方向，颜色会越来越浅或越来越深。

③ 物理性质测试。这主要是进行残余放射性物质检测。

（5）热处理品的鉴别。

目前的市场上，大多数坦桑石都经过了热处理。热处理品的表面和内部经常有细小的网状裂纹，人们一般称之为"龟裂"，就像乌龟壳表面的纹理一样，密密麻麻，好像一张网，如图9-13所示。

图 9-13　热处理坦桑石

另外，坦桑石本身具有三色性，经过热处理后，会呈二色性。

10

托帕石

托帕石的颜色丰富、鲜艳，而且晶莹剔透、光泽强烈，多年来受到很多国家人们的喜爱，如图 10-1 所示。

早在几千年前，古埃及和古罗马的历史文献中就记载了托帕石。人们认为，托帕石是佩戴者的护身符，能保佑他们平安。文献还记载，它能让怒气冲冲的人迅速恢复冷静，变得平和，而且能让人永远快乐。

此外，托帕石还具有医疗作用：把它在酒中浸泡三天三夜，可以治疗失眠、气喘等疾病。

目前，在很多国家，托帕石是十一月的生辰石，代表着友谊、真诚。

图 10-1　托帕石

特征

1 颜色丰富、鲜艳

托帕石的颜色有很多种，包括晶莹纯净的无色、热烈浓郁的红色、清澈深邃的蓝色及黄色、绿色等，惹人喜爱，如图 10-2 所示。

图 10-2　托帕石的颜色

托帕石的多种颜色，是由托帕石中含有的不同的微量元素造成的。

2 透明度

托帕石的透明度普遍比较高，因而显得清澈、透明、纯净，而且，这也提高了颜色等级，使颜色更鲜艳、纯正，如图 10-3 所示。

在有些国家，人们用托帕石制造眼镜，这种眼镜的透明度很高，所以佩戴者有更好的视线，尤其在阴天或夜里驾驶车辆时，司机佩戴这种眼镜有利于行车安全。

图 10-3　透明度

3 光泽、火彩强烈

　　托帕石的折射率为 1.61 ~ 1.65，双折射率为 0.008 ~ 0.010，所以光泽和火彩比很多宝石都强烈，尤其是经过加工后，光芒四射，经常被认为是钻石，如图 10-4 所示。在 17 世纪时，葡萄牙国王的王冠上镶嵌着一颗重量达 1680 克拉的巨大的宝石，璀璨夺目，多年来，人们一直认为它是一颗钻石，最近经过鉴定，才知道它实际上是一颗托帕石！

4 化学成分

　　托帕石的主要成分是 $Al_2(SiO_4)(F, OH)_2$，此外，还含有其他微量元素，如铁（Fe）、锰（Mn）、锂（Li）、钛（Ti）等，所以才会有很多种颜色。

5 质地坚硬、脆性高

　　托帕石的质地坚硬，莫氏硬度是 8，仅次于钻石、红宝石和蓝宝石。

但是，它的脆性比较高，受到碰撞时很容易碎裂，在平时佩戴时，需要小心，注意保护，做剧烈运动的时候，不要佩戴。

6 耐热性

托帕石的耐热性不好，被阳光长时间照射后，颜色会褪色，严重的还会产生裂纹。

所以，平时要注意避免托帕石被阳光暴晒，不要把它放在暖气片上，不戴着它洗澡。

7 耐腐蚀性

托帕石的耐腐蚀性不好，人们发现，如果长时间把它浸泡在酸溶液里，托帕石会发生溶解。

同理，如果托帕石长期和带有腐蚀性的物质接触，它的质量会变差，比如光泽、透明度会下降。所以，平时应该避免让托帕石和厨房油烟、化妆品、香皂、汗水接触，在洗脸、洗澡、做饭及运动时，不应该佩戴托帕石；或者佩戴一段时间后，要进行清洁。

图 10-4　光泽与火彩

主要品种

人们主要根据托帕石的颜色进行分类。

1 无色托帕石

如图 10-5 所示为无色透明托帕石，这是数量最多的一种，以前经常作为钻石的替代品。

图 10-5　无色托帕石

2 蓝色托帕石

在市场上，蓝色托帕石是最受欢迎的品种，价格为 400 ~ 500 元 / 克拉。产地不同，色调深浅有所不同，如图 10-6 所示。

3 **绿色托帕石**

绿色托帕石包括浅绿色、翠绿色等，如图 10-7 所示。

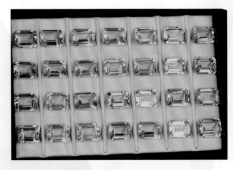

图 10-6　蓝色托帕石

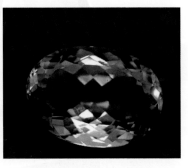

图 10-7　绿色托帕石

4 **红色托帕石**

红色托帕石包括粉红色、红色等品种，也很受人喜爱，但是很少见，如图 10-8 所示。红色是由托帕石中含有的微量元素铬形成的。

图 10-8　红色托帕石

5 **其他**

其他如黄色、紫色等颜色的托帕石。

质量和价值的评价方法

评价托帕石的指标包括颜色、透明度、净度、切工和重量等。

1 颜色

如图 10-9 所示，鲜红色、橙黄色（行业内常称之为雪莉酒色）的托帕石颜色鲜艳，数量少，最受人们喜爱，所以价值最高。

蓝色、粉色的托帕石也很少见，价值也很高。

褐色、普通黄色的托帕石价值中等，无色托帕石的价值最低。

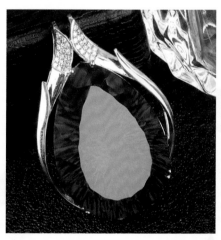

图 10-9　颜色等级

2 透明度

托帕石的透明度也分为透明、亚透明、半透明、微透明、不透明等级别。透明度越高，价值越高，如图 10-10 所示。

图 10-10　透明度

透明度越高的托帕石，颜色显得越纯正、鲜艳，光泽也越强、越明亮。

3 净度

托帕石的净度分为四个级别。

（1）极纯净。放大 10 倍观察时，看不到瑕疵。

（2）纯净。放大 10 倍观察时，能看到个别瑕疵，但肉眼看不到。

（3）较纯净。肉眼能看到少量瑕疵。

（4）一般。肉眼能看到较多的瑕疵。

托帕石内部的瑕疵包括气泡、裂纹、斑点等，它们的大小、数量、颜色、位置都会影响净度等级，从而影响宝石的价值，如图 10-11 所示。

4 切工

托帕石的切工主要包括加工质量和加工缺陷两个方面，加工质量包括线条的平直度、比例、夹角、对称性等是否符合要求，平面的平直度、

图 10-11　净度

弧面的弧度、光滑度、棱角的尖锐度等；加工缺陷包括有没有划痕、线条有没有缺口、棱角有没有崩角等，如图 10-12 所示。

　　使用放大镜，可以很容易地看出切工质量的高低。

5 重量

　　天然托帕石重量越大的越少见，所以，价值也越高。

图 10-12　切工

产地

托帕石最著名的产地是巴西，颜色种类多，产量高，块度大，此外，斯里兰卡、美国、俄罗斯等国也有出产。

作假手段

托帕石最常见的作假方法有两种：一是仿制品，二是优化处理品。

1 仿制品

托帕石的仿制品包括两类：一类是其他的天然宝石，如水晶、碧玺、尖晶石等；另一类是人造产品，如玻璃。

2 优化处理品

（1）染色：把无色或颜色较浅的托帕石染成鲜艳、浓郁的颜色。

（2）镀膜或贴箔：在无色或颜色较浅的托帕石表面镀一层彩色薄膜或贴一层彩色薄膜。

（3）辐照：用高能量射线辐射无色或颜色较浅的托帕石，改变它们的颜色。目前，市场上的很多蓝色托帕石就是对无色托帕石进行辐照得到的；红色、粉色托帕石也可以通过对黄色托帕石进行辐照的方法获得；对无色托帕石进行辐照，还可以得到金黄色托帕石。

（4）填充裂纹：用树脂等材料填充托帕石的裂纹，从而提高净度。

（5）热处理：可以改变托帕石的颜色。市场上很多红色或粉红色托帕石就是对黄色托帕石进行热处理得到的。

鉴别方法

1 仿制品的鉴别

（1）观察法。如图 10-13 所示。

① 看光泽。托帕石的光泽比较柔和，而水晶的光泽显得很尖锐、刺眼。

② 观察内部的包裹体。托帕石和其他宝石内部经常有天然矿物的包裹体，这些包裹体的种类、形状都有区别。玻璃内部的包裹体主要是气泡，和天然矿物的区别很明显。

③ 二色性。碧玺有明显的二色性，而托帕石没有二色性。

（2）物理性质测试。

① 测密度。托帕石的密度比水晶大，用手掂量，托帕石会有"压手"的感觉，用重液法能更准确地进行分辨。

②折射率、双折射率测试。

③ 导热性。托帕石的导热性比较高，而玻璃的导热性较差，用手抚摸时，会感觉托帕石比较凉，而玻璃比较温热。

④ 吸收光谱等。

图 10-13　托帕石仿制品

2 优化处理品的鉴别

（1）染色处理品的鉴别。

① 观察法：染色处理品的颜色主要集中在表面和缝隙里，所以仔细观察，会发现表面的颜色比较深，内部比较浅；缝隙里的颜色深，其他位置颜色很浅。

② 擦拭法：用棉球蘸一些酒精擦拭样品的表面，有的染料会被擦下来。

③ 物理性能测试：通过测试吸收光谱、红外光谱等，也能鉴别出来。

（2）镀膜或贴箔的鉴别。

① 放大观察时，会发现镀膜产品的表面有很多小颗粒，还有很多小裂纹。

② 贴箔产品的表面经常有气泡状的鼓起或褶皱。

③ 物理性质测试：测试硬度、导热性、吸收光谱、红外光谱、发光性等，也可以进行鉴别。

（3）填充处理品的鉴别。

① 观察法：看产品的表面和内部有没有填充物的痕迹，如流动痕、气泡等；或者转动样品，看内部有没有五颜六色的晕彩。

② 物理性质测试：测试吸收光谱、发光性、红外光谱、激光－拉曼光谱等。

③ 热针法：用热针接触样品表面，看有没有小液滴出现。

（4）辐射处理的鉴别。

① 辐射处理的托帕石表面的颜色比较深，而内部的颜色很浅。如图 10-14 所示。

② 在不同位置，颜色的深浅不同，一般是沿某个方向，颜色会越来越浅或越来越深，这是因为它们离辐射源的距离不一样，离得越近，颜色越深。

③ 物理性质测试：主要是检测样品有没有残余放射性物质，如果有，就说明很可能经过了辐射处理。

（5）热处理品的鉴别。

热处理品的表面和内部经常有细小的裂纹，内部包裹体也比较圆滑，因为它们的棱角在高温下容易熔化。如图 10-15 所示。

图 10-14　辐射处理的托帕石　　　图 10-15　热处理的托帕石

11

尖晶石

　　尖晶石是一种古老的宝石，颜色鲜艳、迷人，质地坚硬。其中，红色尖晶石的颜色和红宝石特别像，如图 11-1 所示，所以多年以来，在很多国家，人们都认为尖晶石是红宝石，从而受到无数皇帝、国王、贵族的喜爱！

　　近年来，尖晶石凭借其优良的品质，在国际珠宝市场上流行，是一种重要的彩色宝石品种。

图 11-1　尖晶石

特征

1 颜色丰富、鲜艳

尖晶石的颜色很丰富，种类很多，包括红色、粉红色、紫红色、无色、蓝色、绿色、黄色、褐色、紫色等，如图 11-2 所示。

不同的颜色是由于尖晶石中含有不同的微量元素，如红色是由于含有铬元素，黄色是由于含有铁元素，绿色是由于含有锌元素……

* 红色尖晶石

如图 11-3 所示，红色尖晶石的颜色和红宝石很像，鲜艳、迷人，受到很多人的喜爱，被视为权力、财富的象征。历史上出现过几颗富有传奇色彩的红色尖晶石。

图 11-2　尖晶石的颜色

图 11-3　红色尖晶石

（1）"黑王子红宝石"尖晶石。它最早出现在 1367 年的古籍中，重达 170 克拉，人们一直认为它是一颗巨大的红宝石。在此后的几百年间，经历了无数传奇，几易其手：最初属于西班牙的格拉纳达国王，后来被卡斯蒂利亚国王占有，后来，卡斯蒂利亚国王又把它送给了被称为"黑王子"的威尔士王子，它才有了这个名称。后来，英国国王亨利五世把它镶嵌在自己的头盔上。1660年，它又被镶嵌在英王王冠上，一直保留至今。

（2）"铁木尔红宝石"尖晶石。它重361克拉，产于阿富汗。它的主人也几经变化：早期属于印度国王，1398年，铁木尔帝国征服了印度，因此这颗宝石归铁木尔拥有，1612年，它又归英国王室所有，直到现在。

（3）在莫卧儿王朝时期，统治者也很喜欢尖晶石，他们认为尖晶石是护身符，传说只要佩戴三颗尖晶石，打仗时就可以不受伤害。

（4）俄国女沙皇叶卡捷琳娜二世的皇冠上，也镶嵌了一颗重398.72克拉的红色尖晶石，传说这颗宝石是从中国购买的。

（5）红色尖晶石也被镶嵌在了梵蒂冈教皇的皇袍上、伊朗王后法拉赫·巴列维的皇冠上。很多资料介绍，我国清朝的皇族和高官官帽的顶珠是红宝石，实际上，大多数是红色尖晶石。

2 透明度

高质量的尖晶石结晶度很高，所以透明度也高，看起来晶莹剔透，如图11-4所示。

3 光泽与火彩

尖晶石的折射率一般为1.718～1.835，有的品种更高，达2.0左右，对光线的反射很强烈，使得光泽很强，有的呈亚金刚光泽。

此外，尖晶石的色散也比一般的彩色宝石高，为0.02，所以火彩比一般的彩色宝石强烈。有人认为，尖晶石的名称来源于希腊语，是"火花"的意思，说明它的光泽和火彩很突出，如图 11-5 所示。

图 11-4　透明度

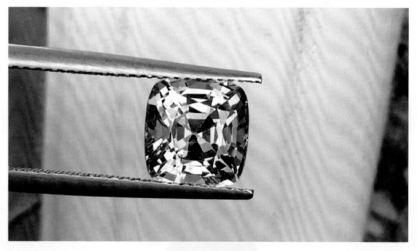

图 11-5　光泽与火彩

4 化学成分

尖晶石的化学分子式为 $MgAl_2O_4$，还包括多种不同的微量元素，如铁、锌、铬、锰等。

5 质地坚硬

尖晶石的质地坚硬，莫氏硬度是 8，仅次于钻石、红宝石和蓝宝石，比其他很多宝石的硬度都高。

由于硬度高，所以尖晶石的韧性较低，受外力撞击时容易发生破裂，所以，在平时佩戴时需要注意保护，避免发生摔碰。

6 耐热性

尖晶石的熔点高达 2135℃，耐热性很好，但是在高温下，容易发生开裂，所以，平时应注意避免接触高温物体。

7 耐腐蚀性

尖晶石本身的化学性质很稳定，耐腐蚀性很好，但人们经常对它们进行填充处理，填充物的耐腐蚀性很差，容易发生腐蚀、溶解、分解，影响宝石的颜色、光泽、透明度、净度等。所以，平时在佩戴时，应该注意不和腐蚀性物质接触，如厨房油烟、化妆品、香皂、肥皂、汗水等。

主要品种

尖晶石的品种主要有两种划分方法。

1 按颜色分类

（1）红色尖晶石。它呈红色，包括深红、鲜红、粉红等多种色调，如图 11-6 所示。红色是由于含有微量三价铬元素形成的。

（2）蓝色尖晶石。它包括多种色调的蓝色，如纯蓝色、紫蓝色、绿蓝色、灰蓝色等，如图 11-7 所示，是由于含有微量二价铁元素和二价锌元素形成的。

（3）其他颜色。如粉色、紫色、无色透明等，如图 11-8 所示。

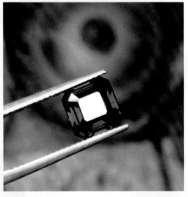

图 11-6　红色尖晶石　　　　　图 11-7　蓝色尖晶石

图 11-8　其他颜色的尖晶石

② 按成分分类

按成分分类，尖晶石包括铝尖晶石、铁尖晶石、锌尖晶石、锰尖晶石、铬尖晶石等。

质量和价值的评价方法

1 颜色

红色尖晶石最受人们喜爱，价值最高。其中深红色的尖晶石和红宝石更接近，所以价值最高，如图 11-9 所示。紫红色、鲜红色次之，橙红色、粉红色的价值更低。

蓝色尖晶石的价值低于红色，但高于其他颜色，如图 11-10 所示。色调纯正、浓郁、鲜艳、明亮的蓝色尖晶石价值最高。

其他颜色的尖晶石价值较低。

图 11-9　深红色尖晶石

图 11-10　蓝色尖晶石

2 透明度

尖晶石的透明度分为透明、亚透明、半透明、微透明、不透明等级别，如图 11-11 所示。尖晶石的透明度越高，价值越高。

尖晶石的透明度对颜色、光泽、火彩都有影响：当透明度高时，颜色等级也高，会显得更纯正、鲜艳、明亮，光泽和火彩会更强烈。

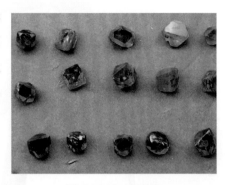

图 11-11　透明度

3 净度

尖晶石的净度对价值有很大影响，一般将净度分为四个级别。

（1）极纯净。放大 10 倍观察时，看不到瑕疵。

（2）纯净。放大 10 倍观察时，能看到个别瑕疵，但肉眼看不到。

（3）较纯净。肉眼能看到少量瑕疵。

（4）一般。肉眼能看到较多的瑕疵。

评价净度时，主要看内部的瑕疵，如气泡、裂纹、斑点等，它们的数量、大小、颜色、亮度、位置都会影响净度等级。

净度还会影响尖晶石的透明度，从而进一步影响颜色、光泽和火彩：净度越好，透明度越高，颜色越鲜艳，光泽和火彩越强烈，如图 11-12 所示。

图 11-12　净度

4 切工

尖晶石的切工对价值影响也很大。透明度高、净度高的原料都被加工成刻面型， 切工的评价指标包括加工质量和加工缺陷。加工质量包括线条的比例、夹角、平行度、对称性，平面的平直度、棱角的尖锐度等；加工缺陷包括线条有没有缺口、棱角有没有破损、加工面有没有抛光痕等，如图 11-13 所示。

图 11-13 切工

切工还会影响其他几个因素，包括颜色、透明度、重量、火彩等。

5 重量

尖晶石的重量对价值也有很大影响。西方人一般喜欢比较大的宝石，所以大块宝石价格更高。

6 其他因素

尖晶石如果有特殊的光学效应，比如变色效应或星光效应，即使颜色、透明度的级别较低，价格也会比较高。

产地

　　尖晶石的产地有缅甸、斯里兰卡、坦桑尼亚、越南等。如图 11-14 所示为缅甸出产的尖晶石原石。

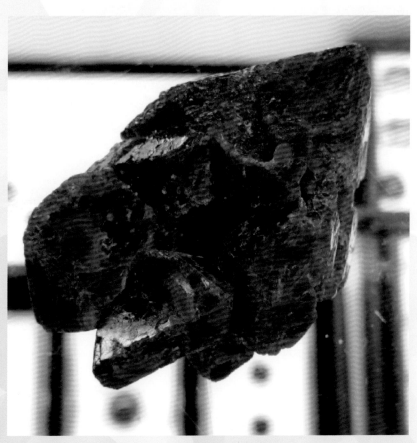

图 11-14　缅甸尖晶石原石

作假手段

1 仿制品

尖晶石容易和红宝石、蓝宝石、石榴石等混淆，但它们的价格更高，所以一般没人用它们来仿冒尖晶石。尖晶石的仿制品更多的是玻璃。

2 人工合成品

人工合成品是根据天然尖晶石的化学成分和形成条件，使用人工方法合成。目前市场上人工合成尖晶石的数量很多。

3 优化处理品

（1）染色：把颜色不理想的产品染成红色、蓝色等。

（2）镀膜或贴箔：在颜色不理想的宝石表面镀一层或贴一层彩色薄膜。

（3）辐射：利用高能量射线辐射宝石，改变颜色。

（4）填充裂纹：用透明材料填充裂纹，提高净度。

（5）热处理：对颜色不理想的宝石进行加热，改善其颜色。比如把棕红色改成鲜红色。

鉴别方法

1 仿制品的鉴别

（1）观察法。

① 和红宝石、蓝宝石相比，尖晶石的颜色比较均匀。

② 尖晶石内部经常包含八面体形状的包裹体，红宝石和蓝宝石是丝绢状包裹体，石榴石中的包裹体经常是浑圆的。

③ 玻璃内部没有天然矿物包裹体，经常能见到气泡或生长纹等，如图11-15所示。

图 11-15　尖晶石仿制品

（2）物理性质测试。

尖晶石和红宝石、蓝宝石、石榴石的密度、折射率、双折射率、吸收光谱、多色性也不同，比如，尖晶石没有多色性，而红宝石、蓝宝石都具有二色性。

2 人工合成品的鉴别

尖晶石属于中档宝石，仿制品的数量比较少，对消费者来说，目前危害最大的作假手段是人工合成品。因为人工合成技术比较成熟，所以产品较多。人工合成尖晶石常用观察法进行鉴别。

（1）合成尖晶石的颜色一般很漂亮：鲜艳、浓郁，而且分布均匀。天然尖晶石的颜色不均匀、不理想。

（2）合成尖晶石的净度和透明度一般比较高，包裹体比较少。而天然尖晶石内部经常含有天然矿物包裹体、裂纹等瑕疵，如图 11-16 所示。

图 11-16　人工合成尖晶石

3 优化处理品的鉴别

（1）染色处理品的鉴别。

① 观察法：染色处理品的颜色主要集中在表面和缝隙里，所以这些位置的颜色比较深。

② 擦拭法：用纸或棉球蘸水或酒精擦拭样品，有的染料会被擦下来。

③ 物理性能测试：如吸收光谱、红外光谱等。

（2）镀膜或贴箔的鉴别。

① 镀膜产品的表面会看到很多小颗粒，还常有很多小裂纹。

② 贴箔产品的表面经常有气泡状鼓起或褶皱。

③ 物理性质测试：包括硬度、导热性、吸收光谱、红外光谱、发光性等。

（3）填充处理品的鉴别。

① 观察法：看产品的表面和内部有没有填充物的痕迹，如流动痕、气泡等；或者转动样品，看内部有没有晕彩。

② 物理性质测试：如吸收光谱、发光性、红外光谱、激光－拉曼光谱等。

③ 热针法：用热针接触样品表面，看有没有小液滴出现。

（4）辐射处理品的鉴别。

① 辐射品表面的颜色比内部深。

② 表面不同位置，颜色深浅不同：沿某个方向，颜色会越来越浅或越来越深。

③ 物理性质测试：包括吸收光谱和残余放射性物质检测等。

（5）热处理品的鉴别。

热处理品的表面和内部经常有细小的裂纹；内部包裹体也比较圆滑，因为它们的棱角在高温下容易发生熔化。

12

石榴石

石榴石是一种中档宝石，颜色有很多种，常见的是红色，和石榴籽的颜色很像，所以才有这个名字，如图 12-1 所示。

在我国，一般把石榴石称为"紫牙乌"或"子牙乌"。传说这个名字来源于古阿拉伯语，古阿拉伯人把红色的宝石称为"牙乌"，石榴石的颜色是紫红色的，所以中国古人把它称为"紫牙乌"！

石榴石是一月的诞生石，代表忠实、诚信、友爱，在阿拉伯国家，石榴石经常被选为王室的信物。据资料记载，石榴石还具有医疗作用，能治疗某些疾病。

图 12-1　石榴石

特征

1 颜色

　　石榴石的颜色很丰富，种类很多，有红色、黄色、绿色、褐色等，红色具体包括黑红色、紫红色、纯红色、橙红色、粉红色等，黄色包括金黄色、橘黄色、蜜黄色、褐黄色等，绿色包括翠绿色、黄绿色等，如图 12-2 所示。

图 12-2　石榴石的颜色

2 透明度

石榴石的透明度很多都不理想，如图 12-3 所示，这和它们的化学成分、微观结构有关系。透明度高的石榴石很少见。

美国国家自然历史博物馆中保存着一个用石榴石雕琢的基督头像，它是褐黄色的，透明度很高，所以价值很高。

3 光泽和火彩

石榴石的折射率是 1.74 ～ 1.89，所以经过切割、抛光后，光泽比较强。除钻石外，其他光泽较强的宝石一般呈玻璃光泽，而有的石榴石的光泽比玻璃光泽要强，为亚金刚光泽，如图 12-4 所示。

图 12-3　透明度　　　　　　　图 12-4　光泽和火彩

另外，石榴石的色散值也比大多数宝石高，为 0.024 ～ 0.028，其中翠榴石的色散值高达 0.057，比钻石的 0.044 还高很多，所以经过加工后，火彩特别强烈，转动宝石观看时，闪闪发亮，光彩夺目。有人说，翠榴石是世界上火彩最强的宝石，如图 12-5 所示。

图 12-5　翠榴石

4　化学成分

石榴石的化学成分很复杂，通式是 $A_3B_2(SiO_4)_3$，A 是二价元素，如钙、镁、铁、锰等，B 是三价元素，如铝、铁、铬、钛、钒等。

人们按照石榴石的化学成分，把它分成两大类，每个大类又包括几个小类。

第一大类叫铝榴石，这类的特点是：通式中的 B 是铝，而 A 可以是镁、铁或锰，分别称为镁铝榴石、铁铝榴石和锰铝榴石。

第二大类叫钙榴石，这类的特点是：通式中的 A 是钙，B 可以是铝、铁、铬，分别称为钙铝榴石、钙铁榴石、钙铬榴石。

石榴石的颜色和它的化学成分有关，比如，含铁时，呈红色、紫红色、橙红色、红褐色等；同时含镁和铁时，呈玫瑰红、紫红色等；含微量元素铬、钒时，呈绿色。

5 硬度与韧性

由于石榴石的化学成分复杂，成分不同，力学性质差别比较大，莫氏硬度在 6.5 ~ 7.5，有的种类硬度比较高，而有的硬度较低。有的脆性比较高，受到撞击时容易发生破裂，所以平时需要注意，尽量避免摔碰。

6 耐热性

石榴石的温度升高时，容易产生裂纹。所以，平时尽量避免和高温物体接触，避免被阳光暴晒等。

7 耐腐蚀性

人们经常使用树脂等物质填充石榴石的裂纹，来提高它的净度、透明度、光泽等。这些树脂的耐腐蚀性很差，容易被其他物质腐蚀，化妆品、洗浴用品、汗水、厨房油烟等都会腐蚀树脂。甚至长时间与水接触，很多树脂也可能会发生溶解或变质，从而受到破坏。另外，这些树脂也不耐高温，如果距离暖气太近或被阳光照射时间太长，它们也会发生分解。

树脂被破坏后，石榴石的颜色、光泽、透明度、净度等性能都会降低，从而产品的价值也会下降，所以，平时在佩戴和保养时需要注意。

石榴石的分类

　　按照化学成分，石榴石分为两个系列六个主要品种：第一个系列叫铝榴石，包括镁铝榴石、铁铝榴石和锰铝榴石；第二个系列叫钙榴石，包括钙铁榴石、钙铝榴石、钙铬榴石。

1 镁铝榴石

　　镁铝榴石经常被称为红榴石，颜色为红色，包括鲜红色、黄红色、深红色、紫红色、黑红色等。

2 铁铝榴石

　　铁铝榴石经常被称为红水晶，颜色为红色、深红色、褐色等，它是石榴石中最常见的品种。

3 锰铝榴石

　　锰铝榴石颜色有橙黄色、紫红色等。

4 钙铁榴石

　　钙铁榴石颜色种类很多，包括红色、黄色、棕色、绿色、黑色等，所以，经常分为黄榴石、翠榴石、黑榴石等品种。

5 钙铝榴石

　　钙铝榴石颜色包括绿色、橙色、棕色、红色、黄色、黄褐色等。其中有一种绿色品种叫沙弗来石，在市场上很受欢迎，它是 20 世纪 60 年代在肯尼亚的沙弗（Tsavo）地区发现的，所以得了这个名字。

6 钙铬榴石

钙铬榴石呈绿色，而且鲜艳、明亮，和祖母绿很像。

7 其他品种

（1）玫瑰榴石：紫红色，化学成分是镁铝榴石和铁铝榴石的混合物。

（2）蓝石榴石：蓝色，很少见，有变色效应，化学成分是镁铝榴石和锰铝榴石的混合物，含有一定量的钒元素。

此外，还有镁铬榴石、钙钒榴石、锆榴石、钙钛榴石、水钙铝榴石等。

质量和价值的评价方法

1 颜色

石榴石的颜色有很多种，其中价值最高的是呈翠绿色的翠榴石，由于它产于乌拉尔山，所以被称为"乌拉尔祖母绿"，如图 12-6 左图所示。

红色石榴石的价值也很高，紫红色的最高，如图 12-6 右图所示。其次是玫瑰红色、鲜红色、橙红色。

其他颜色鲜艳、纯正的价值也比较高。黑色品种价值比较低。

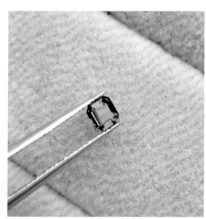

图 12-6　颜色

2 透明度

石榴石的透明度越高，价值越高。透明度高的产品，颜色会更鲜艳、明亮；光泽和火彩也更强烈，如图 12-7 所示。

3 净度

石榴石的净度对价值的影响有两个方面。

（1）在多数时候，净度越高，价值越高。所以要求石榴石内部瑕疵的数量越少越好，瑕疵尺寸越小越好，颜色和周围部分越接近越好，这样不容易看到，而且尽量远离中心位置，这样也不显眼，如图12-8所示。石榴石的净度高，透明度也高，颜色也纯正、鲜艳、明亮。

图 12-7　透明度　　　　　　　　　图 12-8　净度

（2）有时候，石榴石内部的包裹体对它的一些性能会产生有益的作用，比如，翠榴石具有的火彩和它内部的包裹体有一定的关系，如果没有这些包裹体，它的火彩就不会这么强烈。还有的石榴石内部的包裹体会沿着一定的方向排列，它们经过加工后，可以产生星光效应或猫眼效应。

4 切工

石榴石可以加工成刻面型和弧面型。刻面型是指宝石由若干个小平面组成，弧面型指宝石由弧面组成。透明度高、净度高的原料一般都加工成刻面型，可以突出产品的颜色、光泽效果，如图 12-9 所示。透明度低、净度低或内部缺陷多的原料一般加工成弧面，这样可以掩盖其内部的缺陷。

　　评价刻面型的切工时，需要考虑造型的优美程度、各部分比例的协调性，平面、线条、棱角的质量，以及加工缺陷，比如磨痕、崩角等。评价弧面型的切工，需要考虑造型的优美程度、是否协调、弧面的弧度是否美观、有没有磨痕等加工缺陷。

图 12-9　切工

5 光泽与火彩

　　有的石榴石的火彩比其他品种强烈，所以价值更高。有的石榴石还具有一些特殊的光学效应，比如变色效应、星光效应或猫眼效应，它们的价值也比普通产品高，如图 12-10 所示。

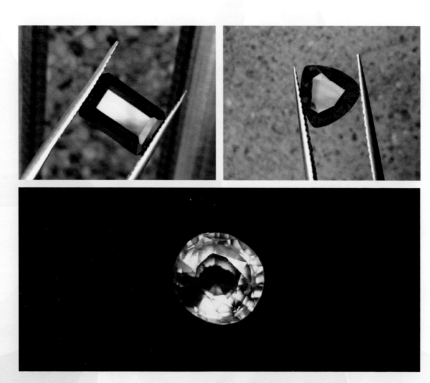

图 12-10　光泽和火彩

6　重量

大块的石榴石原料比较少，尤其是翠榴石、蓝色石榴石等名贵品种。所以，重量大的原料和成品，单价比小块的要高。比如，3 克拉的石榴石价格是 500 元 / 克拉，10 克拉的石榴石价格可能是 800 元 / 克拉。

产地

　　石榴石的产地有巴西、俄罗斯、斯里兰卡、印度、马达加斯加、美国、中国等国。

　　俄罗斯的乌拉尔山脉是石榴石的一个重要产地：最名贵的翠榴石就产于这里，另外，有史以来，世界上最大的石榴石也是在这里发现的，重 20 吨，当时使用了 100 匹马才从山里拉出来，最后，这块巨石被雕刻成了叶卡捷琳娜二世的孙子尼古拉一世的棺材。

作假手段

1 仿制品

石榴石的仿制品包括两类：一类是其他宝石，如红锆石、尖晶石，还有人用葡萄石仿冒翠榴石；另一类是玻璃。

2 人工合成品

人工合成的石榴石很常见，在工业领域如电子、通信等行业应用很广泛。常见的产品包括人工合成钇铝榴石、钆镓榴石、钇铁榴石等，Nd:YAG 激光器就使用钇铝石榴石作为激光材料。

鉴别方法

1 仿制品的鉴别

（1）观察法。如图 12-11 所示。

① 看颜色、透明度、净度。如果它的质量特别好，而价格不高，就说明可能是玻璃仿制品。

② 看光泽和火彩。石榴石的光泽和火彩比很多仿制品要强烈，尤其是翠榴石。

③ 看内部的包裹体。天然石榴石的内部容易有天然矿物包裹体和裂纹，而玻璃有的净度特别高，有的会

图 12-11　石榴石仿制品

有气泡。翠榴石最明显的特征是内部有纤维状的包裹体，像马尾巴的形状一样。

（2）手法。天然石榴石的密度比较高，有沉甸甸的感觉；导热性也比较好，抚摸时感觉比较凉。这两点可以用来鉴别玻璃仿制品。

（3）物理性质测试。红锆石有二色性和双折射现象，石榴石没有二色性和双折射现象。此外，通过测试折射率、密度、硬度、吸收光谱、

发光性等，可以对仿制品进行鉴别。

2 人工合成石榴石的鉴别

石榴石也是中档宝石，它的人工合成技术也很成熟了，所以对首饰市场的影响比较大。鉴别方法包括以下几种。

（1）观察法。人工合成石榴石的质量普遍特别好，颜色鲜艳、均匀，透明度高，净度高，内部的瑕疵很少，有时能看到少量气泡，如图12-12所示。

图12-12　合成石榴石

而天然石榴石的质量特别完美的很少，颜色鲜艳、纯正的很少，而且分布不均匀；透明度特别高的比较少见；内部经常能看到天然矿物包裹体及裂纹等缺陷。

（2）物理性质测试。有的人工合成石榴石会含有一些特殊元素，比如钇、钆、镓等，所以它们的很多物理性质如密度、折射率、色散、吸收光谱等都和天然石榴石有明显区别，可以通过物理性质测试鉴别出来。

13

橄榄石

橄榄石的颜色呈黄绿色，和橄榄的颜色很像，因此得到这个名字，如图 13-1 所示。

图 13-1　橄榄石

公元前 1000 多年前，古埃及人就开始使用橄榄石做饰品了，人们把橄榄石称为"太阳的宝石"，认为它具有太阳一样的力量，能够消除人们对黑暗的恐惧，驱除邪恶，而且能使人的性情变得温和，提高人的听觉，还能使人们获得幸福的婚姻。

在很多国家，橄榄石象征着和平、幸福。在古代，敌对双方停止战争时，经常互赠橄榄石，欢迎和平的到来。现在，在耶路撒冷的一些神庙里，还保留着几千年前镶嵌的橄榄石，在德国的古教堂里，也能看到镶嵌的橄榄石。

橄榄石是八月生辰石，颜色明艳，会给人一种清新、悦目的感觉，让人的心情放松、舒畅，也被称为"幸福之石"。

主要特征

1 颜色

橄榄石的颜色多数和橄榄的颜色很像，绿色中带有一些黄色调。有的黄色调比较浅，有的黄色调比较深。还有少数橄榄石是褐绿色的，如图 13-2 所示。

人们说，橄榄石的绿色调代表着生命和希望，黄色调代表着高贵。

图 13-2 颜色

2 透明度

橄榄石的透明性为透明至半透明，透明度高的橄榄石，看起来清澈通透，让人心情舒畅。

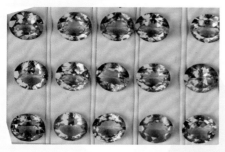

图 13-3 透明度、光泽

3 光泽

橄榄石的折射率为 1.65 ~ 1.69，色散值为 0.020，呈玻璃光泽，由于颜色比较淡，所以光泽显得比较柔和，如图 13-3 所示。

4 化学成分

橄榄石的化学成分主要是镁和铁的硅酸盐，分子式为（Mg,Fe）$_2$SiO$_4$，此外，它还经常含有其他微量元素，比如锰、镍、钴等。

橄榄石的颜色和它的化学成分有关：当镁含量较多、铁含量较少时，黄色调比较深；随着铁含量的增加，黄色调会变浅，绿色调变深。

5 质地坚硬、脆性高

橄榄石的质地比较坚硬，莫氏硬度是 6.0 ~ 7.0。但它的韧性差，脆性高，受到外力时容易产生裂纹，所以平时在佩戴和保养时，要注意避免发生碰撞、摔落。

6 耐热性

橄榄石的耐热性较差，当温度升高时，容易产生裂纹。所以，平时尽量防止它与高温气体接触，比如避免被阳光长时间暴晒，洗澡时应把它摘下来。

7 耐腐蚀性

从橄榄石的化学成分可以看出来，它的化学性质比较活泼，容易和一些酸性物质发生反应。

此外，很多橄榄石也进行了填充处理，填充物的化学性质也不稳定，耐腐蚀性、耐热性都很差，容易发生腐蚀、分解、溶解等。

所以，平时应注意，橄榄石尽量少和腐蚀性物质接触，包括各种洗涤剂、香皂、肥皂、厨房油烟等，在洗脸、做饭、洗澡及运动时，应把它摘下来。

质量和价值的评价方法

1 颜色

橄榄石的颜色多数是黄绿色，其中，绿色越纯、黄色调越淡，价值越高，接近翠绿色的价值最高；而黄色调越浓，价值越低，如图 13-4 所示。褐绿色的橄榄石一般价值较低。

2 透明度

橄榄石的透明度越高，价值越高；透明度高时，光泽更强，颜色更鲜艳，更明亮，如图 13-5 所示。

图 13-4　颜色等级

图 13-5　透明度

3 净度

橄榄石的净度和内部的缺陷、瑕疵有关，比如天然矿物包裹体、裂纹、气泡等。净度越高，橄榄石的价值就越高。

净度取决于几个方面，包括缺陷或瑕疵的数量、大小、颜色、位置等：数量越少、尺寸越小、颜色越浅、位置越靠近边缘，橄榄石的净度就越高，如图 13-6 所示。

图 13-6　净度

净度分为四个级别。

（1）极纯净。放大 10 倍观察时，看不到瑕疵。

（2）纯净。放大 10 倍观察时，能看到个别瑕疵，但肉眼看不到。

（3）较纯净。肉眼能看到少量瑕疵。

（4）一般。肉眼能看到较多的瑕疵。

净度会影响橄榄石的颜色和透明度。净度越高，颜色越纯正、鲜艳、明亮，透明度也越高。

4 切工

橄榄石的切工对价值也有影响，包括以下几点。

（1）造型是否美观，和传统造型相比有没有创新性。

（2）形状是否匀称，看起来感觉舒服、悦目。这一点取决于线条的长度比例、角度是否符合要求。

（3）加工质量，包括平面是否平直、弧面的弧度是否光滑、线条是否平直、棱角是否尖锐等。

（4）加工缺陷，产品的棱角有没有破损、缺口、磨痕等。

切工对其他因素也有很大影响，包括颜色、光泽、透明度、重量等，切工好的产品，能最大限度地表现出宝石的颜色、光泽、火彩，或者使重量最大化，减少对原料的浪费，如图 13-7 所示。

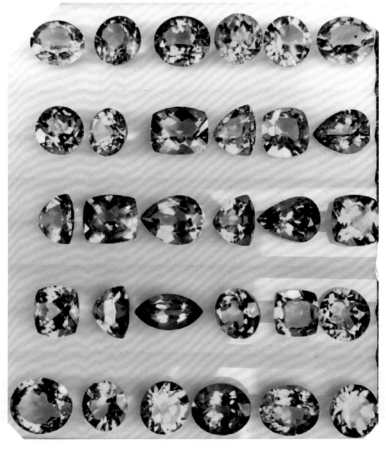

图 13-7　切工

5 重量

　　大块橄榄石的储量少，所以价值更高。目前，市场上销售的橄榄石的重量一般在 3 克拉以下，3 克拉以上的橄榄石价值会明显提高。

产地

　　埃及在公元前 1000 多年就发现了橄榄石，那里产出的橄榄石的特点是质量高，颜色呈绿色，而且块度大。目前，世界最大的橄榄石就产自埃及，重 319 克拉，现保存在美国华盛顿的国家自然历史博物馆。此外，伦敦的地质博物馆收藏着另一颗产于埃及的橄榄石，重 146 克拉，颜色为罕见的深绿色。由于经过多年开采，目前埃及的橄榄石产量已经不多了。

　　缅甸抹谷地区也出产橄榄石，质量高，块度大，在国际市场上很有名。

　　其他著名产地包括美国亚利桑那州及巴西、澳大利亚等。

　　我国河北张家口、吉林蛟河也出产质量比较高的橄榄石。其中，张家口发现了一颗重 236.5 克拉的橄榄石，被称为"华北之星"，是目前我国发现的最大的橄榄石。

作假手段

1 仿制品

　　橄榄石的仿制品包括以下两类。一类是其他宝石，如绿色的碧玺、石榴石、尖晶石、硼铝镁石。著名的大英博物馆保存着一颗硼铝镁石，人们一直认为它是橄榄石。由于橄榄石本身的价格不如上述多数品种，所以一般没人用这些宝石仿冒橄榄石。另一类是绿色玻璃、合成石榴石、合成尖晶石等。

2 人工合成品

　　人工合成品即根据天然橄榄石的化学成分，采用熔炼的方法制造人工合成橄榄石。

3 优化处理品

　　（1）染色：把黄色调较深的橄榄石染成绿色。

　　（2）镀膜或贴箔：在黄色调较深的橄榄石表面镀一层或贴一层绿色薄膜。

　　（3）填充：用树脂等透明材料填充橄榄石的裂纹，提高它的净度。

　　（4）热处理：对黄色调较深的橄榄石进行热处理，使它们变成绿色。

鉴别方法

1 仿制品的鉴别

如图 13-8 所示是橄榄石仿制品，常见的鉴别方法包括以下几种。

（1）观察法。

① 橄榄石的颜色是黄绿色，其他仿制品的颜色中，黄色调一般不明显。此外，橄榄石的光泽、透明度也和仿制品有差别。

② 橄榄石内部有天然矿物包裹体，包裹体的形状和其他相似宝石不一样。而玻璃内部没有天然矿物包裹体，经常会看到气泡。

（2）物理性质测试。

① 密度：比如，硼铝镁石的密度为 3.47 ~ 3.49，和橄榄石可以区分出来。

② 折射率：硼铝镁石的折射率为 1.67 ~ 1.71，也和橄榄石有区别。

③ 双折射现象：橄榄石有双折射现象，放大观察，可以看到底面棱边的双影，而玻璃、塑料等仿制品没有双折射现象，看不到双影。

此外，利用发光性、吸收光谱、多色性等方法，也可以对仿制品进行鉴别。

2 人工合成品的鉴别

（1）观察法。

天然橄榄石内部经常有天然矿物包裹体，形状很独特，人们经常称为"睡莲叶"状。

图 13-8　橄榄石仿制品

　　而合成橄榄石内部没有天然矿物包裹体，经常会看到一些生长纹、气泡等特征。

　　（2）物理性质测试。

　　人工合成橄榄石的发光性、吸收光谱、多色性等性质经常和天然橄榄石不同，所以，可以进行鉴别。

3 优化处理品的鉴别

（1）染色处理品的鉴别。

① 观察法：染色处理品的颜色主要集中在表面和缝隙里，所以这些位置的颜色比较深。

② 擦拭法：用纸或棉球蘸水或酒精擦拭样品，有的染料会被擦下来。

③ 物理性能测试：如吸收光谱、红外光谱等。

（2）镀膜或贴箔产品的鉴别。

① 镀膜产品的表面会看到很多小颗粒，还常有很多小裂纹。

② 贴箔产品的表面经常有气泡状鼓起或褶皱。

③ 物理性质测试：包括硬度、导热性、吸收光谱、红外光谱、发光性等。

（3）填充处理品的鉴别。

① 观察法：看产品的表面和内部有没有填充物的痕迹，如流动痕、气泡等；或者转动样品，看内部有没有晕彩。

② 物理性质测试：如吸收光谱、发光性、红外光谱、激光－拉曼光谱等。

③ 热针法：用热针接触样品表面，看有没有小液滴出现。

（4）热处理品的鉴别。

热处理品的表面和内部经常有细小的裂纹；内部包裹体也比较圆滑，因为它们的棱角在高温下容易发生熔化。

14

月光石

月光石具有一种迷人的光泽，好像夜空中朦胧的月光一样，充满了浪漫、神秘的感觉，如图 14-1 所示。所以，几百年以来，月光石一直受到人们的喜爱，人们认为，月光石会给自己带来甜蜜、浪漫的爱情，所以把它称为"恋人之石"。

古罗马人认为，月光石是月光的结晶，月亮之神——狄安娜就隐藏在其中。古希腊人认为，月光石是爱神维纳斯的象征。

在古印度，人们认为月光石是人的第三只眼睛，可以看到未来。还有人认为，月光石可以在晚上保佑人们平安。

图 14-1　月光石

特征

1 独特的"月光效应"

月光石最吸引人的一个特征是：具有的"月光效应"。它的颜色一般为乳白色，半透明，表面发出一种朦胧、柔和的光泽，看起来和月光很像，使得月光石具有一种浪漫、神秘的感觉。

人们研究发现，月光效应的产生和月光石的微观结构有关系：如果放大观察，可以发现，月光石是由钾长石和钠长石两种片层状晶体交替排列组成的，光线照射到月光石表面后，这种结构会对光线产生散射、干涉等作用，所以会产生朦胧的晕彩，这就是月光效应。

月光效应有一定的方向性。沿不同的方向观察或者转动月光石时，效应的强弱、颜色都会发生变化。

由于这种特殊的结构，有的月光石还具有猫眼效应，如图 14-2 所示。

2 透明度

月光石是由片层状的钠长石晶体和钾长石晶体组成的，它们的光学性质不同，所以会影响月光石的透明度：多数月光石不是完全透明的。

3 光泽

月光石的折射率为 1.51 ~ 1.55，双折射率为 0.006 ~ 0.007，呈玻璃光泽。

4 化学成分

月光石的矿物名称叫长石，所以人们也经常把它叫作长石类宝石。长石有很多品种，月光石属于钾钠长石，分子式是 $KAlSi_3O_8$-$NaAlSi_3O_8$。

它经常含有其他微量元素，所以呈多种颜色，如图 14-3 所示。

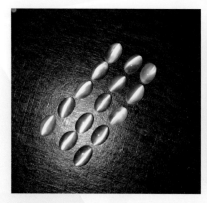

图 14-2　有猫眼效应的月光石

图 14-3　颜色

5 密度较低、硬度中等

　　和其他很多宝石相比，月光石的密度很低，只有 2.65 克 / 立方厘米左右；硬度和别的一些宝石品种相当，莫氏硬度为 6 ~ 7。

6 耐热性

　　月光石在受热后，容易发生开裂，所以，平时应该注意避免让它们受热，比如不要长时间被阳光暴晒，洗澡时要摘下来。

7 耐腐蚀性

　　月光石本身经过了长时间的结晶过程，所以耐久性很好，耐腐蚀性也很好。

　　但同样，人们销售前，经常对它们进行填充处理，使用的大多数填充物的耐腐蚀性都很差，容易被腐蚀，容易发生分解或溶解等，容易发生变质。

　　所以，平时应避免让月光石接触具有腐蚀性的物质，包括清洗剂、化妆品、肥皂、香皂、厨房油烟、汗水等。

质量价值的评价方法

1 月光效应

月光石最重要的评价指标是它的特殊光学效应——月光效应。

月光效应越明显，也就是光泽的朦胧感越强，宝石的价值越高。另外，月光效应发出的晕彩多数是白色，少数是淡蓝色，淡蓝色月光石的价值更高。如图 14-4 所示。

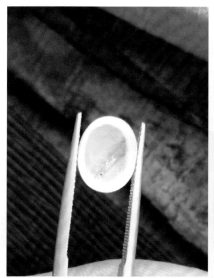
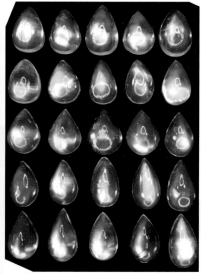

图 14-4　月光效应

2 透明度

月光石为半透明时，月光效应最佳，所以价值最高。透明度太低或太高，月光效应的朦胧感都会下降，所以价值较低，如图 14-5 所示。

图 14-5　透明度

3 净度

其他品种的宝石净度越高，价值越高。但月光石不同，它们要求净度要适当，不能太高，也不能太低，这样才能保证具有最佳的月光效应。

这种适度的净度主要依靠内部的天然矿物包裹体来控制：它们的数量、大小合适时，月光效应才会很明显。

但月光石内部经常包含其他缺陷或瑕疵，如裂纹、斑点等，它们会影响产品的质量，所以这些缺陷越少，产品的价值就越高。

4 切工

切工对月光石的影响很大，因为会直接影响月光效应的质量。

对月光石来说，一般加工成椭圆形，椭圆的长轴和宝石的晶体方向一致，这样，月光效应会更明显，而且位置很正。两者的方向如果有偏差，月光效应会发生歪斜，从而会影响产品的价值，如图 14-6 所示。

除此之外，还要保证产品的加工缺陷尽量少，比如磨痕等。

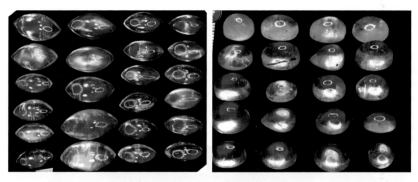

图 14-6　切工

5 重量

在月光效应及其他因素相同的情况下，月光石的块度越大、重量越重，价值就越高。

6 其他因素

有的月光石的表面会形成一些特殊的图案，有时会具有一些特殊的寓意和内涵，这样的产品无疑价值会很高。

产地

　　月光石的产地包括斯里兰卡、缅甸、印度、巴西等国。其中，斯里兰卡出产的月光石质量最好，价值最高。如图 14-7 所示为一块月光石原石。

　　我国也出产月光石。有人曾经提出一种观点：古代的和氏璧实际上就是月光石！

图 14-7　月光石原石

作假手段与鉴别方法

月光石常见的作假方法是仿制品。月光石的仿制品主要有欧泊、玉髓、石英、玻璃、塑料等。

鉴别方法包括以下几种。

（1）观察法。

① 月光石的月光效应有特殊的朦胧感，有的带有蓝色调，呈片状。其他类似宝石不具有这些特点。

② 月光石具有明显的解理现象，用放大镜仔细观察时，经常会发现表面有一些发亮的小片，它们就是解理面。很多仿制品没有解理现象，所以也看不到解理面。

③ 月光石内部经常含有一些天然矿物包裹体，它们的形状和仿制品的包裹体也有区别，如图 14-8 所示。

（2）物理性质测试。

物理性质测试包括折射率、密度、双折射率、发光性测试等。月光石的折射率为 1.51 ~ 1.55，双折射率为 0.006 ~ 0.007，密度为 2.65克 / 立方厘米左右。被 X 射线照射时，会发出蓝色或蓝紫色荧光；在短波紫外线的照射下，会发出粉色荧光。利用月光石的这些特征，可以和仿制品进行区分。

图 14-8　月光石仿制品

欧泊

欧泊也叫蛋白石，它最吸引人的特点是具有一种特殊的光学效应——"变彩效应"。一块欧泊上具有多种颜色，如图 15-1 所示。

图 15-1　欧泊

正是由于这一点，欧泊被称为"宝石的调色板"，人们形容它将"红宝石的红色、祖母绿的绿色、紫水晶的紫色集于一身"。

古罗马人认为，欧泊象征着彩虹，具有一种神奇的力量，能给人们带来好运。古希腊人认为，佩戴欧泊，可以预测未来。古代阿拉伯人认为，欧泊是天神送给人间的礼物。英国文豪莎士比亚将欧泊称为"宝石的皇后"。据称，英国的维多利亚女王曾将欧泊作为礼物，赠送给自己的女儿。

由于欧泊深受人们喜爱，据说有一段时间，钻石商唯恐它会威胁钻石的销量，从而编造了很多恐怖的故事和传说，宣扬欧泊是一种不吉利的宝石，会给人们带来厄运。

欧泊是十月的生辰石，代表着忠诚、神圣、平安。

特征

1 变彩效应

变彩效应是指欧泊的不同位置呈现不同的颜色，五彩斑斓，而且转动欧泊时，颜色还会发生变化，如图 15-2 所示。

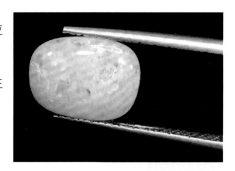

图 15-2　变彩效应

2 化学组成和显微结构

欧泊的变彩效应是由它的化学组成和显微结构引起的。欧泊主要是由 SiO_2 和少量水分组成的，SiO_2 含量为 85%～96%。人们用电子显微镜放大观察发现，欧泊内部有很多 SiO_2 小颗粒，它们有规则地排列，当光线照射到这些小颗粒时，它们会产生衍射作用，从而使欧泊表面产生不同的颜色。

由于欧泊中含有一定的水分，所以平时在保养、储存时，要注意周围的环境不能太干燥，否则欧泊容易失去其中的水分，光泽会消失，严重的甚至会发生开裂。

另外，如果需要清洗欧泊，不能使用超声波，因为它会破坏欧泊的结构，时间长了，欧泊可能会发生开裂。

3 体色

体色是指欧泊主体的颜色，具体有很多种，包括黑色、灰色、白色、无色、蓝色、绿色、棕色、红色、橙色、黄色等，如图 15-3 所示。

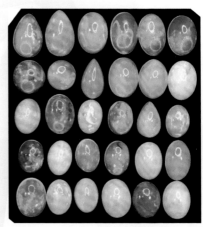

图 15-3　欧泊的体色

4 折射率

欧泊的折射率为 1.37 ~ 1.47，具有玻璃光泽或树脂光泽，会发荧光和磷光。

5 硬度和密度

欧泊的莫氏硬度为 5 ~ 6。所以在平时佩戴它时，需要注意不要和硬度高的物体接触，防止它被划伤。

欧泊的密度与含水量有关，一般为 1.9 ~ 2.3 克 / 立方厘米。

6 耐热性

在高温下，欧泊容易失水，光泽会消失，甚至会发生开裂，所以平时应该避免受高温作用，比如洗澡时，应该摘下来，还要避免被阳光长时间暴晒。

7 耐腐蚀性

欧泊中由于含有水分，所以耐腐蚀性不好，容易受到很多物质的腐蚀，包括化妆品、香皂、肥皂、厨房油烟等，所以平时需要注意。

另外，在清洗欧泊时，尽量不用刺激性强的清洗剂，而使用比较温和的产品，而且在清洗后，要尽快用毛巾擦洗干净。

主要品种

1 根据体色

（1）黑欧泊：体色是黑色的，变彩效应很明显，变彩的颜色和体色反差很明显，看起来很鲜艳、清晰，所以最受欢迎，价值最高，如图15-4所示。

（2）白欧泊：体色是乳白色的，变彩的颜色和体色反差不明显，如图15-5所示。这种欧泊的变彩效应看起来不明显，所以价值较低。

图15-4　黑欧泊　　　　　　　　图15-5　白欧泊

（3）火欧泊：体色是红色、橙色或橙红色，变彩的颜色和体色反差很弱，所以变彩效应比白欧泊还弱，如图15-6所示。

（4）其他颜色的欧泊：如绿色、蓝色等，它们变彩的颜色和体色反差很弱，变彩效应也不明显，如图15-7所示。

2 根据变彩效应的颜色的数量

根据变彩效应的颜色的数量即除了体色外，其他颜色的数量。可以分为五彩欧泊、三彩欧泊、单彩欧泊等。

3 根据变彩效应的形状

根据变彩效应的形状可以分为片状欧泊、丝状欧泊、点状欧泊等。

图 15-6　火欧泊

4 其他品种

（1）欧泊猫眼：指具有猫眼效应的欧泊。

（2）晶质欧泊：指发生结晶的欧泊。这种欧泊的透明度较高，一般是透明或半透明。

（3）砾石欧泊：指与普通矿石粘连在一起的欧泊。

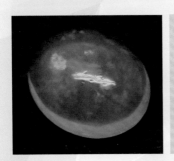

图 15-7　其他欧泊

质量和价值的评价方法

1 变彩效应

变彩效应是评价欧泊质量的最重要的指标，如图 15-8 所示，具体包括以下几个方面。

（1）亮度。

变彩效应的亮度越高，看起来就越明显、清晰，颜色越鲜艳，质量越高，价值也越高；反之，亮度低，变彩效应会不明显，所以价值就比较低。

（2）变彩图案。

变彩图案即变彩效应所构成的图案，包括形状、大小、稀有程度等特征。变彩图案的形状如果比较独特，具有一定的意义，价值就会很高。

（3）变彩的颜色数量。

颜色数量越多，价值越高。

图 15-8　变彩效应的质量

2 基体颜色

欧泊的体色为黑色时，变彩效应最明显，变彩的颜色和体色反差很大，看起来很清晰、鲜艳，如图 15-9 所示。所以，黑欧泊的价值最高。

欧泊的体色为白色时，变彩效应不太明显，变彩的颜色好像被白色覆盖住了，若隐若现，所以白欧泊的价值较低。

欧泊的体色为黄色、红色、橙色、绿色时，变彩效应更不明显，如图 15-10 所示，所以它们的价值更低。

图 15-9　变彩效应明显

图 15-10　变彩效应不明显

3 净度

欧泊的净度越高，价值越高。反之，如果包含裂纹、斑点、砂眼、包裹体等瑕疵，价值就要大打折扣了。

4 切工

欧泊的切工也会影响其质量和价值。如图 15-11 所示，切工质量高，欧泊看起来会很美观、赏心悦目；否则，会显得不舒服，自然也会影响产品的价值。

此外，切工的质量会影响其他因素，包括变彩效应、重量甚至净度等。高质量的切工能够最大限度地突出变彩效应、保证产品的重量，还能掩盖瑕疵的不利影响，从而提高产品的净度。

评价切工时，主要考虑各部分的比例是否匀称，弧面是否平滑，线条是否均匀流畅，抛光质量是否满足要求，以及是否存在加工缺陷，比如抛光痕、缺口等。

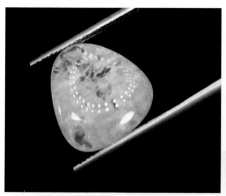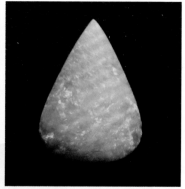

图 15-11　切工

5 重量

在其他因素相当的情况下，欧泊的重量越重，块度越大，价值自然越高。

产地

    欧泊最著名的产地是澳大利亚，据统计，全球95%的欧泊产自这里，包括最珍贵的黑欧泊，以及其他品种，如白欧泊、晶质欧泊、动植物化石欧泊等，如图15-12所示。

    此外，墨西哥、巴西、埃塞俄比亚等国家也出产欧泊。

图15-12　澳大利亚欧泊原石

作假手段

1 仿制品

一类仿制品是在塑料中加入一些彩色的金属片；另一类仿制品是把一片有变彩效应的欧泊薄片粘在一块黑色的没有变彩效应的欧泊表面，或先把一块便宜的白色欧泊染成黑色，再在表面粘一片有变彩效应的欧泊薄片，或把一片有变彩效应的欧泊薄片粘在一块其他的材料上面，如黑色玛瑙、石头、塑料等。

还有一类仿制品，是在上述产品的有变彩效应的欧泊薄片的表面再粘贴一层圆弧形的玻璃片或石英薄片，它可以放大欧泊的变彩效应，使变彩效应更明显、更漂亮。

2 人工合成品

人工合成品是按照天然欧泊的化学成分和显微结构，用人工方法合成欧泊。

3 优化处理品

欧泊常见的优化处理方法是染色，因为黑欧泊的价值很高，所以有人把白欧泊染成黑色的，冒充黑欧泊。

鉴别方法

1 仿制品的鉴别

仿制品的鉴别主要采用观察法：拼合制作的欧泊会有接合缝，所以鉴别时要认真观察欧泊的四周，看有没有接合缝，如图 15-13 所示。

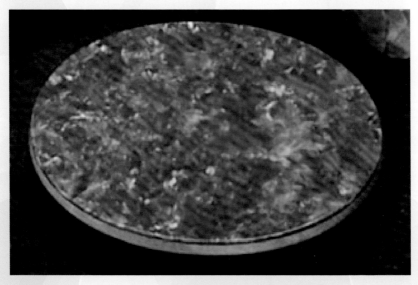

图 15-13　拼合欧泊

2 人工合成欧泊的鉴别

（1）观察法。

① 合成欧泊的变彩颜色一般很鲜艳，亮度也很高，但显得不自然、不柔和。

② 合成欧泊的变彩图案一般比较规则，互相之间过渡不自然，如图 15-14 所示。

③ 有时候，合成欧泊内部可以看到气泡、生长纹等特征。

（2）物理性质测试。

① 发光性测试：天然欧泊会发荧光，合成欧泊一般不发荧光。

② 红外光谱测试：天然欧泊和合成欧泊的吸收峰也有区别。

3 染色黑欧泊的鉴别

（1）观察法：放大观察，会看到染色欧泊的颜色很多不连续，而是一块一块的；颜色分布不均匀，裂缝中的颜色比周围更深；染色形成的黑色只是表面很薄的一层，内部仍是其他颜色，如图 15-15 所示。

（2）擦拭法：用纸或棉球蘸水或酒精擦拭样品的表面，有的染料会被擦下来。

（3）物理性质测试：包括吸收光谱、红外光谱等，也可以鉴别出来。

图 15-14　人工合成欧泊

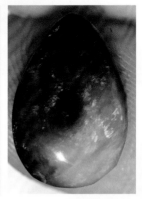

图 15-15　染色黑欧泊

16

夜明珠

夜明珠是在黑夜中能发光的宝石，如图 16-1 所示。由于这个特点，古人认为夜明珠充满了神秘感，古今中外，有无数关于它的传说。根据记载，炎帝、神农氏时期就发现了夜明珠。在春秋战国时期，有两颗夜明珠分别被称为"悬黎"和"垂棘之璧"，价值连城，甚至可以与和氏璧媲美。秦始皇的陵墓中放置了几颗夜明珠，用它们来代替蜡烛照亮墓室。后来的汉、唐、宋、元、明、清等各个朝代，都有关于夜明珠的记载，尤其是慈禧太后的夜明珠，更是充满了传奇色彩：据记载，军阀盗掘慈禧墓时，发现她的口中含有一颗宝石，取出后发出耀眼的光芒，把整个墓室照得亮如白昼！此外，慈禧生前佩戴的凤冠上也镶嵌了九颗夜明珠。

图 16-1　夜明珠

品种

1 动植物"夜明珠"

动植物"夜明珠"有以下几种。

（1）萤火虫：体内有特殊的化学物质，通过发生化学反应，在黑暗处能发出荧光。

（2）夜明犀：唐代典籍记载，国外献给唐朝皇帝一种犀牛角，在黑夜里能发光，可以照一百步远。

（3）灵芝：《本草纲目》记载，有的灵芝品种如"七明九光芝"，可以在夜里发出荧光。

2 金刚石

前文中已经提到：金刚石会发荧光。很多学者经过研究后认为，慈禧太后口中的夜明珠实际上就是一块金刚石，重量达 787.28 克拉，1908 年估价为 1080 万两白银，相当于现在的 8.1 亿元人民币！

3 萤石

萤石中经常含有稀土元素，白天受到太阳光的照射后，在夜里就能够发出荧光，如图 16-2 所示。

由于萤石在地壳中的储量比较大，所以大多数夜明珠是萤石。

另外，由于比较容易开采到块度比较大的萤石晶体，所以能够发现很大的萤石夜明珠：2010 年 11 月 21 日，海南省文昌市展出了一颗当

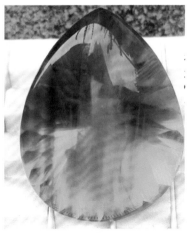

图 16-2　萤石

图 16-3　世界上最大的夜明珠

时世界上最大的夜明珠，重达 6 吨，直径 1.6 米，价值 22 亿元人民币！这颗夜明珠是由一块巨大的萤石矿石加工成的，它开采于内蒙古，用了 3 年时间才加工完毕，如图 16-3 所示。

4 其他类型

其他类型的夜明珠包括陨石、红宝石、祖母绿、石榴石等。有资料记载，元、明时期，朝廷经常派人去斯里兰卡等国购买这些品种的夜明珠。

萤石夜明珠发光的原理

1 荧光和磷光

在介绍发光原理之前，我们先介绍两个名词：荧光和磷光。很多读者经常看到这两个词，但可能不明白它们有什么区别。

很多宝石具有发光性，就是受紫外线等照射时会发光；但将紫外线去除后，有的宝石马上就不再发光了，而有的宝石仍能继续发光。人们把在紫外线照射下发出的光称为荧光；把离开紫外线后仍能发出的光称为磷光，如图 16-4 所示。

图 16-4 萤石夜明珠

2 发光原理

有的萤石内含有特殊的化学成分，叫作激活剂，这些激活剂会使萤石的显微结构发生改变。在一定的条件下，比如被太阳光照射一段时间后，萤石就会发出荧光，荧光的颜色有很多种，如绿色、蓝色、橙红等。

图 16-5 萤石原石

萤石中的激活剂有的具有放射性，这类萤石不需要被阳光照射，自己就会发光。有的激活剂没有放射性，必须被阳光或紫外线照射，接受一定的能量后，才能使萤石发光，如图 16-5 所示。

萤石的性质

由于多数夜明珠的材质都是萤石, 所以, 本部分重点介绍萤石的一些性质。

1 颜色

萤石有多种颜色, 包括蓝色、绿色、无色、红色、黄色、紫色、棕色、橙色、粉色等, 如图 16-6 所示。

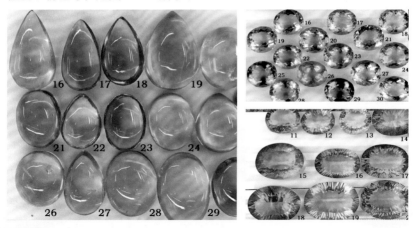

图 16-6　颜色

2 透明度

少数萤石是完全透明的, 多数萤石是半透明或微透明的。

3 光泽

萤石的折射率为 1.43, 呈玻璃光泽, 经过抛光后, 显得晶莹剔透、纯洁无瑕, 如图 16-7 所示。

4 化学成分

萤石的化学成分主要是 CaF_2，经常含有其他微量元素，如稀土元素钇（Y）、铈（Ce）及铁（Fe）、硅（Si）、氯（Cl）、氧（O）等。

图 16-7　透明度和光泽

5 硬度和韧性

萤石的莫氏硬度为 4，比很多宝石都低，容易受到划伤。所以平时佩戴和保存时，需要注意不要和硬度高的物体摩擦、碰撞。

此外，萤石的脆性比较高，受到碰撞时容易开裂，平时也需要注意。

萤石的密度为 3.18 克/立方厘米。

6 耐热性

萤石在高温下容易发生开裂，平时应该避免高温，比如别戴着它洗澡，避免被阳光长时间暴晒。

7 耐腐蚀性

萤石会与酸性物质发生反应，所以平时应该避免接触酸性物质，包括醋酸等。

质量和价值的评价方法

1 磷光的亮度

对夜明珠来说，发出的光线的亮度越高，价值越高。传说中的秦始皇夜明珠、慈禧夜明珠等能把周围照耀得亮如白昼。但一般的夜明珠远远达不到那样的效果，发出的光线很微弱，白天甚至都看不出来，晚上才能看出来。

2 磷光的颜色

夜明珠发射的光线颜色越鲜艳，价值越高。多数夜明珠发射的光线颜色是浅蓝色、浅绿色、乳白色等，颜色普遍比较浅、淡，如图 16-8 所示。

图 16-8　磷光

3 发光的难易程度

有的夜明珠不需要进行任何处理（激发），就可以永久发光，这种夜明珠价值很高。而有的夜明珠需要进行处理（激发），比如要在阳光下照射一定的时间，或者被紫外线照射一定的时间，然后才能发光。

所以，发光的难易程度也影响夜明珠的价值：不需要激发的夜明珠，价值比较高；而激发越困难的夜明珠，价值越低。

4 磷光的持续时间

夜明珠被激发后，开始发射磷光。停止激发后，磷光还能持续一段时间，但不同的夜明珠，磷光的持续时间不同：有的能持续几个小时甚至更长时间，有的可能只持续几秒钟甚至更短的时间。夜明珠发光持续时间越长，价值越高。

5 净度

净度对夜明珠的价值也有一定的影响，主要是裂纹、斑点、天然矿物包裹体等瑕疵。

瑕疵的数量、大小、与周围基体的对比度以及位置都会影响净度等级：数量越多，净度越低；尺寸越大，净度越低；和周围基体的对比度越大，看起来越明显，净度也越低；位置越靠近中央，看起来也很明显，净度级别也越低，如图 16-9 所示。

6 切工

夜明珠的切工首先会影响它的美观程度：切工质量高，夜明珠看起来会很漂亮，自然也会吸引人。在古代，很多夜明珠都被加工成球形，这种形状看起来简单，但实际上很考验加工者的切工：最理想的球形夜明珠被称为"走盘珠"，就是把它放在一个盘子里，用手稍微一碰，它就能在盘子里长时间地滚动。但可以想象，绝大多数球形珠都达不到这个效果。

图 16-9　净度

　　其次，切工对重量、净度等也有影响：切工质量高，能最大限度地保留原石的重量和块度，减少浪费；此外，高水平的切工还能减少或掩盖瑕疵的影响，甚至变废为宝，让瑕疵起到锦上添花甚至画龙点睛的作用！

　　所以，切工对夜明珠的价值有很大的影响。

　　评价切工时，首先看整个外形的美观程度，各部分的比例、匀称性；然后看表面质量、线条质量，包括表面光滑度，线条是否柔和，有没有加工缺陷等，如图 16-10 所示。

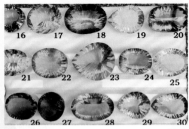

图 16-10　切工

7 大小、重量

　　在其他因素相当的情况下，夜明珠的块度越大，重量越重，价值自然越高，如图 16-11 所示。

图 16-11　大小和重量

产地

　　萤石在地壳中的储量比较高，我国是世界上萤石储量最丰富的国家之一，很多地区都有产出。

　　除了我国外，南非、墨西哥、蒙古、俄罗斯、美国等也出产萤石。

作假手段

1 仿制品

现在，夜明珠的仿制比较简单，所以市场上有很多仿制品，常见的包括以下几种：

（1）在普通萤石的裂缝中填充荧光粉。

（2）用硫化锌（ZnS）做基体、铜（Cu）做激活剂，经过烧结、熔炼、加工，制造人造夜明珠。类似的还有采用稀土发光材料制造的人造夜明珠，比如硼铝酸锶夜明珠等。

（3）在玻璃、塑料中加入荧光粉，经过熔炼、加工，制造的人造夜明珠。

2 人工合成夜明珠

人工合成夜明珠即根据天然夜明珠的化学成分和显微结构，用人工方法合成夜明珠。

3 优化处理品

（1）热处理：对颜色不理想的萤石进行热处理，改变它们的颜色。

（2）填充裂纹：在萤石的裂隙中填充树脂等透明材料，提高净度。

（3）辐射：利用高能量射线辐射颜色较浅的萤石，改变它们的颜色。

鉴别方法

1 仿制品的鉴别

（1）观察法。

① 在普通萤石的裂缝中填充荧光粉制造的夜明珠，只有裂隙位置发光，而其他位置不发光。

② 硫化锌（ZnS）、稀土、玻璃、塑料等人造夜明珠不包含天然矿物包裹体，而且裂纹、斑点等很少，净度很高。

（2）物理性质测试。

通过测试密度、硬度、折射率、吸收光谱、多色性、化学成分等，可以更准确地进行鉴定。

2 合成夜明珠的鉴别

合成夜明珠的鉴别常用的是观察法：天然夜明珠的净度一般不高，表面和内部经常能看到一些天然矿物包裹体，以及裂隙、斑点等瑕疵。而合成品的净度普遍很高，没有天然矿物包裹体，裂隙、斑点也很少，如图 16-12 所示。

3 优化处理品的鉴别

（1）热处理品的鉴别。

热处理品的鉴别主要采用观察法：热处理品的表面和内部经常有细小的裂纹；内部的包裹体的棱角比较圆滑，因为它们在高温下容易发生熔化。

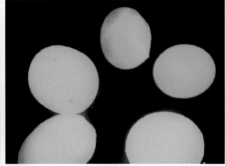

图 16-12　人造夜光珠

（2）填充处理品的鉴别。

① 观察法：看产品的表面和内部有没有填充物的痕迹，如流动痕、气泡等；或者转动样品，看内部有没有晕彩。

② 热针法：用热针接触样品表面，看有没有小液滴出现。

③ 物理性质测试：包括吸收光谱、发光性、红外光谱、激光 - 拉曼光谱等。

（3）辐射处理品的鉴别。

① 辐射品表面的颜色比内部深。

② 表面不同位置，颜色深浅不同：沿某个方向，颜色会越来越浅或越来越深。

③ 物理性质测试：包括吸收光谱和残余放射性物质检测等。

17

翡翠

翡翠被称为"玉石之王"，在我国，它是最受欢迎的玉石品种之一。大家经常可以看到周围的人佩戴翡翠饰品，比如手镯、吊坠等，如图 17-1 所示。在珠宝市场里，翡翠的展位也是最多的。

图 17-1 翡翠手镯

翡翠文化

1 名称的由来

　　关于翡翠名称的由来，相信很多人都听说过。翡翠本来是古代一种鸟的名称，这种鸟的雄性的羽毛是红色的，称为"翡"，雌性的羽毛是绿色的，称为"翠"。后来，翡翠传入我国后，人们就以这种鸟的名字给这种玉石命名。

2 发展史

　　翡翠产于缅甸，所以也称为缅甸玉或翠玉、硬玉。据资料记载，在明朝时期，朝廷专门派官员去缅甸采购珠宝，所以翡翠就是在那时传入我国的。但当时人们并不是特别喜欢翡翠，因为去缅甸采购的目的主要是其他宝石，比如红宝石、蓝宝石等。而且那时人们喜欢的玉石是和田玉，因为在那之前的几千年里，我们中国人一直推崇和喜爱和田玉，由和田玉形成的玉文化历史悠久、源远流长，且深入人心，不可动摇。

　　但随着翡翠的不断进入，越来越多的人开始喜欢它，尤其是到了清朝，翡翠开始受到了宫廷的喜爱。皇帝、皇后、妃嫔对翡翠都爱不释手！所以这种风气很快就在民间盛行，可以说一直持续到现在。

3 传奇故事

　　关于翡翠的传说有很多，最有名的就是慈禧太后的几件宝物了。据资料记载，军阀盗挖慈禧墓时，士兵打开慈禧的棺材后，发现她的两只胳膊各抱着一件宝物——一件是用翡翠雕刻的一棵白菜，另一件是用翡翠雕刻的一个西瓜！另外，她的两只脚还踩着四个用翡翠雕刻的香瓜！

现在，翡翠西瓜和翡翠香瓜已经不见踪影，人们不知道它们到底是什么样子。而翡翠白菜仍保存至今，目前收藏在台北故宫博物院里，被称为该院的镇馆之宝，如图17-2所示。

图17-2　保存于台北故宫博物院的慈禧太后的翡翠白菜

正是由于翡翠白菜有这样的传奇身世，所以，后来的翡翠加工者纷纷模仿，雕刻出数以千万计的类似作品，大家在市场里会经常看到。

特征

1 颜色

　　一般人认为翡翠是绿色的，实际上，翡翠的颜色有很多种，除了绿色外，还有无色、白色、黄色、红色、粉色、紫色、黑色等，如图 17-3 所示。

图 17-3　翡翠的颜色

2 透明度

　　翡翠的透明度有多种类型，包括完全透明、半透明、微透明、完全不透明等，如图 17-4 所示。

透明度对翡翠的价值影响很大，透明度越高，价值越高。在翡翠行业里，人们用"水"或"水头"来描述翡翠透明度：如果透明度高，就称为"水头足"；透明度低，称为"水头差"或"干"。

图 17-4　翡翠的透明度——水头

3 光泽

翡翠的折射率为 1.65 ~ 1.67，主要呈玻璃光泽，有的呈油脂光泽。人们为了增加翡翠的光泽，经常在它的表面打一层蜡。

4 硬度与韧性

（1）硬度：翡翠的莫氏硬度是 6.5 ~ 7.0，比很多玉石的硬度高。

（2）韧性：由于硬度高，同时晶粒较大，翡翠的韧性较低，不如和田玉等。所以翡翠制品的加工难度较大。另外，在佩戴或保存时需要注意，避免发生碰撞，以防止发生损坏。

（3）密度：翡翠的密度为 3.30 ~ 3.36 克 / 立方厘米。

5 化学组成

翡翠的主要成分是 $NaAl(SiO_3)_2$，还经常含有铬（Cr）、钙（Ca）、镁（Mg）、铁（Fe）、锰（Mn）等微量元素。翡翠的颜色就是由这些微量元素引起的。比如：绿色是由铬（Cr）引起的，黄色、红色是由铁（Fe）引起的，紫色是由锰（Mn）引起的，黑色是由碳（C）、铁（Fe）引起的。

6 显微结构

翡翠的显微结构不算特别细腻，可以看到，翡翠的表面显得比较粗糙，有一些闪闪发亮的小片，专业人士把这些小片称为"翠性"，因为它们是翡翠特有的现象，别的玉石都没有。

7 耐热性

翡翠的耐热性较差，当受到高温时，翡翠中的水分就会失去，从而光泽会减弱或消失，严重的还会产生开裂。

所以，平时需要注意，不要让翡翠受热，比如，避免被阳光长时间照射，不要戴着翡翠洗澡，不要戴着翡翠做饭。

8 耐腐蚀性

翡翠的耐腐蚀性不好，如果和腐蚀性物质接触，翡翠的显微结构会受到破坏，颜色、光泽都会变差，严重的还会产生开裂等情况。

为了增加翡翠的光泽，人们经常在它的表面打一层蜡，这层蜡的耐腐蚀性、耐热性都很差。

所以，平时要避免翡翠和腐蚀性物质接触，包括化妆品、肥皂、香皂、洗衣液、厨房油烟、醋、盐等，在运动、洗澡时都应该把翡翠摘下来。

品种

翡翠有不同的分类方法，所以具体品种有很多。本部分介绍一些常见的品种。

1 按产地分类

（1）新坑种翡翠。

这个品种是从山上的翡翠矿里开采的翡翠矿石。

（2）老坑种翡翠。

这个品种是从河里开采的翡翠矿石。由于长期经过河水和泥沙的冲刷，所以它们看起来就和鹅卵石一样，如果只看外观，很多都看不出到底是翡翠还是普通的石头。

正是由于这一点，翡翠行业里存在一种特别的买卖方式——赌石。买方希望以普通石头的价格购买这种原料，买回去切开后，希望里面是碧绿的翡翠！这样就能一夜暴富。但是，很多时候，这种原料切开后，里面还是石头，根本不是翡翠。而且卖方希望以翡翠的价格出售它们，尽量索要高价。所以，这种买卖存在巨大的商机和希望，但是也隐藏着巨大的风险。

正是由于这些特点，多年来，赌石吸引了无数冒险者参与其中，市场里流传着无数关于它的传说。"一刀穷，一刀富，一刀穿麻布"等俗语，真实、深刻地描述了赌石者的境遇。

（3）山流水翡翠。

这个品种是从山脚下或河流旁边开采的，人们称为"山流水"。

2 按"种"分类

"种"是翡翠行业里的一句行话，是指翡翠的质地。如果质地细腻、致密，就称为"种好"或"有种"。

行业人士按照"种"，把翡翠分成了很多类型，常见的有以下几类。

（1）老坑玻璃种。这种翡翠看起来就和玻璃一样。为什么呢？就是因为它的"种"很好，质地很致密、细腻，而且水头很足。这种翡翠一般都是老坑种，也就是从河里开采的。因为它们是经过了水流长期的冲刷、侵蚀等考验而保留下来的，质地是最好的，如图 17-5 所示。

（2）冰种。这种翡翠看起来像一块冰。它的"种"不如老坑玻璃种好，质地稍微粗糙一些。水头也不如老坑玻璃种，透明度稍微低一点，如图 17-6 所示。

图 17-5　老坑玻璃种

图 17-6　冰种

（3）糯米种。这种翡翠的质地看起来和糯米比较像，质地比较粗糙，而且是半透明。也就是说，它的"种"和"水头"不如老坑玻璃种和冰种，如图 17-7 所示。

图 17-7　糯米种

（4）豆种。这种翡翠的"种"不太好，质地比较粗糙，肉眼能明显地看到表面有一块块的颗粒，和豆子很像，所以被人们称为"豆种"，如图 17-8 所示。如果是深绿色的，就叫豆青种。这种翡翠的数量很多、很常见，人们经常说"十有九豆"。

③ 按颜色分类

（1）翡。翡指红色翡翠，具体包括多种颜色，比如黄色、褐色、红色、红褐色等，如图 17-9 所示。

（2）翠。翠指绿色翡翠，具体也包括多种颜色，后面会详细介绍。

图 17-8　豆种

图 17-9　翡

（3）"铁龙生"种。"铁龙生"是缅甸语的译音，意为全绿的石头。这种翡翠整体是绿色的，但是"种"不好，质地粗糙，水头也比较差。

（4）油青种。这种翡翠的颜色是暗绿色，稍微发黑，但是"种"比较好，质地比较细腻，光泽、水头都比较好，如图17-10所示。

（5）干青种。这种翡翠是绿色，但是"种"不好，质地比较粗糙，能看到表面一粒粒的晶粒；水头也较差，显得发干。

图 17-10 油青种

（6）花青种。这种翡翠的绿色不规则，一块一块的；"种"也不好，质地比较粗糙。

（7）金丝种。这种翡翠的绿色呈丝状，"种"都比较好，很多是冰种。

（8）芙蓉种。这种翡翠的颜色是粉色。

（9）紫罗兰。这种翡翠呈紫色，如图17-11所示。

（10）"春带彩"。这种翡翠有两种颜色——紫色和绿色，如图17-12所示。

（11）"福禄寿"。这种翡翠有绿、红、紫三种颜色。

4 按翡翠的"地"分类

"地"也称为"底"，也是一句行话，是指翡翠的整体外观，常见的有以下几种。

（1）玻璃地。和玻璃种相近，看起来像玻璃。

图 17-11　紫罗兰

图 17-12　"春带彩"

（2）冰地。和冰种相近，看着像冰。

（3）蛋清地。看着像鸡蛋清。

（4）糯化地。和糯米种相近，看着像糯米。

（5）瓷地。看着像白瓷，质地比较粗糙。

（6）油地。和油青种相近，呈绿色，但发暗。

（7）干白地。这种翡翠是白色，而且"种"和水头都很差。

（8）白底青。这种翡翠主要是白色，上面有一些绿色部分。

（9）藕粉地。这种翡翠是粉紫色的。

质量和价值的评价方法

1 种

"种"是评价翡翠价值最重要的因素，它对价值的影响比颜色还大，在这个行业里流传着这样的话："外行看色，内行看种""种好遮三丑""一种二色三工艺"。

这是为什么呢？前面提到，"种"表示翡翠的质地优劣，"种"好的翡翠，质地致密、细腻，水头、颜色、硬度、韧性、耐腐蚀性等都好，所以价值自然就高。

图 17-13　不带绿色的玻璃种翡翠

"外行看色，内行看种"，是指普通消费者购买翡翠时，主要看颜色，比如是不是绿色的，而内行人购买时，主要看"种"，很多"种"好的翡翠，即使一点绿色也没有，价值也可能比一些满绿而"种"不好的翡翠高，如图 17-13 所示。

前面提到，翡翠的种包括玻璃种、冰种、糯米种、豆种等，其中，玻璃种是最好的，这样的翡翠一般是老坑种，所以人们就称之为老坑玻璃种。

但是，老坑玻璃种翡翠很少见，在一般的市场里很难看到。

冰种的质量和价值稍低，但也属于非常好的种，在大型的市场里经常会发现这个品种的翡翠。

糯米种的翡翠价值比冰种的低，比较常见。

豆种翡翠很常见，属于中低档产品。

2 水头

水头指透明度。翡翠的水头越好，即透明度越高，价值越高。因为水头好的翡翠，显微结构更致密、细腻，也就是"种"也好。

3 颜色

翡翠的颜色有多种，最常见的是绿色，还有无色透明、黄色、粉色、紫色、黑色等。

总体来说，人们更喜欢绿色的，在别的因素相近的情况下，绿色翡翠的价值更高。"家有万斤翡翠，贵在凝绿一方"，就是这个意思。

绿色翡翠也有多种类型，如图 17-14 所示，价值也互不相同。人们常用"正、阳、浓、和"四个字来评价颜色的等级："正"指颜色纯正，没有其他杂色；"阳"指颜色鲜艳、明亮；"浓"指颜色浓郁；"和"指颜色均匀、柔和。

上述四个指标没有明确的标准，在实际选购时不容易把握，行业人士经常采用更形象的方法对翡翠的绿色进行分类和评价，常见的有以下几种方法。

（1）帝王绿。帝王绿也称为宝石绿，完全符合上述四个指标，所以是最好的颜色，如图 17-15 所示。

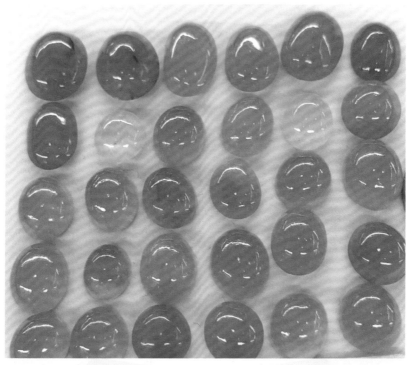

图 17-14　不同的绿色

图 17-15　帝王绿

（2）翠绿。翠绿也基本符合那四个标准，所以等级也很高，如图 17-16 所示。

（3）苹果绿、阳俏绿、黄杨绿。质量比前两种稍差，稍微带一些黄色调，但价值也很高，如图 17-17。

图 17-16　翠绿　　　　　　　　图 17-17　阳俏绿

（4）黄阳绿、葱心绿。绿色鲜艳，但黄色调更多，价值也低一些。

（5）鹦哥绿或鹦鹉绿。绿色中的黄色调更明显，和鹦鹉的羽毛很像。

（6）菠菜绿。和菠菜叶的颜色很像，颜色发暗，如图 17-18 所示。

（7）瓜皮绿。和瓜皮的颜色很像，青绿色。

（8）蛤蟆绿。和蛤蟆皮的颜色很像，绿色中带蓝色调。

（9）油青绿。绿色发暗，感觉不鲜艳、不明亮。

（10）豆绿。浅绿色，纯度、鲜艳度都比较差，如图 17-19 所示。

（11）墨绿。颜色发黑，等级比较差。

图 17-18　菠菜绿

　　粉色、紫色、黄色翡翠比较少见，所以在种、水头等因素相近时，价值比一般的绿色翡翠高。

　　另外，当种和水头相近时，含多种颜色的产品价值比含单一颜色的高，比如，"春带彩"的价值比一般绿色的高，"福禄寿"的价值比"春带彩"的高。

4　净度

　　翡翠的瑕疵越少、净度越高，价值就越高；或者说，裂纹、斑块、斑点越多，价值越低。

5　加工工艺

　　《三字经》中说"玉不琢，不成器"，所以，翡翠的加工工艺（见图 17-20）对它的价值有很大的影响。还有一句话叫"料工各半"，意思是对一件成品来说，原料和加工各占其价值的一半。

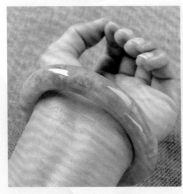

图 17-19　豆绿

图 17-20　加工工艺

高水平的加工，首先是加工质量高，比如线条流畅、表面光滑，加工缺陷少；其次，要求产品造型独特，构思巧妙，能根据原料自身的特征进行设计与加工，如果能体现出一定的寓意和内涵，具有一定的象征意义，那产品就会具有很高的附加值了。

另外，多数翡翠原石都有一些缺陷，比如裂纹、斑块等，高水平的加工者能够巧妙地加以利用，雕刻一些花纹、图案等来掩盖它们，这在行业里称为"俏色"。人们常说"无绺不做花"，意思就是，如果翡翠原石没有瑕疵，就不需要进行复杂的雕琢，反之，很多雕琢的图案实际上都是为了掩盖原石的瑕疵的。当然，有的加工者通过俏色，能够创作出令人拍案叫绝的作品，比如"风雪夜归人"。

6 块度或重量

在其他因素接近时，翡翠的块度越大，价值越高。购买翡翠手镯时可以看到，不同的手镯价格会相差很大，其中一个原因就是它们的块度不同，比如直径、宽度、厚度越大，价格越高。

产地

很多人都知道，翡翠的主要产地是缅甸，我国广东的四会、揭阳是翡翠制品的重要加工地。

作假手段

翡翠的作假手段实际上和前面提到的宝石相似，包括仿制品、人工合成和优化处理。

1 仿制品翡翠

仿制品翡翠即用碧玉、岫玉、玉髓等天然玉石或玻璃、塑料等仿冒翡翠。

2 人工合成翡翠

根据翡翠的化学组成和形成条件，采用一定的技术和设备制造合成翡翠。据报道，通用电气公司等企业已经合成出质量很高的小颗粒翡翠了。

3 优化处理翡翠

在目前的市场上，这类翡翠的比重最大，它们就是大家经常听说的B货翡翠、C货翡翠。

（1）A货翡翠。没有进行过处理，是天然翡翠。

（2）B货翡翠。进行过酸洗等处理，净度和水头比原来提高了。

（3）C货翡翠。进行过染色处理。还有的翡翠既进行过酸洗，又进行了染色，也属于C货。

鉴别方法

1 仿制品鉴别方法

（1）观察法。

① 颜色、水头、价格。很多碧玉、玉髓的颜色也是绿色的，而且是满绿，比如手镯，而且水头很好。但是由于它们的产量比较大，所以价格并不高，多数都是几百元。但是如果翡翠手镯也是满绿的，水头也这么好，那价格要比碧玉和玉髓高几个数量级，多数消费者虽然能买得起，但很多都舍不得买。即使少数人买了，但可以想象，谁会整天把几十万元的东西戴在手上招摇过市呢？

② 观察"翠性"。翡翠表面经常能看到很多闪闪发亮的小块，而仿制品没有翠性，如图 17-21 所示。

碧玉   玉髓

图 17-21 　几种容易和翡翠混淆的手镯

（2）物理性质测试。

天然翡翠的很多物理性质和仿制品也有差别，比如密度、硬度、折射率以及化学成分等，如表 17-1 所示。

表 17-1　翡翠和一些仿制品的物理性质对比

玉石名称	组成矿物	莫氏硬度	密度（克／立方厘米）	折射率
翡翠	硬玉	6.5 ~ 7.0	3.30 ~ 3.36	1.66
软玉	透闪石	6.0 ~ 6.5	2.90 ~ 3.10	1.62
青海翠玉	钙铝榴石	7.0 ~ 7.5	3.57 ~ 3.73	1.74
密玉	石英	6.5 ~ 7.0	2.60 ~ 2.65	1.54
东陵玉	石英	6.5 ~ 7.0	2.60 ~ 2.65	1.54
岫玉	蛇纹石	2.5 ~ 5.5	2.44 ~ 2.80	1.55
玻璃	二氧化硅	4.5 ~ 5.0	2.40 ~ 2.50	1.50 ~ 1.52
染色大理岩	方解石	3.0	2.70	1.49 ~ 1.66

所以，通过使用相关的工具和仪器进行测试，也可以进行鉴别。

2 人工合成翡翠鉴别方法

人工合成翡翠鉴别方法主要是观察法。

（1）天然翡翠的颜色很多都不理想，但看起来自然、柔和；人工合成翡翠的颜色很鲜艳、浓郁，但是显得比较生硬、不自然。

（2）天然翡翠的净度很多都不高，内部经常有裂纹、斑点、天然矿物包裹体等，而人工合成翡翠的净度普遍比较高，尤其是很难看到天然矿物包裹体。

3 B 货翡翠的鉴别方法

（1）观察法。

① 颜色。B 货翡翠看起来呈乳白色，这是因为它经过酸洗后，又灌

了胶，所以并不完全透明。

② 光泽。A 货翡翠呈玻璃光泽，比较强烈；B 货翡翠中被灌了胶，胶的光学性质和翡翠不一样，使得整块 B 货翡翠对光线的反射变弱，所以光泽比较弱，一般呈蜡状或油脂光泽。

③ B 货翡翠由于在酸溶液中浸泡了一段时间，所以表面会产生很多细小的裂纹和腐蚀坑，放大观察可以看到。

④ B 货翡翠由于灌了胶，所以如果放大观察，可以看到它们的流动痕、气泡等现象。

B 货翡翠如图 17-22 所示。

（2）听声音。

A 货翡翠的结构致密，敲击时声音响亮、悦耳，有较长的回音；而 B 货翡翠经过酸溶液浸泡后，结构变得疏松，敲击时声音发闷，回音很短。

图 17-22　B 货翡翠

（3）热针法。

用热针接触样品表面，如果是 B 货翡翠，表面可能会渗出液滴，那就是灌入的胶。

（4）物理性质测试。

B 货翡翠的很多物理性质也和 A 货翡翠不同，主要有以下几方面。

① 折射率。B 货翡翠内部灌了胶，胶的折射率和翡翠不同，因而使得整块产品的折射率比 A 货翡翠低。

② 密度。同样，由于 B 货翡翠内部灌了胶，胶的密度较低，所以 B 货翡翠的密度比 A 货翡翠低。

③ 发光性。A 货翡翠在紫外荧光灯下不发光；B 货翡翠中由于灌了胶，会发出荧光。

④ 红外光谱测试。这是目前鉴别 B 货翡翠最有效的方法之一，因为多数 B 货翡翠中都灌了胶，红外光谱中会出现这些胶的吸收峰。

4 C 货的鉴别

（1）观察法。

① C 货翡翠的颜色特别浓，看着很不自然。

② 用放大镜观察时，可以看到裂缝里的颜色比周围的深，这是因为染色时，染料容易在裂缝里集中，如图 17-23 所示。

（2）擦拭法。用棉球蘸一些酒精擦拭样品表面，有的染料会被擦掉。

（3）物理性质测试。

① 在查尔斯滤色镜下观察。A 货翡翠的颜色不会变化，而 C 货翡翠呈紫红色。

② 发光性测试。在紫外荧光灯下观察，A 货翡翠不发荧光，C 货翡翠会发出荧光。

图 17-23　C 货翡翠

③吸收光谱。C 货翡翠的吸收线的位置、数量、宽度等特征和 A 货翡翠有区别。如果使用的是有机染料，C 货翡翠的红外光谱的吸收峰和 A 货翡翠也有区别。

18

和田玉

我国的玉石品种很多，人们根据它们的质量、使用范围、受喜爱程度等指标，提出了"四大名玉"。其中，和田玉由于质量优良、历史悠久、底蕴深厚、内涵丰富而名列榜首，如图 18-1 所示。

图 18-1　和田玉

历史

　　和田玉产于新疆和田地区，这里位于"万山之祖"——昆仑山的北麓，所以和田玉在古代被称为昆仑玉，而且历来有"金生丽水，玉出昆仑"的说法。

　　我国对和田玉的使用历史很悠久，目前发现的最古老的和田玉制品距今有 7000 ～ 8000 年！

　　很多资料都对和田玉进行了记载：西汉史学家司马迁在《史记》中记载："汉使穷河源，河源出于阗，其山多玉石"，于阗就是现在的和田。

　　《旧唐书·西域传》记载：于阗国"出美玉……贞观六年，遣使献玉带，太宗优诏答之"。高僧玄奘取经返回长安时，路过和田，在《大唐西域记》中记载了当地盛产美玉。在唐朝诗人王之涣的《凉州词》中有一句"春风不度玉门关"，玉门关的名称就来自和田玉，因为这里是和田玉进入中原地区的交通要道。

　　《明史·西域传》记载：于阗"其国东有白玉河，西有绿玉河，又西有黑玉河，源皆出昆仑山。土人夜视月光盛处，入水采之，必得美玉"。在明代的科技著作《天工开物》中，对和田玉进行了详细叙述。

　　据记载，清朝乾隆皇帝十分喜爱和田玉，曾经从新疆采集了一块巨型的和田玉原石，不远万里，耗费大量人力、物力、财力，历时 3 年，运送到北京，然后又运送到扬州，又经历 6 年时间，雕刻成当时世界上最大的玉雕作品之一——大禹治水图玉山，高 2.24 米，宽 0.96 米，重量达 5 吨！

玉文化

据资料记载，从春秋战国时期开始，和田玉开始进入中原地区，渗透到各个阶层，被人们广泛使用，和其他玉石品种一起，在社会中形成了独特的玉文化，影响广泛而深远。

由于使用历史悠久、玉质优良（见图18-2），和田玉是玉文化的重要组成部分。

（1）从春秋时期开始，人们便用和田玉来比喻君子，将和田玉的性质和人的品德联系起来，孔子等人提出了"玉德"理论，"君子比德于玉""君子无故，玉不离身"等思想一直流传至今。

图18-2　和田玉

（2）和田玉具有一定的医疗、保健、养生作用。《黄帝内经》《唐本草》《神农本草》《本草纲目》都记载，和田玉"滋阴气、壮肾阳、除中热、润心肺、滋毛发、养五脏、安魂魄、疏血脉、明耳目"。很多皇帝、嫔妃，包括汉武帝、杨贵妃等人都使用玉器进行养生。而且很久以来就有"人养玉、玉养人""玉通灵性"的说法。

特征

1 化学成分

和田玉的主要成分是含有结晶水的钙镁硅酸盐，化学式为 $Ca_2Mg_5(OH)_2(Si_4O_{11})_2$，还常含有铁（Fe）等微量元素。

和田玉的矿物成分主要是透闪石。

2 显微结构

和翡翠不同，和田玉的晶粒特别细小，用显微镜放大观察，可以看到，这些晶粒好像一根根特别细的纤维，编织成了一块羊毛毡一样，如图 18-3 所示。所以，和田玉的质地更致密、细腻、均匀。

图 18-3　羊毛毡状结构

3 颜色

和田玉的颜色有很多种，包括白色、青色、黄色、绿色、黑色、红色等，如图 18-4 所示。

4 透明度

和田玉的透明度比较低，大多数为微透明或不透明。

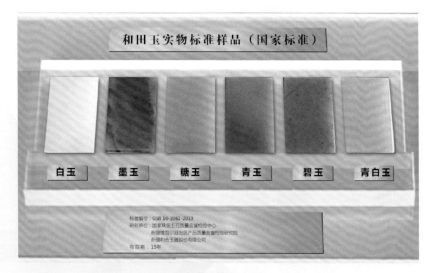

图 18-4　颜色

5 光泽

光泽是和田玉最大的特点，也是它久负盛名的一个主要原因：和田玉的光泽被称为油脂光泽，表面好像覆盖着一层油，如果左右转动和田玉，那层油好像也跟着转动、流淌！

所以，观看和田玉时，会不由自主地产生一种柔和、温润、滑腻的感觉，如图 18-5 所示。多年来，人们形容和田玉"温润而泽"，也比喻君子待人温和、宽厚、宽容。

和田玉独特的光泽和它的化学成分、质地、透明度都有关，其他的玉石很少有这种光泽，大多数呈蜡状光泽，感觉发干。

6 硬度和韧性

和田玉的莫氏硬度为 6.0 ～ 6.5，比翡翠软，所以也被称为软玉。和田玉的韧性很好，受到外力撞击时不容易破碎。有人做过试验：一个翡翠小球从一米高的地方落到水泥地面后，小球碎成了好几块，而用和田玉做的小球从同样高度落到地面后，不但没有破碎，反而会反弹起来。

由于韧性好，所以和田玉可以进行精细的加工，被雕琢成形状复杂、尺寸精细的工艺品。

和田玉具有这种优异的韧性，主要是因为它具有致密的毛毡状的显微结构。

图 18-5　油脂光泽

和田玉的种类

按照不同的分类方法，和田玉可以分为不同的种类，主要有两种分类方法。

1 按产出环境

（1）山料。

山料指从山上开采的和田玉。这种料的特点是棱角分明。

（2）籽料。

籽料是从河流里开采的。这种料由于长期被河水冲刷，所以多数呈卵石形。

籽料的质地比山料好，更加致密、细腻，所以才能在河水、泥沙的冲刷、侵蚀下保存下来。

另外，由于长期受到水流、泥沙的浸染，籽料外面经常包裹着一层外皮，有的是黄色、有的是褐色、有的是红色、有的是黑色等，如图18-6所示。

（3）山流水。

这种料是从山脚下或河岸上开采的，它的质地介于山料和籽料之间。

图 18-6　籽料

（4）戈壁玉。

戈壁玉开采于戈壁滩，质地也比较好，仅次于籽料。

2 按颜色分类

（1）白玉。

白玉呈白色，如图 18-7 所示，具体包括多种类型，人们形象地称为羊脂白、梨花白、雪花白、象牙白、鱼肚白、鸡骨白等。其中，呈羊脂白的白玉被称为羊脂玉，颜色就像羔羊的脂肪一样，洁白纯净、细腻温润，是和田玉中的名贵品种，如图 18-8 所示。古籍中记载："于阗玉有五色，白玉其色如酥者最贵。"

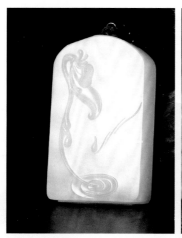
图 18-7　白玉

图 18-8　羊脂玉

（2）青玉。

青玉呈青色，如图 18-9 所示。青玉很常见，具体包括淡青色、灰青色、翠青色、深青色、黑青色等。

（3）青白玉。

青白玉的颜色介于青玉和白玉之间，如图 18-10 所示。

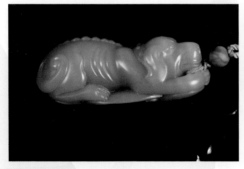

图 18-9　青玉　　　　　　　　　图 18-10　青白玉

（4）碧玉。

碧玉呈绿色，如图 18-11 所示，包括鲜绿色、深绿色、暗绿色、灰绿色、墨绿色等。

（5）黄玉。

黄玉呈黄色，如图 18-12 所示，具体包括淡黄色、金黄色、深黄色、褐黄色、黑黄色等。

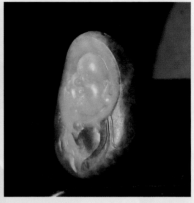

图 18-11　碧玉　　　　　　　　　图 18-12　黄玉

（6）墨玉。

墨玉呈黑色，如图 18-13 所示，包括灰黑色、浅黑色、纯黑色等。多数墨玉并不是整块都是黑色，而是一部分是黑色，其他部分是青色、白色等。

（7）糖玉。

典型的糖玉呈红色，包括浅红色、鲜红色、深红色、黑红色、糖红色、紫红色、褐红色等，很少见；常见的糖玉和黄玉比较接近，如图 18-14 所示。

图 18-13　墨玉

图 18-14　糖玉

（8）花玉。

花玉是指同时具有两种或多种颜色，常见的是青花玉，就是同时有白色和黑色，如图 18-15 所示。

图 18-15　青花玉

质量和价值的评价方法

1 颜色

总体来说，在各种颜色的和田玉中，白玉的价值最高。在白玉中，羊脂玉的价值最高，因为它的颜色纯正，没有杂色。

其他品种的和田玉由于产量较低，所以如果颜色纯正，价值也会很高，有的价值和羊脂玉相当，甚至更高。人们形容最好的和田玉的颜色是"白如截脂，黄如蒸栗，黑如纯漆，赤如鸡冠"。

2 质地

和田玉的质地越致密、细腻，它的价值越高。因为它对其他因素也有重要影响：质地好的和田玉，颜色会显得纯正、鲜艳、明亮；和田玉特有的"温润而泽"的光泽也是由其细腻的质地产生的；此外，质地越细腻，越有利于进行精细的加工，产品造型才会更独特，工艺质量更高。

3 光泽

和田玉的光泽很特别，引人入胜，这是它几千年来备受推崇的一个重要原因。所以，光泽是评价和田玉价值的一个重要因素：温润感越强，价值越高；反之，如果显得干涩，价值就比较低。

光泽好的和田玉，如图18-16所示，看起来表面好像有一层洁白的油脂，柔软、滑腻，好像随时会流淌、滴落，如果伸手去触摸，可能会担心它沾到手指上！而其他品种的玉石，即使是白色的，也绝不会让人产生这种感觉。

4 净度

和其他宝玉石品种一样，和田玉的净度（见图 18-17）也会影响其价值，裂纹、色斑、杂质越少，价值越高。

图 18-16　新疆和田玉的光泽　　　图 18-17　净度

5 加工质量

和田玉的加工质量（见图 18-18）对它的价值也有重要影响。首先要考虑产品的造型，比如是否有内涵、有没有象征意义等。其次，看产品的加工工艺水平，比如各部分的比例是否协调，表面是否光滑，线条是否流畅，有没有加工缺陷等。

6 尺寸、重量

当其他因素相当时，尺寸越大、重量越重，价值自然越高。

图 18-18　加工工艺

产地

　　和田玉本来指的是新疆和田地区产出的玉石，但我国的国家标准GB/T 16552—2010《珠宝玉石名称》中规定：以透闪石为主的玉石都叫和田玉，所以，按照这个标准，其他地区出产的以透闪石为主的玉石也叫和田玉。所以，和田玉的产地有很多。

1 新疆

　　（1）和田。新疆和田玉的质量举世公认是最好的，在市场上最受追捧，价格也最高。和田玉籽料产于和田地区的两条河流：玉龙喀什河和喀拉喀什河。但经过多年的开采，目前已很难采到。

　　（2）且末。现在很多卖家出售且末县出产的和田玉，这里距离和田比较近，出产的和田玉多数是山料。

　　（3）玛纳斯县。新疆玛纳斯县出产碧玉，即"玛纳斯碧玉"或"天山碧玉"。

　　总体来说，碧玉的质地、光泽等和白玉差别较大。碧玉的产量很高，而且块度大，在市场上经常能看到用碧玉雕琢的大型作品。

2 青海

　　青海的和田玉经常被称为青海料，主要是山料，白玉的颜色稍微发暗，油脂光泽不如新疆和田玉，质地也比较粗，但因为透明度比新疆和田玉高，所以看起来也很漂亮。

3 俄罗斯

俄罗斯出产的和田玉称为俄料，多数为山料或山流水，籽料很少。俄料的质量比青海料好一些，但仍不如新疆和田玉，如温润效果、质地、颜色等。

目前，市场上的和田玉尤其是白玉，绝大多数是俄料或青海料。

4 其他产地

其他产地包括中国的辽宁、四川、台湾，以及韩国、加拿大等国，但这些产地出产的和田玉质量普遍较差。

作假手段与鉴别方法

1 作假方法

和田玉的作假方法主要是假冒，包括两类：第一类是用其他品种的玉石仿冒和田玉，比如用阿富汗玉；第二类是用其他产地的和田玉冒充新疆和田玉，比如用青海料、韩料或俄料等。

2 鉴别方法

（1）观察法。

观察样品的颜色、光泽、质地、透明度等。新疆和田玉典型的特征是具有油脂光泽，有温润感、质地细腻；而其他品种的玉石、其他产地的和田玉不具有这种光泽或者光泽比较弱，质地较粗。

另外，和田玉的透明度并不好，而有的仿制品如阿富汗玉透明度却比较高，看起来很漂亮，所以很有迷惑性，如图 18-19 所示。

（2）物理性质测试。

仿制品的化学组成、矿物组成和和田玉经常不一致，所以它们的显微结构、物理性质也存在差别，通过测试可以鉴别出来。如表 18-1 所示是和田玉和一些仿制品的物理性质对比。

阿富汗玉

青海料 - 白玉

图 18-19　容易与新疆和田玉混淆的品种

表 18-1　和田玉和仿制品的物理性质对比

种　类	组成矿物	密度 （克／立方厘米）	折射率	莫氏硬度	结构特征
和田玉	透闪石	2.90 ~ 3.10	1.62	6.0 ~ 6.5	晶粒细小，质地致密、细腻，呈毛毡状的纤维交织结构
京白玉	石英	2.65	1.54	6.5 ~ 7.0	粒状结构
岫玉	蛇纹石	2.44 ~ 2.80	1.55	2.5 ~ 5.5	絮状纤维结构
玉髓	石英	2.65	1.54	6.6 ~ 7.0	隐晶质
玻璃	—	2.50	1.51	4.5 ~ 5.5	非晶质

19

岫
玉

岫玉也称岫岩玉，是我国的四大名玉之一。据考证，目前发现的人类最早使用的玉器就是岫玉，距今已有 12000 年了。在著名的红山文化遗址中，人们发现，包括玉猪龙在内的很多玉器都是用岫玉制作的，距今已有 5000 多年。中学历史课本中讲的中山靖王刘胜墓出土的"金缕玉衣"，其中很多玉片也是岫玉。此外，殷墟妇好墓、明十三陵、良渚文化遗址等地也发现了很多岫玉制品。

目前，岫玉制品畅销国内外，种类丰富，工艺精湛，如图 19-1 所示。

图 19-1　岫玉

特征

1 颜色

　　岫玉的颜色种类比较多，常见的有绿色、白色、黄色等，具体包括多种类型，比如绿色有深绿色、翠绿色、浅绿色、灰绿色等，黄色有淡黄色、褐黄色、棕黄色，白色有纯白色、灰白色、黄白色等，如图 19-2 所示。

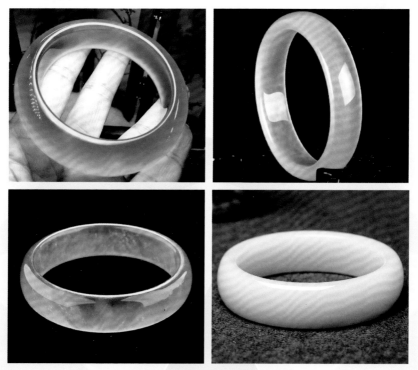

图 19-2　颜色

2 光泽

岫玉多数呈蜡状光泽，有的呈玻璃光泽，少数具有油脂光泽。与和田玉相比，岫玉的光泽显得比较干涩，那种温润感稍微弱一些。

3 透明度

岫玉多数为微透明或半透明，如图 19-3 所示。

图 19-3 透明度

4 矿物组成和化学成分

按照矿物组成，岫玉可以分为三种类型，它们的化学成分也互不相同。

（1）由蛇纹石构成，也称为蛇纹石玉，主要化学成分及占比为：SiO_2 占 43.8%，MgO 占 42.1%，H_2O 占 11.7%。

（2）由透闪石构成，也称为透闪石玉，主要化学成分及占比为：SiO_2 占 61.28%，MgO 占 24.25%，CaO 占 11.56%。

（3）由蛇纹石和透闪石两种矿物混合组成。

5 显微结构和质地

岫玉由细小的矿物颗粒互相交叉组成，有的质地很致密、细腻，有的比较松散、粗糙。总体上，岫玉的质地不如和田玉致密、细腻，如图 19-4 所示。

图 19-4　质地

6 硬度和韧性

蛇纹石质岫玉的密度是 2.54 ～ 2.84 克 / 立方厘米，莫氏硬度为 4.5 ～ 5.5，韧性比较好，所以适合进行精细雕琢。在市场上经常可以看到雕琢特别精细、复杂的岫玉制品，有的可谓巧夺天工。

品种

按照矿物组成，岫玉常见的种类有以下四种。

1 蛇纹石质

在行业内部，人们一般把蛇纹石质的岫玉称为岫玉，颜色有绿色、黄色、白色、杂色等。

2 透闪石质

人们把透闪石质的岫玉称为老玉，老玉的质地一般比蛇纹石质地好，质地细腻、温润。按照颜色，老玉可以分为黄白玉、青玉、碧玉和墨玉四种。其中，黄白色的价值最高，被称为黄白老玉。

3 河磨玉

河磨玉是老玉中的籽料，产于河流中，质地致密、细腻，是岫玉中最好的品种。

4 蛇纹石和透闪石的混合物

蛇纹石和透闪石的混合物人们一般称为甲翠。

质量和价值的评价方法

1 质地

对岫玉来说，质地越致密、细腻，价值越高。总体来说，透闪石质岫玉（即老玉）的质地比蛇纹石质岫玉的质地好，其中，河磨玉由于经历了河水和泥沙长期的冲刷、侵蚀，质地最好，价值最高，如图 19-5 所示。

2 透明度

一般来说，岫玉的透明度越高，价值越高。因为透明度和质地有关系：透明度越高，质地也越细腻、致密，如图 19-6 所示。

图 19-5　质地　　　　　　图 19-6　透明度

3 颜色

岫玉的颜色种类很多，对每种颜色，人们根据其纯度、浓度、鲜艳度、均匀度等评价它们的质量和价值。

（1）纯度。颜色越纯正，没有杂色，颜色等级越高，价值越高。

（2）浓度。浓度应该适中，太浓或太淡都会使价值降低。

（3）鲜艳度。鲜艳度指颜色的明亮程度——越鲜艳、明亮，颜色等级越高，价值越高。

（4）均匀度。均匀度指在一块玉石上，颜色分布越均匀越好。但这不是绝对的，有的玉石上有多种颜色，它们如果能形成漂亮的花纹或图案，价值也会很高。

4 净度

岫玉的净度越高，杂质和瑕疵越少，如裂纹、斑点、色斑等，价值越高，如图 19-7 所示。

5 加工工艺

加工工艺包括产品的造型和加工质量。造型又包括内涵、复杂程度等。产品如果有内涵或有一定的象征意义。

另外，产品的结构越复杂，加工难度越高，价值自然就越高。比如镂空结构甚至有的有活体部分。

加工质量包括各部分的比例是否协调，加工面、线条等是否有缺陷等，如图 19-8 所示。

图 19-7　净度　　　　　　　　图 19-8　加工工艺

6 块度

在其他因素相当的情况下，块度越大，产品的价值越高。

产地

　　岫玉产于辽宁省岫岩县。它有两个显著特点。一是产量高——在我国所有的玉石品种中，岫玉的产量是最大的，据粗略统计，它的年产量占所有玉石总产量的 50% ~ 70%。在各地的珠宝市场里都能看到岫玉制品，包括手镯、吊坠、工艺品等。第二个特点是大块的原料多。在珠宝市场里，经常能看到用岫玉雕琢的大型作品。其中最有名的是陈列于鞍山玉佛苑中的巨型玉佛，它的原石尺寸为 2.77 米 × 5.6 米 × 6.4 米，重 260 吨。

　　另外，需要说明的是，我国其他一些地区也出产蛇纹石玉，最有名的一个地方是甘肃祁连山，这里出产的蛇纹石玉被称为祁连玉，也称为酒泉玉，唐诗中提到的"夜光杯"就是用它制作的。

作假手段与鉴别方法

1 作假手段

由于岫玉的价格并不高，所以人们一般不会用别的天然玉石假冒它，常见的仿制品是玻璃。

有人会对天然岫玉进行注胶，目的是填充裂纹，提高产品的净度。

2 鉴别方法

（1）仿制品的鉴别。

① 观察法。

特征1：观察颜色、光泽。天然岫玉的颜色比较自然，多数呈蜡状光泽；仿制品的颜色一般很鲜艳，但是不自然，呈玻璃光泽，很耀眼，如图19-9所示。

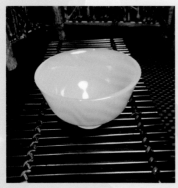

图 19-9　人造岫玉

特征 2：观察净度。天然岫玉的表面和内部经常有裂纹、色斑、天然矿物包裹体等，而仿制品的净度一般比较高，裂纹、色斑、天然矿物包裹体等比较少。

② 物理性质测试。

物理性质测试包括测试密度、硬度、折射率、化学成分、吸收光谱等。仿制品的这些性质与岫玉经常有差别。

（2）注胶处理的鉴别。

① 观察法。

特征 1：注胶处理的岫玉，表面不同位置的光泽和颜色不一致。

特征 2：注胶处理的岫玉，内部经常可以看到胶的流动痕和气泡等。

② 热针法。用热针接触岫玉的表面，如果有小液滴渗出，说明可能进行了注胶处理。

③ 物理性质测试。这包括测试吸收光谱、发光性、红外光谱等，也能鉴别出注胶的特征。

独山玉

独山玉也叫独玉，是我国的四大名玉之一（见图 20-1）。据考证，在新石器时代晚期，人们就开始使用独山玉了。在著名的殷墟妇好墓中，考古人员发现了用独山玉制作的玉器。也有人提出，我国历史上著名的和氏璧实际上就是一块独山玉。

图 20-1　独山玉

特征

1 颜色、光泽、透明度

独山玉的颜色有很多种，包括绿色、蓝色、黄色、紫色、白色、黑色、红色等。

独山玉的光泽比较强，多数呈玻璃光泽，少数具有油脂光泽。

独山玉的透明度不高，多数不透明，少数微透明，如图 20-2 所示。

2 硬度、密度

独山玉的莫氏硬度为 6.0 ～ 6.5，密度为 2.73 ～ 3.18 克 / 立方厘米。

3 化学成分

独山玉的主要成分及占比为：SiO_2 占 41% ～ 45%、Al_2O_3 占 30% ～ 34%、CaO 占 18% ～ 20%。此外，还经常含有铬、铁、铜、锰等微量元素。

图 20-2 颜色、光泽、透明度

4 结构和质地

独山玉的结构和质地比较粗，用肉眼可以看到它的表面有很多小颗粒，所以它的结构不是特别致密，质地较粗糙。

品种

按照颜色分类，独山玉分为不同的种类，常见的有如下几种。

1 绿独玉

如图 20-3 所示，绿独玉的颜色包括绿色、蓝绿色、黄绿色、灰绿色等。

2 白独玉

如图 20-4 所示，白独玉呈白色，包括乳白色、透水白色、油白色、干白色、灰白色等。

3 蓝独玉

如图 20-5 所示。蓝独玉呈多种蓝色，如天蓝色、白蓝色、灰蓝色等。

图 20-3　绿独玉

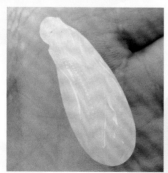

图 20-4　白独玉

图 20-5　蓝独玉

4 红独玉

红独玉一般是粉红色，也常叫芙蓉色，如图 20-6 所示。

5 青独山玉

青独山玉包括青色、青绿色、蓝青色、灰青色、黑青色等，如图 20-7 所示。

图 20-6　红独玉

图 20-7　青独玉

6 黑独玉

黑独玉呈黑色，如图 20-8 所示。

7 杂色独山玉

杂色独山玉是指同一块玉石上包括多种颜色。实际上，多数独山玉是杂色的，有的有两种颜色，有的有三种或更多。

图 20-8　黑独玉

质量和价值的评价方法

1 颜色

独山玉的色调越纯正、鲜艳、浓郁，价值越高；反之，如果色调不正、发暗、浓度过深或过浅，价值就会打折扣，如图 20-9 所示。

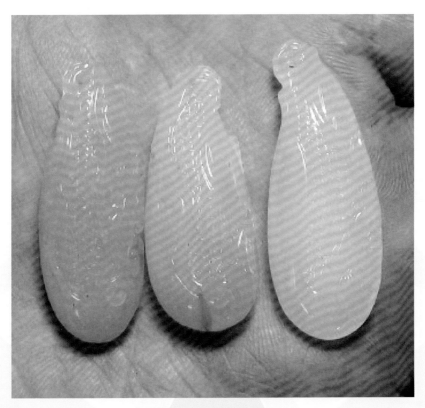

图 20-9　颜色级别

其中，翠绿和蓝绿色的独山玉价值最高；粉红、透水白的价值也较高；普通的绿色、纯白色、乳白色次之；色调不纯的颜色如灰绿色、暗绿色、干白色等价值比较低。

此外，有的杂色独山玉具有漂亮的花纹或图案，价值也比较高。

2 质地

独山玉的质地越致密、细腻，颜色就越纯正、鲜艳，透明度、光泽也越好，价值越高，如图20-10所示。

3 透明度

独山玉的透明度越高，价值越高。所以，当其他因素相当时，半透明的独山玉价值最高，微透明的次之，不透明的价值最低。

透明度和质地、颜色、光泽间存在一定的关系：透明度高的独山玉，质地会更好，颜色、光泽的质量也都更高，如图20-11所示。

图20-10 质地

图20-11 透明度

4 净度

独山玉的净度对价值也有影响：净度越高，价值越高。所以，裂纹、杂质、斑点、斑块等越少，价值越高，如图 20-12 所示。

5 加工工艺

加工工艺包括产品的内涵、文化价值以及加工工艺水平。首先，如果产品有内涵和文化价值，就会具有很高的附加值。另外，很多独山玉的原料是杂色的，独一无二、可遇不可求，所以，可以通过俏色进行巧妙的设计及加工，从而提高产品的价值。最后，加工质量对独山玉的价值也有较大的影响，包括加工面、线条的比例、加工缺陷等，如图 20-13 所示。

图 20-12　净度　　　　　　　　图 20-13　加工工艺

6 块度

在其他因素相当时，独山玉的块度越大，价值越高。

产地

独山玉主要产于河南省南阳市的独山。

作假手段

1 仿制品

独山玉是一种中档玉石，价格不太高，人们一般不会用别的玉石假冒它，常见的仿制品是玻璃。

2 填充处理

填充处理也称为注胶，通常用树脂填充独山玉的裂纹，以提高产品的净度。

鉴别方法

1 仿制品的鉴别

（1）观察法。

① 颜色。独山玉通常是杂色的，就是一块料上同时有两种或多种颜色，如图 20-14 所示，这是它一个很重要的特征，其他的玉石和仿制品很少见到这种情况。另外，天然独山玉的颜色比较自然，透明度不高，多数呈微透明或不透明；玻璃仿制品的颜色一般很鲜艳，但是不自然，透明度一般比较好。

图 20-14　杂色

② 净度。天然独山玉的净度多数不理想，经常有裂纹、天然矿物包裹体；而玻璃仿制品的净度一般比较高，裂纹少，内部也没有天然矿物包裹体，经常能见到一些气泡，如图 20-15 所示。

（2）物理性质测试。

图 20-15　独山玉仿制品

仿制品的物理性质和天然独山玉经常有差别，包括硬度、密度、折射率、吸收光谱、化学组成等。

2　注胶处理品的鉴别

（1）观察法。

① 注胶部位和其他部位的颜色及光泽不一致。

② 注胶部位经常能看到胶的流动痕和气泡等特征。

（2）热针法。用热针接触独山玉的表面，如果进行了注胶处理，会有小液滴渗出。

（3）物理性质测试。如吸收光谱、发光性、红外光谱等，能鉴别出注胶的特征。

21

绿松石

绿松石与和田玉、岫玉、独山玉并称为我国的"四大名玉"。人们形容它"形似松球，色近松绿"，所以被称为绿松石，如图 21-1 所示。

人类对绿松石的使用历史很悠久，考古发现，公元前 5500 年，古埃及人就已经佩戴绿松石首饰了。古波斯人、古印第安人经常把绿松石作为护身符。

我国内蒙古、西藏等地区的人认为绿松石是神灵的化身，对它十分崇敬，经常用它制作戒指、项链、手链、耳饰等饰品，或者和金、银及其他宝石一起，镶嵌在宗教器物、服装、佩刀及很多日用品上。藏医还把它作为一种药物治疗疾病。

绿松石是十二月的生辰石，代表着成功和胜利。

图 21-1　绿松石

特征

1 颜色

绿松石虽然名字里带着"绿"字，但实际上很多是蓝色的，另外也有别的颜色，包括绿色、白色、黄色等。蓝色包括天蓝色、淡蓝色、绿蓝色、深蓝色、灰蓝色等，绿色包括浅绿色、绿色、青绿色、黄绿色、灰绿色等。

绿松石的表面具有蜡状光泽或玻璃光泽，光泽不强烈，显得比较柔和。

绿松石的透明度比较低，一般不透明。

2 结构与质地

不同的绿松石结构差别比较大，有的比较致密，而有的比较疏松，内部有较多的孔隙，如图 21-2 所示。

结构致密的绿松石，质地比较坚硬，抛光后光泽比较强。而结构疏松的绿松石，一方面硬度低、脆性高，因而容易发生损坏；另一方面，它含

图 21-2 颜色、质地

有的孔隙具有较强的吸水性，因而容易被油渍等外来物质污染，使得颜色、光泽等发生变化，颜色会变得暗淡，光泽会减弱，也会显得比较脏、旧。所以，平时在佩戴和保存时，需要注意这一点。

3 硬度、韧性

绿松石的硬度和韧性与它的结构、质地关系比较大：结构致密的硬度较高，韧性也较好；结构疏松的硬度较低，而且韧性也差，比较脆。

总体来说，绿松石的莫氏硬度为 3～6，和其他宝玉石品种相比，硬度比较低，韧性也较差。所以平时需要注意，尽量避免和硬度高的物体接触、碰撞。

4 化学成分

绿松石的分子式是 $CuAl_6(PO_4)_4(OH)_8 \cdot 4H_2O$。此外，还经常含有铁等微量元素。

5 耐热性

绿松石的耐热性很差，受到高温时，内部含有的水分会分解、蒸发，导致光泽、透明度下降，颜色也会发生变化，严重的还会产生裂纹，发生破坏。即使被阳光照射，绿松石也会发生褪色和开裂，所以，平时需要避免受热。

6 耐腐蚀性

绿松石的化学性质不稳定，容易发生腐蚀，从而产生变色、光泽消失、破裂等情况。所以，平时应该尽量避免接触油烟、化妆品、洗涤用品、汗水等物质。

品种

1 绿松

绿松就是普通的绿松石，如图21-3所示。

2 瓷松

瓷松的结构致密、细腻，质地坚韧，光泽较强，抛光后看起来和瓷器很像，所以称为瓷松，这是最好的品种，如图21-4所示。

图21-3 绿松

3 泡松

泡松也叫面松，结构比较疏松、粗糙，硬度低，韧性差。

4 铁线绿松石

铁线绿松石是指表面有网状的黑色丝线的绿松石，如图21-5所示。

图21-4 瓷松

图21-5 铁线绿松石

质量和价值的评价方法

1 颜色

图 21-6　天蓝色绿松石

颜色鲜艳、明亮，光泽强，透明度高的绿松石，价值更高，最好的颜色是天蓝色，如图 21-6 所示。蓝绿色、绿色的绿松石价值较低。其他颜色如浅蓝色、蓝白色，而且光泽暗淡、不透明的绿松石价值更低。

2 质地

结构致密、细腻，硬度高，韧性好的绿松石，价值较高，如图 21-7 所示；结构越疏松、粗糙的绿松石，价值越低。

3 净度

净度越高，裂纹、斑点、杂质越少，价值较高；反之，缺陷、瑕疵越多，价值越低。

图 21-7　质地致密、细腻，有光泽

4 加工工艺

产品的造型新颖、有创意，价值比一般产品高。造型复杂，对加工者技术要求高的产品，价值也更好。此外，产品各部分的比例协调、匀称，加工水平高，表面光滑，线条流畅，都会提高作品的价值，如图21-8所示。

图 21-8 加工工艺

5 块度

在其他因素相当的情况下，产品的块度越大，价值越高。

产地

　　绿松石的产地包括伊朗、埃及、美国、阿富汗及我国湖北省的郧县等。其中，伊朗产的绿松石被称为波斯绿松石，在国际市场上最有名。我国湖北省出产的绿松石质量也比较好。

作假手段

1 仿制品

仿制品包括一些天然矿物，如硅孔雀石，以及一些人造产品，如玻璃、塑料仿制品等。

2 人工合成

人工合成常见的是再造绿松石，即用天然绿松石粉末为原料，在高温、高压下进行压制。

3 优化处理

优化处理包括注胶、染色等方法，改善产品的颜色和质地。

鉴别方法

1 仿制品

（1）观察法。

① 看颜色：硅孔雀石和玻璃的颜色都很鲜艳、很浓，而天然绿松石的颜色比较浅。

② 看透明度：硅孔雀石和玻璃的透明度比较高，光泽很强，而天然绿松石的透明度比较差。

③ 看质地：硅孔雀石和玻璃的质地比较致密，天然绿松石的质地比较疏松，如图 21-9 所示。

图 21-9　硅孔雀石

④ 净度：天然绿松石的净度一般不高，经常能看到斑点、铁线、裂纹、气孔等缺陷；而玻璃的净度比较好，很少有斑点、铁线、裂纹、气孔等。

（2）物理性质测试。

物理性质测试包括密度、硬度、折射率、吸收光谱、化学组成等，绿松石和仿制品的物理性质之间经常存在较明显的差异。

如表 21-1 所示是绿松石和一些仿制品的物理性质对比。

表 21-1　绿松石和一些仿制品的物理性质对比

品　种	密度 （克／立方厘米）	折射率	吸收光谱	其他鉴别特征
绿松石	2.40 ～ 2.90	1.62	蓝、蓝绿区 有三条吸收带	典型的铁线
磷铝石	2.40 ～ 2.60	1.58	红区有两条吸收带	—
天蓝石	3.10	1.62	—	—
染色玉髓	2.60	1.53	—	滤色镜下可显 红色
蓝铁染 骨化石	3.00 ～ 3.25	1.60	—	有骨头的特征 结构
染色羟 硅硼钙石	2.50 ～ 2.60	1.59	绿区有宽吸收带	—
玻璃	2.40 ～ 3.30	—	—	内部有气泡、 生长纹
陶瓷	2.30 ～ 2.40	—	玻璃光泽	均匀的粒状结构

2 人工合成绿松石

　　辨别人工合成绿松石最简单的方法是放大观察，人工合成绿松石的表面可以看到很多蓝色的颗粒，而天然绿松石的表面很均匀，看不到蓝色的颗粒，如图 21-10 所示。

3 优化处理品

　　（1）染色。

　　① 染色绿松石的颜色过于鲜艳，而且在各个位置的深浅比较均匀，显得不自然。

　　② 放大观察可以发现，裂隙中的颜色很深，而周围部分颜色比较浅。

　　③ 染色绿松石的颜色集中在表面，即表面的颜色很深，而内部颜色很浅。

（2）注胶。

① 观察法。

特征 1：注胶部位和其他部位的颜色和光泽不一致。

特征 2：注胶部位经常能看到胶的流动痕和气泡等特征。

② 热针法。用热针接触样品的表面，如果进行了注胶处理，会有小液滴渗出。

③物理性质测试。包括折射率、密度、硬度、发光性、吸收光谱、红外光谱等，注胶处理的绿松石折射率、密度、硬度都比优质的天然绿松石低。

另外，还有几种更简单但更重要的鉴别方法需要说明。

（1）优质的天然绿松石很少见，数量少、块度小，而且价格很高。这种原料一般用来制作戒指，而不会制作项链、手链，以及体积较大的饰品和工艺品。所以，如果在市场上看到数量较多、尺寸较大、质量看起来很好但价格并不贵的绿松石产品，说明基本上不是天然产品。

（2）多数天然绿松石的质地比较疏松，难以加工，所以，如果看到一些形状规则的产品，如圆珠、桶珠等，表面致密，光泽强烈，而且价格很低，基本上也不是天然产品，可能是用绿松石粉压制而成的，如图 21-11 所示。

图 21-10　合成绿松石　　　图 21-11　压制绿松石

玛瑙

在我国，玛瑙可以说是一种家喻户晓的宝石，它和翡翠、珍珠、黄金一起，代表着贵重、珍稀。平时，只要提到珠宝，很多人就会联想到玛瑙，如图 22-1 所示。

图 22-1　玛瑙

玛瑙的颜色鲜艳，纹理丰富，质地坚韧，所以人们对玛瑙的使用历史悠久。在古代，玛瑙被称为赤玉、马脑，贵族们经常用它们制作饰品。在三国时期，外国使臣曾向魏国皇帝曹丕进贡了一个玛瑙杯，他很喜欢，还专门写了一篇文章叫《马脑勒赋》，其中记载："马脑，玉属也，出西域，文理交错，有似马脑，故其方人固以名之。或以系颈，或以饰勒。余有斯勒，美而赋之。"

古埃及人、古罗马人把玛瑙作为护身符和饰品，《圣经》里多处记载了玛瑙，它也被佛教列为"七宝"之一。

特征

1 颜色丰富，纹理多样

　　玛瑙的颜色种类很多，有红色、黄色、绿色、蓝色、白色、黑色、灰色、棕色等，而且同一块料上经常具有两种或多种颜色，从而形成各式各样的纹理，色彩斑斓，所以一向有"千种玛瑙万种玉"的说法。

　　所以,每块玛瑙都是独一无二的,不会和别的"撞衫",如图22-2所示。

图 22-2　颜色和纹理

　　玛瑙的折射率为1.53～1.55,对光线的反射比较强,所以光泽很强。

　　玛瑙的透明度有多种：有的不透明，有的微透明，有的半透明，有少数完全透明。

2 结构和质地

　　玛瑙是由特别细小的二氧化硅晶粒构成的，属于多晶体。由于它的晶粒比一般的多晶体还要小，所以专业人士把这种结构叫作隐晶。

所以，玛瑙的结构很致密、细腻，这才使得它抛光后表面很光滑，有比较强的光泽。

由于玛瑙的结构致密，所以不容易吸水，汗水、油烟等物质不容易渗入它的内部，平时即使不小心沾上一些油污，也很容易擦拭干净。

3 硬度、韧性

由于玛瑙的结构特点，所以它的质地很坚硬，莫氏硬度达 7.0 ~ 7.5，而且比较坚韧，不容易产生裂纹，不易发生破裂。

用白话来说，在所有的珠宝玉石品种里，玛瑙几乎是最"皮实"的：别的品种一般都要避免和它接触，以防止被它撞击或磨损。所以，对玛瑙的保养相对简单，当然也应防止被其他物体撞击或摔落等，如图 22-3 所示。

图 22-3　质地坚韧，可以被加工成很薄的制品

另外，有很多玛瑙，外观不漂亮，不能作为宝石使用，所以人们把它们应用到工业领域，制造成高硬度、耐磨的产品，比如精密仪器的轴承或研钵等。

4 化学成分

玛瑙的主要成分是二氧化硅，此外还含有一些微量元素，如铁、锰、镁等，正是由于这些微量元素，才使玛瑙具有多种颜色。

5 耐热性

玛瑙的耐热性也不好，受到高温时，容易发生开裂。所以，平时需要避免受热，比如，不要在阳光下长时间暴晒。

6 耐腐蚀性

玛瑙的结构虽然很致密，但是如果长时间接触腐蚀性物质，包括酸性和碱性，也会被腐蚀发生变质，颜色会发生改变，光泽会变得暗淡，严重时还会产生裂纹甚至破裂。所以，平时应该尽量避免接触腐蚀性物质，包括油烟、化妆品、洗涤用品、汗水等。

品种

　　单纯按颜色分，玛瑙可以分为红玛瑙、黄玛瑙、白玛瑙、黑玛瑙、蓝玛瑙、紫玛瑙、绿玛瑙、缠丝玛瑙等。其中，黄玛瑙、白玛瑙、黑玛瑙比较常见，蓝玛瑙、紫玛瑙、绿玛瑙比较少见，如图 22-4 所示。

图 22-4　颜色

缠丝玛瑙是指带有条纹的玛瑙，实际上，多数玛瑙都带有条纹。按照条纹的颜色，分别称为红缟玛瑙、红白缟玛瑙、黑白缟玛瑙等，如图 22-5 所示。

图 22-5　缠丝玛瑙

目前，在市场里，有两种玛瑙最受关注——战国红玛瑙和南红玛瑙，下面分别进行介绍。

1 战国红玛瑙

战国红玛瑙是一种缠丝玛瑙，产于辽宁省朝阳市。据史籍记载，这种玛瑙在战国时期就被使用了，当时被叫作"赤玉"，《后汉书》中介绍说："挹娄，古肃慎之国也。在夫馀东北千余里，东滨大海，南与北沃沮接，不知其北所极。土地多山险。人形似夫余，而言语各异。有五谷、麻布，出赤玉、好貂。"

由于它们的主体颜色是红色，所以现在人们把它们叫作战国红。

战国红玛瑙的特点是颜色鲜艳、绚丽，纹理丰富、细腻，千变万化，令人百看不厌。同一块料，从不同角度观察，看到的纹理都不一样，还有的战国红局部是透明的，通过这些透明部位观察时，那些条纹好像可以活动，更是引人入胜，如图 22-6 所示。

战国红的产量低，而且大块的原料很少，所以很珍贵。

图 22-6　战国红

2 南红玛瑙

南红玛瑙产于南方，传统的产地是云南保山地区，近几年，四川凉山也发现了南红玛瑙，由此在市场上掀起一股"南红热"，包括中央电视台在内的多家媒体都曾进行过报道，场面异常火爆！

南红玛瑙的外观和战国红差别很大：战国红属于缠丝玛瑙，而南红玛瑙虽然也有缠丝，但不太明显，最吸引人的还是它的主体颜色——包括棕红色、红褐色等，看起来很鲜艳。另外，很多南红玛瑙的透明度比较好，光泽很强，如图 22-7 所示。

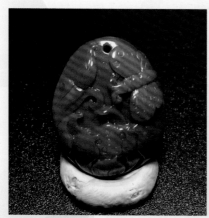

图 22-7　南红玛瑙

还有一种玛瑙很少见，叫水胆玛瑙，这种玛瑙的结构比较特别，多数玛瑙是实心的，但是水胆玛瑙的内部是空的，里面包着一些水，这种玛瑙很少见，所以比一般的玛瑙珍贵。

水胆玛瑙里还有一个品种叫"血胆玛瑙"，它里面的水是红色的，这种玛瑙更少见，所以价格更高。

玉髓

实际上，玉髓并不是玛瑙的一个品种，玛瑙反而是玉髓的一个品种。它们的化学成分相同，都是二氧化硅；显微结构也相近，都是由特别细小的二氧化硅晶粒构成的。所以，玉髓的性质和玛瑙基本相同：结构致密，质地坚硬，也有多种颜色，包括无色透明、红色、白色、蓝色、绿色、黄色等，如图 22-8 所示。

它们最大的区别是：玛瑙具有条纹结构，而玉髓没有条纹结构。所以，玛瑙是有条纹的玉髓。但由于玛瑙的知名度比玉髓高得多，所以很多时候，商家把玉髓称为玛瑙进行销售。

图 22-8　玉髓

质量和价值的评价方法

1 颜色

多年来，红玛瑙（见图22-9）最受人们的喜爱，所以价值最高。蓝玛瑙、紫玛瑙、绿玛瑙比较少见，所以有的价值也比较高。而常见的黄玛瑙、白玛瑙、黑玛瑙等价值较低。

图 22-9　红玛瑙

2 纹理

多数玛瑙都具有纹理结构（见图22-10），如果这些纹理能构成漂亮、有趣的图案，价值会比较高。战国红玛瑙受到人们的喜爱，其中一个重要原因就是它具有丰富的纹理。

3 质地

玛瑙的质地越致密、细腻，价值越高。质地好的玛瑙，颜色会更鲜艳，透明度会更好，光泽更强。

4 透明度

玛瑙的透明度越高，价值越高。尤其对缠丝玛瑙来说，如果透明度好或者透明的部分比较多，纹理会具有更多的变化，甚至产生"动丝"

效果，即那些纹理好像会活动。这样的玛瑙价值非常高。

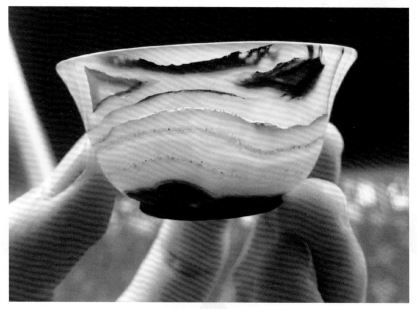

图22-10　奇特的纹理

此外，玛瑙的透明度高，质地也会比较好，致密、细腻，颜色更鲜艳，
光泽更强。

5 净度

玛瑙的净度越高，裂纹、斑点等缺陷越少，价值越高，如图22-11所示。

6 加工工艺

加工工艺对玛瑙的价值影响很大：加工工艺质量高的产品，能最大限度地突出玛瑙的纹理，使产品具有唯一性，如图22-12所示。有的产品还具有一定的象征意义，具有较高的文化价值，这样的产品价值自然会很高。

加工质量也会影响玛瑙的价值，包括各部分的比例是否协调、表面是否光滑、有没有加工缺陷等。

图 22-11　净度　　　　　　　　图 22-12　加工工艺

7 块度

在其他因素相当时，玛瑙的块度越大，价值越高。

产地

　　世界上很多国家都出产玛瑙，如印度、巴西、美国等。

　　我国的玛瑙资源也很丰富，产地有很多，最著名的是辽宁省朝阳市出产的战国红；阜新的玛瑙储量大，产量高，品种多，质量好。此外，云南保山和四川凉山出产南红玛瑙，所以，也是有名的产地。

作假手段与鉴别方法

玛瑙的作假手段主要有三种。

（1）仿制品：用其他红色的玉石或玻璃仿冒玛瑙。

（2）染色：比如把白色玛瑙染成红色，冒充红玛瑙。

（3）注水：把玛瑙内部挖空，注水后再密封起来，冒充水胆玛瑙。

鉴别方法有以下几种。

1 仿制品的鉴别

（1）观察法。

① 仿制品的条纹结构不多、不明显；天然玛瑙多数具有条纹结构。

② 其他红色玉石的颜色和红玛瑙不一样，如图 22-13 所示。而玻璃仿制品的颜色不自然，过于鲜艳，而且在各个位置的颜色都一样，透明度也很高。天然玛瑙的颜色特别鲜艳的不多，多数比较柔和，看起来很自然，而且在不同的位置，颜色的深浅不一样。另外，天然玛瑙的透明度多数不太好。

③ 玻璃仿制品的净度普遍比较高，裂纹、斑点比较少，而且没有天然矿物包裹体，经常有气泡、旋涡形的生长纹等。

天然玛瑙的净度很多都不好，经常包含矿物包裹体、裂纹等。

（2）手法。

① 玻璃仿制品的密度低，所以用手掂量时，会感觉比较轻；而玛瑙的密度高，会感觉沉甸甸的，有"压手"的感觉。

图 22-13　玛瑙仿制品——红碧石

② 用手抚摸一会儿，如果是玻璃仿制品，会感觉它有温热感，这是因为玻璃的导热性不好；如果是天然玛瑙，会感觉比较凉，因为玛瑙的导热性比较好。

（3）物理性质测试。

通过测试密度、折射率、硬度、化学组成等，都可以鉴别出玻璃仿制品，因为玻璃和玛瑙的很多性质都有差别。

2 染色玛瑙的鉴别

（1）观察法。

① 染色玛瑙的颜色特别浓，过于鲜艳，而且各个位置的浓度、深浅等基本一样，看着不自然。

② 用放大镜观察时，可以看到裂缝里的颜色比较深，而周围部分的颜色比较浅，这是因为在染色时，染料容易集中到裂缝里。

③ 染色玛瑙的颜色只是表面很薄的一层，所以表面的颜色很深，而

内部的颜色没有变化，仔细观察，可以看到这一点，如图 22-14 所示。

（2）擦拭法。

用棉球蘸一些酒精擦拭样品表面，有的染料会被擦掉。

（3）物理性质测试。

物理性质测试包括吸收光谱、滤色镜、发光性、红外光谱等。

有一种染色方法叫烧色，包括酸浸、染色、加热等步骤。这种处理品的最大特征是玛瑙表面有细小的裂纹，人们一般称为火劫纹，如图 22-15 所示。

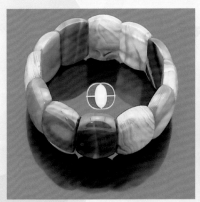

图 22-14　染色玛瑙

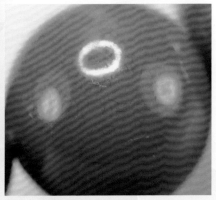

图 22-15　烧色玛瑙

3 注水玛瑙的鉴别

这种作假手段的鉴别方法主要是寻找黏合痕迹或接合缝，需要仔细观察产品的外表面，包括正面、侧面、后面、上面和底面。如果用水把外表面洗干净，更容易看出来。

23

寿山石

　　寿山石出产于福建省福州市寿山乡，颜色丰富，质地细腻，有柔润的光泽，如图 23-1 所示。在古代，人们就用它雕刻印章和工艺品。经过 1000 多年的发展，已经形成一种独特的"寿山石文化"，具有厚重的历史文化积淀，内涵丰富，影响深远，被誉为"石中之王""中国国石"。

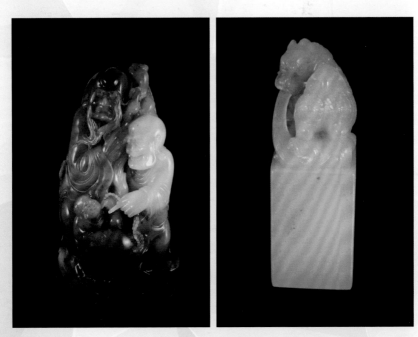

图 23-1　寿山石

特征

1 颜色

寿山石的颜色很多，可以分为几个系列，如白色系列、黄色系列、红色系列、蓝色系列、褐色系列、绿色系列、黑色系列等，每个系列又具体包括多种颜色，比如白色系列有乳白色、灰白色等。也有很多寿山石在一块原石上包含几种颜色。

由于寿山石颜色丰富，所以雕刻者经常根据它们的颜色，雕刻成很多工艺品，栩栩如生。作者这几年参加北京国际珠宝展时，每次都会看到一些寿山石艺术家展出的经典作品——满汉全席，用寿山石雕刻成上百种菜肴，看着让人垂涎欲滴，如图 23-2 所示。

2 结构与质地

寿山石结构的致密程度介于玉石和普通石头之间，质地也介于它们之间，比较细腻、柔润。

同样，寿山石的透明度、光泽等性质也介于二者之间：多数呈不透明、微透明，少数呈半透明；光泽比玉石弱一些，呈蜡状光泽。

3 硬度和韧性

寿山石的硬度很低，莫氏硬度只有 2 ~ 3，同时韧性比较好，所以特别适合进行精细雕刻，在加工过程中不容易产生崩裂等缺陷。

图 23-2　寿山石雕——满汉全席

4 化学成分

寿山石的主要成分为 65% 左右的二氧化硅、30% 左右的三氧化二铝、5% 左右的水，还有少量三氧化二铁、氧化钙、氧化镁。此外，还含有一些微量元素，如钾、锰、钛等，寿山石丰富多彩的颜色就是由这些复杂的化学成分引起的。

5 耐热性

寿山石受到高温时，内部的结晶水会分解，所以光泽会变暗、消失，表面和内部还可能会出现微细的裂纹，严重时，裂纹发生扩展，从而整块寿山石发生开裂。

所以，寿山石在保存时，应该注意周围的温度不能太高，同时要保持湿润，不能太干燥，可以经常在表面喷洒一些冷水，或用湿布擦拭。

6 耐腐蚀性

寿山石的耐腐蚀性比较差，容易被油污等物质污染、腐蚀，从而光泽会消退，表面产生斑点、蚀坑、裂纹等。所以平时需要注意避免受到其他物质的污染。

还有一点需要注意：平时对寿山石进行清洁时，只能用软布擦拭，不能用小刀等坚硬的材料刮，因为寿山石的硬度很低，很容易受到损伤，为了防止万一，最好也不要用指甲、牙刷、毛刷等刷洗。

品种

寿山石的分类方法很多，比如按产地、颜色、质地等，所以具体品种非常多，有人做过统计，竟超过一百种，而且对同一块石头，不同的人叫法也经常不一样。

大家都认可的一种分类方法是按照产地划分，有三个大的品种。

1 山坑石

山坑石指从山上开采的寿山石。这种料的质地比较粗糙，透明度较低。

2 田坑石

田坑石指从水田里开采的寿山石，按颜色可以分为白、黄、红、黑四种，分别称为白田石、田黄石、红田石、黑田石。

3 水坑石

水坑石是指从河流中开采的寿山石，按质地可以分为坑头晶、坑头冻、坑头石等类型。坑头晶的质地细腻，透明度比较高；坑头冻的质地稍粗糙一些，透明度也稍低，看起来很像果冻；坑头石的质地更粗糙，几乎完全不透明。

质量和价值的评价方法

1 质地

寿山石的质地越致密、细腻、润泽，价值越高。

质地好的寿山石，透明度一般也比较高，人们把透明度最好的称为"晶"，比如坑头晶、高山晶等，透明度次好的称为"冻"，如坑头冻、桃花冻、荔枝冻、牛角冻、鱼脑冻等，如图23-3所示。

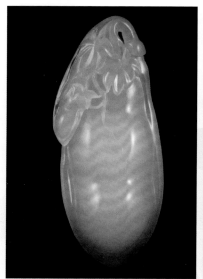 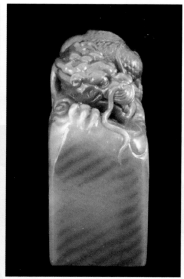

图23-3 质地

2 颜色

寿山石的颜色越纯正、鲜艳、明亮，价值越高，如图23-4所示。如果色调不纯或发暗，价值就比较低。

另外，在多数时候，单色的寿山石比杂色的价值要高。

3 净度

寿山石的净度越高，即裂纹、斑点、斑块等杂质越少，质量越好，价值越高。

4 加工工艺

寿山石的加工工艺对它们的价值影响很大，包括造型和加工质量（见图 23-5），

图 23-4 颜色

产品造型如果有一定的寓意、内涵，价值会比较高。其次是加工质量，包括外形的美观程度、各部分的比例是否协调、表面是否光滑、线条是否柔和、有没有加工缺陷等。

图 23-5 加工工艺

5 块度

在其他因素相当时，寿山石块度越大，价值越高。

"石帝""帝石"——田黄

人们公认，寿山石中最好的品种是田黄石，它一向被称为"帝石"或"石帝"。

1 特征

田黄石就是黄色的田坑石，它具有以下几个特点。

（1）结构。田黄石的结构致密、晶粒细小，所以看起来显得细腻、温润、光洁。

（2）透明度。质量好的田黄石呈微透明，被称为田黄冻。

（3）光泽。田黄石的光泽比其他的寿山石品种强烈，具有油脂光泽，看起来有点像和田玉。

（4）颜色。田黄石的颜色也有多种，其中最好的是金黄和橘皮黄，颜色纯正、浓郁。

（5）纹理。近距离观看时，可以看到田黄石上有一些很细的条纹，就像萝卜里那种条纹一样，所以行业内就称为"萝卜纹"，这也是判断是不是真正的田黄石的依据。所以，人们经常说"无纹不成田"。

人们对田黄石的上述特征进行总结，归纳为六个字："细、洁、润、腻、温、凝"，称为"六德"，它们很贴切地表现了田黄石的特点，如图23-6所示。

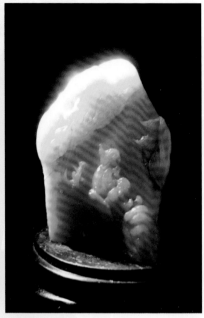

图 23-6　田黄

2 价值

（1）质地。

田黄石具有"细、洁、温、润、凝、腻"这六个特点，这是其他品种所不具备的。

（2）寓意。

田黄石具有"福"（福建）、"寿"（寿山）、"田"（表示财富）、"黄"（皇家的专用颜色）四个特征，象征着幸福、长寿、财富、高贵，所以，从古至今，上至帝王将相，下至普通百姓，无不对田黄珍爱有加。

（3）文化价值与内涵。

在古代，田黄石的一个重要用途是刻制印章，因为对古代的文人雅士来说，印章是必不可少的用品。印章石的种类有很多，其中，田黄石被称为"印石之王"，所以，几百年来，深受各阶层人士的喜爱，很多人都以收藏一块田黄石印章为荣，因为它代表着一种高雅的气质和品位。

（4）深厚的历史积淀和底蕴。

关于田黄石，民间有很多传说。有的说田黄石是女娲送给人间的宝物；有的说田黄石是凤凰的蛋变的。还有一个传说是关于乾隆皇帝的，传说他做过一个梦，梦见玉皇大帝赐给自己一块黄色的石头，并说了"福、寿、田"三个字。他醒来后就和大臣们议论这件事，有一位福建的大臣说："那块石头肯定是产于福建寿山的田黄石，因为它和福、寿、田三个字很吻合。"乾隆听了非常高兴，从那之后，他就特别喜欢田黄石，甚至在祭祀时，都用田黄石作为祭品。

有史料记载：乾隆皇帝曾命人用一整块田黄石雕刻了著名的"田黄三链章"，世代流传；后来，末代皇帝溥仪在离开皇宫时，其他的珠宝都不在乎，只想把"田黄三链章"缝在棉衣里带走，最后也没能如愿。现在，"田黄三链章"仍保存在故宫博物院里。

人们还传说，田黄石可以辟邪消灾，让人延年益寿。

无疑，所有这些传说都给田黄石蒙上了一层神秘的色彩，使它具有深厚的历史文化底蕴。

（5）资源稀缺。

田黄石只出产在福建寿山的水田里。几百年来，这块土地不知被挖掘了多少次，所以，田黄石基本已经绝迹。因此，它是一种极度稀缺的资源，行业内一向有"一两田黄三两金""黄金易得，田黄难求"的说法。

产地

寿山石产于福建省福州市寿山乡。山坑石的产量比较多，珠宝市场里见到的寿山石多数是这种；水坑石的产量较少；田坑石的产量最少，现在一般市场里很难见到田坑石了。

作假手段与鉴别方法

1 普通品种

寿山石的作假方法主要是仿制，就是用其他的品种仿冒寿山石，常见的有叶蜡石、滑石等。鉴定方法包括以下几种。

（1）外观观察。

外观观察包括颜色、结构、光泽、透明度等。总体来说，叶蜡石、滑石等仿制品的质地不如寿山石，如图 23-7 所示。

叶蜡石 滑石

图 23-7 寿山石仿制品

（2）物理性质测试。

叶蜡石和滑石的硬度比寿山石低，莫氏硬度为 1 ~ 2，用手指甲就可以划出痕迹。

（3）化学成分和矿物组成测试。

寿山石仿制品的化学成分和矿物组成与天然寿山石经常有差别，所以通过测试，可以将它们区分开。

2 田黄石

田黄石的仿制品也比较多，目前市场上可以见到一种和田黄石很像的品种，叫金田黄，颜色、质地、光泽等也非常漂亮，如图23-8所示。

图 23-8　金田黄

鉴别方法主要有以下几种。

（1）外观观察。

田黄具有典型的"六德"特征，而仿制品在这些方面都存在一定的差距。金田黄比较明显的特征是很多颜色发红，而且块度很大，但价格并不贵。

（2）萝卜纹。

田黄石都有萝卜纹，用强光手电照射观察会更明显。但需要说明的是：有的仿制品也有萝卜纹。所以这一点并不是田黄石唯一的鉴别依据。

（3）物理性质测试。

物理性质测试包括硬度、密度、折射率、化学成分、矿物类型等。

24

鸡血石

鸡血石是另一种有名的印章石，表面一部分或全部呈深红色，和鸡血的颜色很像，所以被称为"鸡血石"，如图 24-1 所示。

鸡血石也被称为我国的"国石"，经常被用来雕刻印章或工艺品。民间传说，鸡血石可以辟邪，内蒙古有个鸡血石的产地，几十年来，运输鸡血石的车辆从来没有发生过车祸！

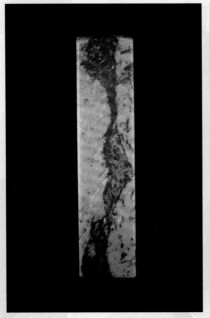 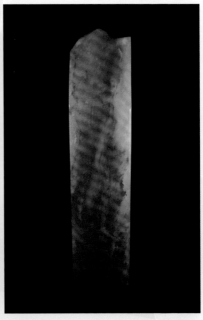

图 24-1　鸡血石

特征

1 颜色

鸡血石最显著的特征是表面一部分或全部是深红色，在行业中，人们把红色部分称为"血"，把其他部分称为"地"，"地"的颜色有白色、黄色、褐色等，如图 24-2 所示。

2 化学组成

鸡血石的"地"的主要化学成分及占比为：二氧化硅占 43.5%、三氧化二铝占 35.8%、水占 12.6%。

鸡血石的"血"的化学成分是硫化汞，也叫辰砂。

图 24-2　血和地

3 结构与质地

鸡血石的结构与寿山石类似，致密程度、质地都介于玉石和普通石头之间，质地比玉石粗糙，比普通石头致密、细腻，如图 24-3 所示。

鸡血石的透明度一般为微透明或不透明。光泽比玉石弱，多数呈蜡状光泽，少数具有油脂光泽。

4 力学性质

鸡血石的莫氏硬度为 2 ~ 4，比寿山石稍高一些，韧性也比较好，适合进行雕刻；密度是 2.60 克 / 立方厘米。

5 耐热性

鸡血石在高温、干燥的环境里，内部的结晶水会分解，所以光泽会变暗、消失，严重时还会发生开裂。

图 24-3　结构与质地

所以，应该注意，鸡血石在保存时，周围的温度不能太高，比如不能被阳光暴晒。另外，还要注意周围的环境应保持湿润，可以经常喷水或用湿布擦拭等。

6 耐腐蚀性

鸡血石被腐蚀性物质腐蚀，颜色会变暗，光泽会消失，显得干涩、粗糙，所以平时需要避免被污染、腐蚀。

另外，由于鸡血石的硬度低，所以平时不能用小刀、铁刷等刮磨、刷洗，防止破坏它的表面。

品种

1 按产地

鸡血石的产地主要有两个，分别是浙江的昌化和内蒙古的巴林，所以可以把鸡血石分为昌化鸡血石和巴林鸡血石两个品种。

2 按"地"的性质

鸡血石的"地"有多种，按照它的性质，包括结构、质地、透明度、光泽等，一般分为冻地鸡血石、软地鸡血石、刚地鸡血石和硬地鸡血石等。其中，冻地鸡血石呈微透明，质地致密、细腻，光泽温润，质量最好。冻地鸡血石还可以细分为羊脂冻、牛角冻、芙蓉冻、朱砂冻等品种。如图24-4所示。

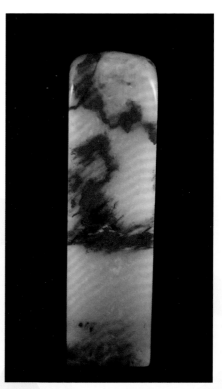

图 24-4 质地

质量和价值的评价方法

鸡血石的质量主要取决于下述几个方面。

1 地

地是指鸡血石的"地"的质量。总体来说，"地"的结构越致密、质地越细腻，透明度越高，光泽越强，净度越高，颜色越均匀，鸡血石的质量越好，价值越高。

最好的品种是冻地鸡血石，如图24-5所示。

2 血

血是鸡血石的核心，也是它的灵魂，所以，血的质量对整块鸡血石的质量和价值起决定性的作用。

血的质量包括它的含量、形状、颜色、浓度等，如图24-6所示。

（1）含量。血的含量越高，也就是在鸡血石表面的面积越大，价值越高。

（2）形状。血的形状越漂亮，价值越高。一般来说，块状和条带状的价值比较高，因为看起来比较显眼，如果能构成一些漂亮的图案，价值就更高了。反之，如果是分散的小块或小点，零零碎碎，不能吸引人的注意，价值就比较低了。

（3）颜色。血的颜色越鲜艳、纯正，价值越高，如果有别的杂色，价值就比较低。

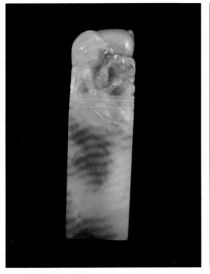

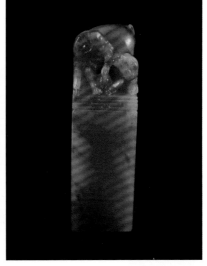

图 24-5　冻地鸡血石　　　　　图 24-6　鸡血石的"血"

（4）浓度。鸡血石血的浓度适当，浓郁、丰富、饱满，价值比较高；血的浓度太淡、发白或太浓、发黑，价值都会降低。

3 净度

净度包括血的净度和地的净度。

（1）血。就是血的颜色应该纯净，没有别的杂色，没有斑点。

（2）地。地指缺陷如裂纹、斑点、斑块等应该尽量少，那样价值才高。

一般来说，质量好、净度高的鸡血石很少加工，这就是所说的"无绺不做花"，反过来说，经过雕琢的鸡血石一般是为了掩盖一些瑕疵。

4 块度

在其他指标相同的情况下，鸡血石块度越大，价值越高。

产地

　　鸡血石的传统产地主要有两个：浙江省昌化县和内蒙古自治区的巴林右旗。后来，其他一些省份如贵州、陕西、云南、新疆等地也发现了鸡血石。

作假手段

1 仿制品

（1）第一种仿制品是用其他相似的玉石，包括寿山石、染色岫玉、血玉髓等。

（2）第二种仿制品是用石粉、树脂、红色颜料等为原料制造而成。

2 做假血

（1）对没有血或血的颜色不理想的鸡血石进行染色处理。

（2）在没有血或血的颜色不理想的鸡血石表面粘贴红色的辰砂薄片。

3 假产地

总体来说，昌化鸡血石的价值比其他产地的鸡血石高，因为昌化鸡血石的使用时间更长，在行业里的知名度更高，所以有人用其他产地的鸡血石仿冒昌化鸡血石。

鉴别方法

1 仿制品

（1）观察法。

观察法包括血的颜色、浓度、形状，以及地的颜色、质地、透明度、光泽等，鸡血石的这些特征和仿制品或多或少存在差别，可以鉴别出来。如图24-7所示。

（2）其他经验方法。

其他经验方法包括手掂、抚摸、热针法等，它们可以比较准确地鉴别出树脂仿制品。

（3）物理性质测试。

物理性质测试包括密度、硬度、化学组成等，鸡血石和仿制品的这些特征都有区别。

图24-7　鸡血石仿制品

2 假血

（1）观察法。

① 染上的血颜色不自然，比如过于鲜艳、浓郁，而且形状比较规则、浓度均匀。

② 放大观察，染的颜色会聚集在裂缝里，所以裂缝里的颜色会很深，而周围的颜色比较浅。

③ 仔细观察血的四周，看有没有接合缝的痕迹，可以鉴别是不是贴片。

（2）用湿棉球擦拭血的部分，如果是染的颜色，有时候会被擦掉。

（3）物理性质测试。通过红外光谱、测试化学成分等，也可以鉴别染上的颜色。

3 产地

（1）血的区别。对不同产地的鸡血石，一般采用经验法来鉴别，就是观察血的特征来判断。总体来说，昌化鸡血石的血的颜色比较纯正、鲜艳、浓郁，巴林鸡血石的血颜色发暗，而且比较淡；昌化鸡血石的血的形状经常是条带状和大块状的，比较集中，而巴林鸡血石的血，形状看起来比较散乱，如图24-8所示。

（2）地的区别。昌化鸡血石和巴林鸡血石的地的结构和质地也有区别。

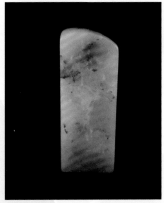

图24-8 不同产地的鸡血石（左：昌化；右：巴林）

25

珍珠

珍珠（见图25-1）是人们很熟悉的一种有机宝石，"珠宝"里的"珠"指的就是珍珠，以至于一提到贵重物品，人们总会想到它。

人们使用珍珠的历史很悠久，我国的很多古籍包括《诗经》《尚书》《山海经》《周易》中都记载了珍珠，从秦汉时期开始，珍珠受到帝王将相的喜爱，成为身份、权力、财富的象征。

珍珠在国外也受到青睐：古波斯人把珍珠称为"大海之子"，它是法国、印度和菲律宾的国石。同时，珍珠是六月的生辰石，是结婚30周年的纪念石。

平时，我们经常在电视上看到一些名人，包括英国女王、德国总理等人佩戴珍珠饰品。

图 25-1　珍珠

特征

1 光泽

　　珍珠最吸引人的特点就是它的光泽，如图 25-2 所示。平时人们说的"珠光宝气"就是指珍珠的光泽。这种光泽温润、柔和，而且隐约有五颜六色的晕彩。在众多珠宝玉石里，珍珠光泽自成一类，独树一帜。这种特殊的光泽使珍珠有一种灵气，也使佩戴者显得温婉、优雅、柔美，具有与众不同的气质与韵味。

图 25-2　珍珠的光泽

2 化学成分

珍珠是在一些贝类软体动物的体内形成的，当外界的沙粒等物质进入它们的壳里后，这些动物受到刺激，就会分泌一种叫珍珠质的物质，把沙粒一层层包裹起来，最后就形成珍珠。

珍珠的化学成分为 90% ~ 95% 的无机物（主要是碳酸钙），5% 左右的有机质，2% 左右的水，以及一些微量元素，如钾、钠、镁、硅等。

珍珠的有机质中含有多种氨基酸、维生素等，这使得珍珠具有一定的药用价值。李时珍在《本草纲目》中介绍："珍珠味咸甘寒无毒，镇心点目；珍珠涂面，令人润泽好颜色。涂手足，去皮肤逆胪；坠痰，除面斑，止泻；安魂魄；令光泽洁白。"其他一些古代的中医药典籍中也记载珍珠具有明目、除晕、止泄等作用。现代医学认为，珍珠能提高人体免疫力，具有一定的祛斑美白、延缓衰老、安神、明目等作用。

3 结构与质地

珍珠的表面结构特别致密、细腻，所以很光滑。如果把珍珠切开，可以看到珍珠具有层状结构，相当于一个同心球，如图 25-3 所示。

珍珠的光泽和晕彩就是由这种层状结构引起的：这些薄层会对光线产生复杂的反射、折射、衍射等作用。薄层的数量、每一层的厚度都对光泽的强度、颜色有影响。

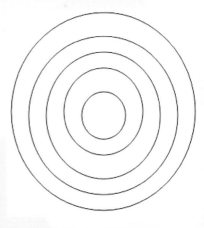

图 25-3　珍珠的结构

4 颜色

大多数珍珠是白色的，少数是其他颜色，如黄色、粉色、紫色、蓝色、黑色等，如图 25-4 所示。

图 25-4 珍珠的颜色

5 透明度、折射率、发光性

珍珠一般是不透明或微透明，折射率为 1.530 ～ 1.686，如果用紫外线照射珍珠，它们会发出不同颜色的荧光。

6 硬度、韧性、密度

（1）硬度：珍珠的莫氏硬度为 2.5 ～ 4.5。

（2）韧性：由于珍珠的结构很致密、细腻，所以韧性很好。

（3）密度：2.60 ～ 2.85 克 / 立方厘米。

7 耐热性

由于珍珠中含有一定的有机物和水分，所以珍珠不耐高温，否则会引起脱水、有机物发生分解、变色，光泽也会消失，而且会产生裂纹。所以，珍珠不能被暴晒、烘烤，周围不能太干燥。

8 耐腐蚀性

珍珠的耐腐蚀性很差，能被很多物质腐蚀，包括洗涤剂、化妆品、汗水、油烟等，而且长期受阳光照射，珍珠的质量也会下降，比如光泽会变暗甚至消失，表面会变粗糙，甚至开裂。

所以，平时需要注意，避免珍珠和上述物质接触，比如，运动、洗澡、做饭时都不要佩戴珍珠，尽量避免被阳光长时间照射。

即使平时注意保护，但珍珠经过一定的时间后，颜色仍会发黄，光泽也会变暗，这是它发生氧化造成的，对这种情况，可以用经过稀释的消毒液、过氧化氢或漂白粉擦拭，可使珍珠恢复颜色，但这对珍珠的表面会有一定的破坏。

品种

珍珠按不同的分类方法，可以分为不同的品种。

1 按生长环境

（1）海水珍珠。在海水中形成和生长。

（2）淡水珍珠。在淡水中形成和生长，包括湖泊、河流。

一般来说，海水珍珠的质量比淡水珍珠好，光泽更强、粒度更大、圆度更好。

2 按生长方式

（1）天然珍珠。天然形成的珍珠。

（2）养殖珍珠。通过人工养殖方式形成的珍珠。

3 按产地

（1）东珠。东珠也叫波斯珠，产于波斯湾的海水珍珠，质量很好，在国际市场上很有名。

（2）南洋珠。如图 25-5 所示，南洋珠产于东南亚（缅甸、菲律宾）海域，质量优良，也在国际市场享有盛誉。

（3）澳洲珠。它产于澳大利亚海域，质量优良。

（4）大溪地黑珍珠。大溪地是 Tahiti 的音译，也常译为"塔希提"，它是赤道附近的一个岛，这里是黑珍珠的唯一产地，颜色独特，光泽很强，直径一般为 8 ～ 16 毫米，是珍珠中的名贵品种，如图 25-6 所示。

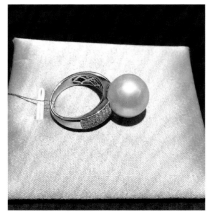

图 25-5　南洋珠

图 25-6　大溪地黑珍珠

（5）西珠。它产于大西洋和地中海的海水珍珠，质量也很好。

（6）Akoya 珠。它是日本的海水养殖珍珠，特点是圆度好，光泽强，瑕疵少，如图 25-7 所示。

（7）中国南海海水养殖珠。它包括我国广西合浦、北海、广东、海南等地。

图 25-7　日本 Akoya 珠

（8）太湖珠。我国江浙地区出产的淡水养殖珍珠，产量很高。

质量和价值的评价方法

1 尺寸

在珍珠行业里常说"七分珠，八分宝"，意思是尺寸小的珍珠价值较低，只有达到一定尺寸的才能称作宝石，价值才比较高。

目前行业中的标准是直径 7 毫米，尺寸小于 7 毫米的，价值比较低，尺寸越大，价值越高。多数珍珠的尺寸在 7 毫米以下，7～8 毫米的就比较少了，8～10 毫米的更少，属于大珠，10 毫米以上的称为特大珠，一般市场上见不到。

2 形状

和其他宝石品种相比，珍珠的一个特点是不需要进行加工，所以，它的形状对价值具有很大的影响。

在传统上，人们都喜欢圆形珍珠，常说"珠圆玉润"就是这个意思。很多人认为，珍珠就是圆的，但是，如果近距离观看，就可以发现，很多珍珠并不是理想的圆形，所以，圆度是衡量珍珠价值的一个重要指标，珍珠越圆，价值越高，如图 25-8 所示。

图 25-8　圆形珍珠

除了圆形外，珍珠还有其他形状，比如椭圆形、水滴形、扁平形、馒头形等，有的形状比较独特，非常罕见，也会受到人们的喜爱，价值会很高。比如，图25-9左面是日本马贝珠的正面形状，圆度很好，而右面是马贝珠的立体形状，这种珍珠也叫馒头珠。

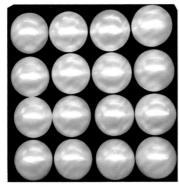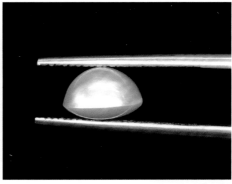

图 25-9　日本马贝珠

3 颜色

（1）颜色。珍珠的颜色多数是白色的，纯白色的价值最高，如果带有杂色，如黄色、褐色等，价值会降低。

（2）黑珍珠。天然黑珍珠很稀有，佩戴黑珍珠首饰，有一种特别的神秘、高贵的气质。欧美人特别喜爱黑珍珠，所以黑珍珠的价格历来很高，如图25-10所示。

图 25-10　黑珍珠项链

（3）彩色珍珠。彩色珍珠包括金黄色、粉色、紫色、蓝色等，它们也很少见，所以价格也比较高 。

其他的颜色，如黄色、褐色、杂色的，由于看起来不太漂亮，所以价值比较低。

4 光泽

珍珠的光泽越强，价值越高。光泽和珍珠的质地有关系：质地越致密，表面对光线的反射越强烈，光泽越强，如图 25-11 所示。

珍珠的光泽分为极强、强、中、弱等级别。质量好的珍珠，表面很光滑、明亮，能映照出其他物体的影像。

评价珍珠的光泽时，一般把它们放在白色软布上，如果对着强光观察，可以看到五颜六色的晕彩。

5 瑕疵

近距离观看时，可以看到很多珍珠的表面并不是光滑的，或多或少存在一些瑕疵或缺陷，比如隆起、凹陷、皱纹、斑点、疤痕等，它们都会影响珍珠的价值，如图 25-12 所示。

图 25-11　珍珠的光泽

图 25-12　珍珠表面的瑕疵

产地

　　珍珠的产地比较多，天然海水珠的著名产地包括波斯湾、东南亚、大溪地、大西洋、地中海及澳大利亚等；养殖珍珠产地包括日本，以及中国广西、广东、海南、江浙等地。

作假手段

目前，市场上的珍珠产品中，作假手段比较多，主要有以下几种。

1 仿制品

常见的是塑料珠或玻璃珠，有的在表面覆盖一层珍珠粉，显得更加逼真。

2 优化处理品

（1）漂白。使用漂白剂，把表面发黄的珍珠漂白成白色。

（2）染色。把一些颜色不理想的珍珠染成黑珍珠或金黄色珍珠等。

（3）辐照。目前市场上的很多黑珍珠和金黄色的珍珠，是经过辐照改色的。

鉴别方法

1 仿制品

（1）外观观察，如图 25-13 所示。

图 25-13　ABS 塑料仿珍珠

① 仿制品的形状一般都是理想的圆形，如果是项链或手链，可以发现，每颗珍珠的大小、形状、颜色基本相同；而天然珍珠的形状一般都

不完美，而且大小、形状、颜色都会有差别。

② 仿制品的表面很少看到瑕疵，如凸起、凹陷、斑点、皱纹等，而天然珍珠经常有这些瑕疵。

③ 天然珍珠的表面能看到波浪形的生长纹，仿制品看不到。

（2）用手掂量时，塑料珠会感觉很轻，玻璃珠感觉比较重。

（3）抚摸时，天然珍珠会感觉比较凉，而且表面比较粗糙；仿制品感觉比较温，表面比较光滑。

（4）物理性质测试。这包括折射率、密度、发光性等，天然珍珠和仿制品的差别比较明显。

2 染色珍珠的鉴别

（1）外观观察，如图 25-14 所示。

① 天然黑珍珠的颜色并不是黑色，而是蓝黑色或紫黑色；染色的黑珍珠一般是纯黑色。

② 染色珍珠的缝隙里颜色比较深，周围比较浅；有时候珠孔里的颜色和表面也不一样。

图 25-14 染色珍珠

（2）用湿棉球擦拭，如果是染色的，经常会被擦掉。

（3）物理性质测试。这包括发光性、吸收光谱、红外光谱等。

3 漂白珍珠的鉴别

　　珍珠漂白包括多道工序，如清洗、漂白、增白、抛光等，可以针对这些工序进行相应的鉴别。

　　（1）漂白珍珠（见图25-15）各个位置的颜色、光泽基本相同。而天然珍珠的不同位置，颜色和光泽会有一些差异。

　　（2）漂白珍珠的表面特别光滑，因为它们经过了抛光。天然珍珠表面经常有凸起、凹陷等现象。

　　（3）漂白珍珠的表面特别洁白，没有斑点、色斑等缺陷，因为这些缺陷都被腐蚀、打磨掉了。

　　（4）如果测试表面的化学成分，可以检测出漂白剂、增白剂。漂白珍珠的吸收光谱、发光性等特征也和天然珍珠有区别。

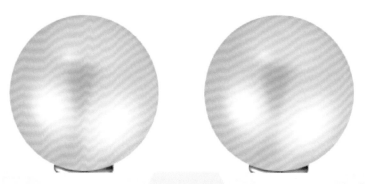

图 25-15　漂白珍珠

4 辐照珍珠的鉴别

（1）观察法。

① 辐照珍珠表面的颜色深浅不一样，沿某个方向，颜色会越来越浅或越来越深，因为样品离辐射源越近，辐照剂量越大，颜色就越深。

② 辐照会产生热量，所以辐照珍珠的表面经常能看到细小的裂纹。

（2）物理性质测试。

① 辐射珍珠的吸收光谱、发光性，经常和天然珍珠有差别。

② 辐射珍珠经常会残留少量放射性物质。

5 天然珍珠和养殖珍珠的鉴定

（1）观察法。

天然珍珠的尺寸一般比较小，但质地致密，光泽强；养殖珍珠的尺寸较大，但质地较疏松，光泽弱。

（2）物理性质测试。

① 密度。养殖珍珠一般有珠核，所以密度较高；而天然珍珠一般密度较低。

② 荧光法。当用X射线照射时，天然珍珠一般不发荧光，养殖珍珠会发出荧光。

6 淡水珍珠和海水珍珠的鉴定

（1）观察法。一般来说，海水珠的尺寸更大，形状更圆，质地更致密，光泽更强；淡水珠的尺寸较小，形状不理想，质地较疏松，光泽较弱。

（2）微量元素测试。海水和淡水中含有的化学成分有区别，如海水中，钾、钠、钡、锶等元素的含量比较高，所以，海水珠中的这些元素含量也比较高。

琥珀

琥珀是几千万年前松树脂埋在地层下面形成的化石。多数琥珀是透明或半透明的，质地温润，颜色丰富，有的琥珀内部还包裹着动植物遗体，栩栩如生，如图26-1所示。

早在几千年前，琥珀就受到很多国家人们的喜爱。据记载，古代有名的美人——"环肥燕瘦"里西汉时期的赵飞燕睡觉时喜欢使用琥珀枕头，因为她喜欢琥珀的芳香。欧洲一些国家的人把琥珀做成饰品佩戴或制作成宗教器物，甚至有的国家使用它祛除瘟疫！东方一些国家如古波斯、阿拉伯国家、中国等也经常把琥珀做成项链等饰品。

近几年，在我国的珠宝市场上，琥珀的行情日益火爆，在很多珠宝展上，琥珀展位的数量有很多。

图26-1 琥珀

特征

1 包裹体

琥珀内部经常包含有动植物遗体,包括蚊蝇、甲虫、蜘蛛、蚂蚁、花朵、小草、树叶等,它们的形态丰富多样,经常让人浮想联翩,这是琥珀惹人喜爱的一个重要原因。

有的琥珀包含的动植物具有很高的学术研究价值,所以有人说,琥珀是"古代摄影师",它把千百万年前人们无法看到的信息记录下来了。

2 颜色、透明度

琥珀的颜色有多种,包括黄色、红色、褐色、蓝色、黑色等。

琥珀的透明度也有多种:有的完全透明,有的半透明,有的微透明或不透明。

3 质地

琥珀在地层下经历了长期的高压,所以质地很细密,具有树脂光泽,看上去晶莹剔透,有一种温润、柔和的感觉,抚摸时感觉很温润。

4 力学性质

(1)密度。琥珀的密度很低,一般为 1.05 ～ 1.10 克/立方厘米,只比水重一点,在饱和的食盐水里会上浮。用手掂量时,即使很大的一块琥珀,也让人感觉轻飘飘的,好像里面是空的一样。

（2）硬度。琥珀的硬度很低，莫氏硬度为 2 ~ 3。平时在佩戴时，需要注意不要接触其他坚硬的物体，以防止被刮伤、划伤；清洗时也不要使用比较硬的刷子。

琥珀的韧性不好，比较脆，平时需要注意避免碰撞。

5 化学成分

琥珀的化学分子式为 $C_{10}H_{16}O$，看起来很简单，但是实际上包括很多种成分，如琥珀酸、琥珀松香酸、琥珀树脂醇、琥珀松香醇、挥发油等，另外，还包含铝、镁、钙、硅等微量元素。

6 耐热性

琥珀属于有机物，耐热性很差，加热到 150℃左右就会发生软化，加热到 250℃左右时就会熔融、分解。

所以，平时需要注意，琥珀应该避免高温，比如不能被阳光照射，不能被烘烤；另外，还需要注意环境不能太干燥，否则会发生开裂。

7 耐腐蚀性

琥珀的耐腐蚀性很差，因此平时尽量不要接触洗涤剂、化妆品、油烟、汗水等物质，它们会使琥珀发生溶解、分解等，使光泽减弱，表面产生斑点、凹坑或产生裂纹。

品种

琥珀主要有以下一些品种。

1 虫珀

虫珀是人们心目中典型的琥珀，里面包裹着小虫子、蚊蝇、树叶、花朵等（见图 26-2）。

图 26-2　虫珀

2 金珀

金珀的颜色呈金黄色，鲜艳明亮，质地致密、细腻，透明度高，看起来清澈、通透，光泽强，是琥珀中的优良品种，如图 26-3 所示。

3 血珀

血珀如图 26-4 所示，颜色呈红色，质地致密、细腻、通透，光泽强，是琥珀中的珍贵品种，具体包括酒红色、樱桃红色、金红色、棕红色等颜色。

图 26-3　金珀

图 26-4　血珀

4 蜜蜡

人们一般认为，琥珀是透明的，实际上，很多琥珀是半透明甚至不透明的，我国把这种琥珀叫作蜜蜡，如图 26-5 所示。

在国内的珠宝市场上，人们对蜜蜡的喜爱程度要高于其他透明的琥珀，有人分析，这是由几个方面的原因引起的。

图 26-5　蜜蜡

（1）很多人认为，蜜蜡的形成时间比透明琥珀长，即所谓的"千年琥珀，万年蜜蜡"，所以认为蜜蜡的质地更好。但实际上，这种观点并没有确切依据。

（2）蜜蜡的外观比较符合人们的审美，因为蜜蜡一般是黄色的。在我国，黄色代表高贵。另外，蜜蜡的透明度比较低，光泽显得温润、柔和，看起来比较含蓄，不露锋芒，这也比较符合中国人的性格特点。

（3）每颗蜜蜡的颜色、光泽、表面纹理都是独一无二的，互不相同。

（4）传说蜜蜡具有安神、辟邪的作用，能保佑人平安。

蜜蜡也分为多个品种，按照颜色区分，可分为黄蜜蜡、金绞蜜、珍珠蜜、血蜜蜡、花蜡、白蜜蜡等。目前，被称为"鸡油黄"的黄蜜蜡和"象牙白"的白蜜蜡最受市场欢迎。

此外，按照形成年代区分，蜜蜡可分为新蜜和老蜜两个品种：新蜜是指形成时间比较短的蜜蜡，这种蜜蜡的质地比较疏松，致密度、硬度、颜色、光泽等性质都不太好；老蜜是指形成时间比较长的蜜蜡，它的质地比较致密，所以硬度、颜色、光泽等都比较好。

5 蓝珀

蓝珀被称为"琥珀之王"。它的表面呈蓝色，很漂亮，而且有几个特殊之处（见图 26-6）。

（1）蓝珀在深色背景下是蓝色，如果在白色背景下，它并不是蓝色，而是淡黄色！

（2）一般的蓝色物体看起来就是蓝色的，而蓝珀本身并不是蓝色，而是淡黄色的，只有被光线照射的表面是蓝色，没被照射的部分仍是黄色。

（3）如果转动它，原来的黄色部分如果被光线照射，就会变成蓝色；原来的蓝色部分如果不被照射了，就又变成黄色。而且，光线越强，蓝色越明显。

图 26-6　蓝珀

由于蓝珀的这些特点，而且储量特别稀少，所以是琥珀里最珍贵的品种。

6　其他品种

（1）花珀：颜色呈金黄色，内部有很多放射形状的裂纹，好像花朵一样，很漂亮。

（2）香珀：指经过摩擦会发出香味的琥珀。

（3）翳珀：总体呈黑色，如果在强光照射下观察，会发现里面有一些红点或红块。

（4）骨珀：看起来颜色和骨头一样，质地比较疏松，不透明，光泽很弱，显得发干。

（5）石珀：指发生了石化的琥珀，化学组成中包括较多的无机物，如二氧化硅等。

（6）根珀：包括较多的无机物，看着和一块木头很像。

（7）水胆珀：内部有空腔，含有水分，很少见。

质量和价值的评价方法

1 品种

琥珀的品种不同，价格也不同。在国内，总体来说，蓝珀的价格最高，其次是蜜蜡，其他品种的价值相对较低，如图 26-7 所示。

图 26-7 蓝珀和蜜蜡

2 虫珀

虫珀的价值主要和内部的包裹体有关，具体包括以下几个方面。

（1）包裹体内动植物的种类越珍贵，虫珀的价值越高。比如，含有爬虫的虫珀价值要高于蚊蝇类的，因为爬虫比较少见，而蚊蝇比较常见。

（2）包裹体内动植物的姿态。一般来说，含常见动植物姿态的虫珀价值较低；而含正在捕食、打斗、跳跃等动物姿态的虫珀价值较高，因为这些姿态很少见。

（3）包裹体内如果有多个动植物互相配合，形成了有趣的情景，比如打斗、捕食等，很难见到，所以虫珀的价值就比较高。

（4）包裹体内动植物体形越完整，且没有残缺，虫珀的价值越高。

（5）包裹体内动植物体形越大、越靠近中央，看起来越清晰，虫珀的价值越高。

3 颜色

（1）蓝珀。天蓝色的蓝珀价值最高，其次是蓝紫色，其他颜色如海蓝、蓝绿色、灰蓝色价值较低。

（2）蜜蜡。蜜蜡的颜色有多种，如图26-8所示。前几年，"鸡油黄"的蜜蜡价值最高。最近，白蜜蜡最受欢迎，其最好的品种是象牙白，带黄色调的白蜜蜡价值较低。

图26-8 蜜蜡的颜色

（3）血珀。酒红色的血珀价值最高，和红葡萄酒很像，樱桃红和金红珀次之，深酒红色再次之，红色中带较多黄色调的血棕珀价值最低。

（4）金珀。黄金珀呈金黄色，明亮、鲜艳，价值最高；金棕珀的颜色发红，价值较低；茶金珀的颜色比金棕珀还深，显得发黑、发暗，和茶水很像，价值更低。

4 质地

琥珀的质地越致密、细腻、坚韧，价值越高，各个品种都是这样。

5 透明度

对金珀、血珀、蓝珀来说，透明度越高，价值越高。因为透明度越高，看起来越清澈、通透，颜色也更鲜艳、明亮，光泽更强。

对蜜蜡来说，透明度不能太高，有一定的限度。

6 净度

净度越高，琥珀的价值越高。裂纹、气泡、斑点等瑕疵越少，琥珀的净度越高。

净度高的琥珀，颜色更纯正，质地更细腻、致密，光泽也比较强。

7 加工工艺

加工工艺包括造型和加工质量。造型越新颖，能别出心裁，价值越高，最好有一定的象征意义，有内涵，那样，产品的附加值就会很高，如图 26-9 所示。

另外，加工质量对价值也有影响，包括各部分的比例是否协调，表面应该光滑，线条流畅、圆润，加工缺陷少。

图 26-9　加工工艺

8 块度

在其他因素相当时，琥珀的块度越大，价值越高，体现在大块琥珀的单价比小块高；比如，10 克以下的产品单价如果是每克 120 元，而 10～20 克的单价可能是每克 200 元，20～50 克的单价就可能是每克 400 元。项链、手串类产品相似：直径小的产品单价低，直径越大，单价越高。

产地

（1）波罗的海沿岸，包括波兰、立陶宛、俄罗斯和乌克兰等国，这些地区的琥珀产量占全世界总产量的80%左右。

（2）缅甸，这里出产的琥珀特点是品种多、质量好，包括血珀、金珀、虫珀、根珀、翳珀等。

（3）多米尼加，这里是"琥珀之王"——蓝珀的唯一产地。另外，这里出产的虫珀也很多，包含的动植物种类很丰富。

（4）墨西哥，这里出产蓝绿色的琥珀，在市场上通常被称为墨西哥蓝珀。

（5）中国，主要是辽宁抚顺。

作假手段

1 优化处理

（1）烤色。将琥珀加热到高温，使它的颜色变深，同时也能提高其透明度和净度。

（2）压清、压固。对琥珀进行加热、加压，使其内部的气泡和裂纹闭合，提高琥珀的透明度、净度和强度。

（3）染色。把普通琥珀染成价值较高的品种，比如老蜜蜡、蓝珀、酒红血珀、黄金珀等。

（4）注胶。在琥珀的裂纹、孔洞里注胶，能提高透明度和净度，同时可增加产品的重量。

（5）覆膜。在琥珀表面覆一层薄膜，可以改变产品的颜色、光泽、净度等。

（6）水煮。将金绞蜜在专门的化学试剂中加热、加压，制作成蜜蜡。

2 压制琥珀

用天然琥珀的碎块或粉末做原料，进行加热、加压，使它们软化或熔融，制作成大块的琥珀。

3 仿制品

用其他材料如柯巴树脂、松脂、亚克力、酚醛树脂等仿造琥珀。

鉴别方法

1 优化处理品

（1）烤色。

① 观察法。

如图 26-10 所示是一串烤色老蜜蜡，它包括以下几个特征。

特征 1：整串项链珠子的颜色一样，而且很新鲜，光泽比较强。

特征 2：烤色琥珀的表面和内部通常有比较多的裂纹。

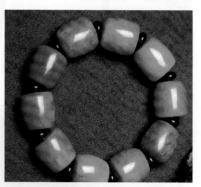

图 26-10　烤色老蜜蜡

特征 3：烤色琥珀的净度和透明度比较高，看起来很完美。

② 物理性质测试。这包括发光性、吸收光谱、红外光谱等。

（2）压清。

① 观察法。

特征 1：琥珀的净度和透明度特别完美，而天然琥珀内部经常有一些瑕疵。

特征 2：压清琥珀的颜色比较均匀一致，而天然琥珀的颜色一般分布不均匀。

② 物理性质测试。这包括发光性、吸收光谱、红外光谱等。

（3）压固。

压固琥珀主要是观察法，有以下几种。

特征 1：压固琥珀内部有"血丝"现象，这是在处理过程中琥珀颗粒发生氧化形成的。

特征 2：压固琥珀内部的杂质基本上沿一个方向排列，而天然琥珀内部的杂质排列比较混乱。

特征 3：压固琥珀内的气泡比较扁，而且沿一个方向排列；而天然琥珀内的气泡是圆的，排列混乱。

（4）染色。

① 观察法。

特征 1：染色琥珀的颜色过于鲜艳，看着不自然；而天然琥珀的颜色比较柔和。

特征 2：染色琥珀的颜色基本一致，而天然琥珀各个位置的颜色不一致。

特征 3：染色琥珀的裂缝里颜色比较深，周围比较浅。

特征 4：染色琥珀的颜色主要集中在表面一个薄层，颜色很深，而内部的颜色很浅。

② 擦拭法。用棉球蘸酒精擦拭，很多颜料都能被擦掉。

③ 物理性质测试。如发光性、吸收光谱、红外光谱等。

（5）注胶。

① 观察法。

特征 1：用强光照射琥珀表面，如果经过注胶处理，可以看到注胶部分的颜色、光泽和周围不一样。

特征 2：经常会看到胶的流动痕迹或内部的气泡。

② 物理性质测试。如发光性、吸收光谱等。

（6）覆膜。

① 观察法。

特征 1：覆膜琥珀的颜色十分鲜艳，不自然，而且各个位置基本一样。

而天然琥珀各个位置的颜色经常有区别。

特征2：覆膜琥珀的颜色只集中在表面的一个薄层，内部的颜色很浅。

特征3：覆膜琥珀的棱角或凹陷处，经常能看到薄膜褶皱或凸起等现象。

②物理性质测试。如折射率、发光性、吸收光谱、红外光谱等。

（7）水煮。

水煮蜜蜡主要采用观察法，有以下几种。

特征1：内部有大量很细小的气泡。

特征2：水煮蜜蜡的流淌纹不明显，而天然蜜蜡经常有流淌纹。

特征3：水煮蜜蜡各部分的颜色、光泽、透明度等基本相同，很均匀。

2 压制琥珀

如图26-11所示，压制琥珀主要采用观察法，有以下几种。

特征1：天然琥珀一般都有流淌纹，纹路比较混乱；压制琥珀经常能看到搅拌纹，纹路沿一定的方向排列。

特征2：经常能看到压制琥珀的表面是一块块的，它们是没有完全熔化的原料。

特征3：用放大镜观察，可以看到压制琥珀内部经常有"血丝"。

特征4：用放大镜观察，可以看到压制琥珀内部的气泡是扁的，而且沿一个方向排列。

3 仿制品

（1）观察法。

特征1：仿制品各个位置的颜色、光泽基本一致，如果是项链或手链，每个珠子的形状和大小也完全相同。

特征 2：有的仿制品，颜色、透明度、光泽等和琥珀差别很大，感觉不自然。

特征 3：虫珀仿制品的透明度一般特别好，里面的动植物很大、很完整，但是姿态很僵硬，不自然，如图 26-12 所示。

特征 4：仿制品内部通常看不到天然琥珀具有的流淌纹，如图 26-13 所示。

图 26-11　压制蜜蜡

图 26-12　虫珀仿制品

（2）通过手掂、抚摸、嗅气味等，也能鉴别出很多仿制品。

（3）物理性质测试。如盐水法测密度、荧光法、折射率、带电性、吸收光谱、红外光谱等。

图 26-13　蜜蜡仿制品

珊瑚

珊瑚是海水中的珊瑚虫以及它们的分泌物和骨骼形成的化石，很多看起来像树枝。有的珊瑚颜色鲜艳，惹人喜爱，可以做成首饰和工艺品，如图 27-1 所示。

在我国，人们认为红珊瑚象征吉祥和富贵。清朝时期，特定级别的官员，其朝珠或官帽的顶珠就是用红珊瑚做的。佛家将珊瑚列为佛教"七宝"之一，经常用它做佛珠或佛像的装饰品。

图 27-1 珊瑚

特征

1 颜色

珊瑚的颜色有很多种，常见的有白色、灰白色、灰黑色、红色、粉色、黑色、蓝色等。做首饰用的一般是红珊瑚，包括鲜红色、粉红色、橙红色等颜色。如图 27-2 所示是粉红色珊瑚饰品。

图 27-2　粉红色珊瑚

2 透明度与光泽

做首饰用的珊瑚一般微透明，具有较强的油脂光泽或蜡状光泽，如图 27-3 所示。

图 27-3　透明度与光泽

3 结构与质地

做首饰用的珊瑚结构很致密，质地非常坚韧，在表面上有纵向的条纹，如果把珊瑚切开，可以看到横截面上也有圆环形状的条纹，一圈圈的，就和树木的年轮一样，如图 27-4 所示。

4 化学组成

珊瑚的化学成分以无机质为主，含有 90% 左右的碳酸钙，5% 左右的有机质，少量水分，另外还有一些微量元素，如镁、铁等。

5 硬度和韧性

珊瑚的莫氏硬度为 3 ~ 4，容易加工，但是脆性比较高，加工时需要注意。

珊瑚的密度和它的致密度有关，致密度高的珊瑚，密度为 2.6 克/立方厘米左右。

图 27-4　珊瑚横截面上的圆环形条纹

6 耐热性

珊瑚的耐热性不好，当周围的温度比较高时，它内部的水分会消失，有机质也会发生分解，所以珊瑚的颜色会改变，光泽会消失，严重的还会开裂。

所以，平时在佩戴和保存珊瑚时，要注意避免接触高温物体；而且，环境也不能太干燥，因为那样珊瑚容易失水而发生变质。

7 耐腐蚀性

珊瑚的化学稳定性不好，耐腐蚀性很差，日常生活中的很多用品都会腐蚀珊瑚，比如洗涤剂、化妆品、汗水、油烟等。这些物品会使珊瑚表面出现麻点、斑块、凹坑等，产生变色、光泽变暗、开裂等现象。

所以，平时需要注意，应尽量避免珊瑚和化学物质接触，在洗漱、化妆、做饭、运动、洗澡时不要佩戴珊瑚饰品。

质量和价值的评价方法

1 颜色

珊瑚的颜色比较多，人们一般喜欢红珊瑚。红珊瑚的形成周期长，很少见，而且开采十分困难，所以一向被称为"红色黄金"。

红珊瑚的颜色越鲜艳、越浓郁，价值越高，如鲜红、深红色的珊瑚，如图 27-5 所示；粉红色珊瑚价值稍微低一些。

图 27-5 红珊瑚

2 透明度、光泽

珊瑚的透明度越高、光泽越强，价值越高。

3 质地

珊瑚的质地越致密、越细腻，价值越高。

珊瑚的质地还会影响其他性质：如果比较致密，颜色会更纯正、透明度会更高、光泽更强，硬度、韧性也比较高，如图27-6所示。

4 加工工艺

（1）产品的造型越新颖，价值越高。

（2）产品加工越精细，价值越高，如图27-7所示。另外，加工质量越高，产品价值越高，比如，各部分的比例是否协调，表面是否光滑，线条是否圆润，有没有加工缺陷，这些都会影响珊瑚的价值。

5 净度

产品的瑕疵、缺陷越少，包括裂纹、孔洞、斑点、斑块、杂质等，净度越高，价值也越高。

6 块度

大块珊瑚生长需要的时间更长，所以更稀有。在其他因素相同时，珊瑚的块度越大，价值越高。

图27-6　质地

图27-7　加工工艺

产地

珊瑚的产地主要有地中海、波斯湾、日本、中国台湾附近的海域等。

作假手段与鉴别方法

1 仿制品

珊瑚的仿制品有红色的树脂、玻璃、动物骨头等。其鉴别方法主要有以下几种。

（1）观察法，如图27-8所示。

① 天然珊瑚的侧面有纵向条纹，横截面上有圆环状条纹，一般的仿制品没有这些特征。

② 天然珊瑚的颜色、光泽一般不均匀，在各个位置不一样；而仿制品的颜色比较均匀，而且显得很浓艳，看着不正常。

③ 天然珊瑚一般有一些瑕疵，比如裂纹、孔洞、斑点等；而仿制品一般看起来都很完美、漂亮，而且价钱还不贵。

④ 塑料、玻璃的透明度比较高，光泽比较强；天然珊瑚的透明度很低，光泽也比较弱。

（2）物理性质测试。如密度、硬度、折射率、化学成分等。

2 优化处理品

（1）染色。即把颜色不理想的珊瑚染成红珊瑚，如图27-9所示。其鉴别方法主要有以下几种。

① 观察法。染色珊瑚的颜色特别浓，显得不自然，而天然珊瑚的颜色比较自然、柔和；染色珊瑚的颜色在各个位置基本一样，没有变化。

② 用棉球蘸一些水或酒精擦拭样品表面，有的染料可以被擦掉。

③ 物理性质测试。如吸收光谱、红外光谱、化学成分测试等。

（2）充填。用树脂填充珊瑚的孔洞、裂纹等，提高净度。其鉴别方法主要有以下几种。

① 用放大镜观察。可以看到充填部分的阴影和周围部分的颜色、光泽有区别。

② 热针法。用热针接触样品的表面，如果针尖出现小液滴，就说明可能是充填物。

③ 物理性质测试。如发光性、吸收光谱、红外光谱等。

图 27-8　珊瑚仿制品

图 27-9　染色红珊瑚

象牙

象牙颜色洁白，质地致密、细腻，光泽温润、柔和，在古代就受到帝王将相、王公贵族的喜爱。朝廷大臣上朝时，手里都拿一个象牙笏，在上面记载要启奏的事项。帝王和贵族还经常使用象牙制作的日用品，包括酒杯、筷子等。此外，人类还经常用象牙制作首饰、工艺品等，如图 28-1 所示。

象牙雕刻简称牙雕，在周朝时已经成为一个行业，《周礼》对它进行了记载。《诗经》《左传》等古籍也对象牙进行了记载。明清时期，北京有八种手工艺，其制品经常作为皇家贡品，它们被称为"燕京八绝"，牙雕就是其中之一。

近年来，很多国家禁止象牙贸易，所以现在人们经常用猛犸象牙代替大

图 28-1 象牙

象象牙。猛犸象是古代生活在欧洲和亚洲大陆北部寒冷地区的一种象，身体上长着长毛，在距离现在 4000 年前灭绝了。猛犸象牙的性质和大象象牙很接近，也适合进行牙雕，而且，目前猛犸象牙的交易是合法的。

一 特征

1 颜色

象牙的颜色是纯洁的白色，有些会带一些黄色调，如图 28-2 所示。

图 28-2　颜色

猛犸象牙由于长期埋在地下，受到土壤中各种物质的侵蚀，所以表面经常呈灰色、黄色、褐色、红色、黑色等颜色，而内部仍是白色，如图 28-3 所示。

2 透明度与光泽

象牙呈微透明，具有油脂光泽，晶莹、润泽、柔和，如图 28-4 所示。

图 28-3　猛犸象牙

3 结构与质地

象牙的结构致密、细腻，质地坚韧、柔滑。

猛犸象牙的结构比大象象牙还要致密，质地更坚硬，如图 28-5 所示。

图 28-4　透明度与光泽　　　　　　　图 28-5　质地

如果把象牙切开，会看到在象牙的横截面上有很多条纹，这些条纹互相交叉，形成网格的形状，这是天然象牙的一个重要特征，如图 28-6 所示。

4 化学成分

象牙的化学成分主要为磷酸钙，含少量有机质和水分。

5 硬度与韧性

象牙的莫氏硬度为 2.5 左右，韧性很好，所以适合进行精细的雕刻加工。

象牙的密度不高，只有 1.7～2.0 克／立方厘米，拿在手里感觉轻飘飘的。

猛犸象牙的硬度和密度都比大象象牙高一些。

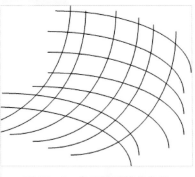

图 28-6　象牙的网格状条纹

6 耐热性

象牙的耐热性不好，周围温度高时，象牙容易变质，里面含有的水分会蒸发，有机质也会分解，使象牙的颜色发黄，光泽变暗、消失，甚至会产生裂纹，尺寸大的产品还会变形甚至开裂。所以，平时保存象牙制品时，温度不能太高。

另外，保存象牙时，房间里还应该保持一定的湿度，因为如果太干燥，即使温度不高，象牙也会因为脱水而引起变质。

所以，平时应该注意：象牙制品不能烘烤，不能被阳光照射，冬天应该离暖气远一点，在做饭时不能佩戴象牙饰品，要远离微波炉、煤气炉等。

7 耐腐蚀性

象牙由于含有一些有机质和水分，所以化学稳定性不好，耐腐蚀性比较差，表面沾上香皂、洗衣液、化妆品、油烟、汗水时都会发生腐蚀，颜色会褪色，光泽会变暗，还会产生斑点、裂纹等。所以，平时在洗漱、洗衣、化妆、做饭、运动、洗澡时，尽量不佩戴象牙饰品。

质量和价值的评价方法

1 品种

目前，猛犸象牙和大象象牙相比，二者各有其优缺点。

（1）人们对大象象牙的认可度更高，而对猛犸象牙的认可度还有待提高。

（2）猛犸象牙和大象象牙的很多性质相近，都适合精细加工，产品都有比较高的观赏价值。

（3）目前，多数国家禁止大象象牙交易，而没有禁止猛犸象牙交易。

（4）猛犸象牙也属于不可再生资源，收藏前景好，升值潜力比较大。

2 颜色

人们普遍更喜欢纯白色的象牙，如果颜色泛黄，价值会降低。但有的象牙制品是从古代流传下来的，虽然颜色发黄，但价值仍很高，如图28-7所示。

图 28-7　古代流传下来的象牙制品

3 质地

象牙的质地越致密、细腻、坚韧，光泽越强，透明度越高，有温润感，价值越高。

4 加工工艺

（1）造型越新颖、别致，如果再有一定的内涵和象征意义，价值会比较高。如图 28-8 所示的象牙雕刻作品，是一只小猴在向一头大象行礼，所以，作者将这件作品起名为"封侯拜相"，具有很好的寓意。

图 28-8　牙雕作品——《封侯拜相》

（2）工艺难度。有的作品结构很复杂，工艺难度很高，比如镂空结构，所以其价值也比较高。如图 28-9 所示的作品"龙生九子"，该作品加工精巧、玲珑剔透，可以看出，它的加工难度很高，对加工者的技术要求特别高，所以价值也很高。

（3）加工质量。加工质量包括各部分比例是否协调，表面是否光滑、圆润，线条是否柔和等，另外，有没有加工缺陷，缺陷明显不明显，如划痕、崩角等，缺陷越少，价值越高。

5 块度

其他因素相同时，块度越大，价值越高。如图 28-10 所示的作品，作者是对一整根象牙进行雕刻加工，所以它的价值自然比较高。

图 28-9　牙雕作品——《龙生九子》

图 28-10　块度

产地

　　大象象牙的产地包括非洲和东南亚一些国家，如坦桑尼亚、塞内加尔、泰国、缅甸、斯里兰卡等。

　　猛犸象牙主要产于西伯利亚和阿拉斯加等地的冻土层中。

造假手段及鉴别方法

市场上的假冒产品主要是仿制品，包括海象牙、河马牙、鲸牙、植物象牙、牛骨头、玻璃、塑料等，如图 28-11 所示。

鉴别方法主要有以下几种。

（1）象牙的横截面上都有网格形状的纹理，而仿制品一般没有。

（2）象牙由于本身资源稀少，价格高昂，所以人们很重视对它的加工，工艺一般很精细，而仿制品的加工一般比较粗糙。

（3）象牙质地细腻、致密，表面光滑，而仿制品都存在或多或少的差异，如果有经验的话，可以分辨出来。

（4）物理性质测试，包括密度、硬度、发光性、化学组成等，通过这些性能能够进行鉴别。

牦牛骨仿象牙制品

人造象牙材料

图 28-11　象牙仿制品

金

黄金可以说是人们最熟悉的贵重物品了，自古以来，"金银珠宝"一直是"珍贵""贵重"的代名词。

人类使用黄金的历史很悠久：考古研究发现，早在公元前2600年，古埃及人就用象形文字记载了黄金。目前，人们知道的世界上最古老的地图叫杜林纸草地图（Turin Papyrus Map），它是公元前1320年绘制的，记载的是当时金矿的分布情况！

由于黄金的稀有和珍贵，很多国家和个人都用它来制作首饰、货币、艺术品，甚至日用品等，黄金成为个人以及一个国家财富、权力、地位的象征，如图29-1所示。

图29-1　金制品（左：沙特阿拉伯出土文物——金面具；右：金首饰）

特征

1 颜色与光泽

金的颜色为金黄色，纯正、鲜艳、明亮，如图 29-2 所示。在古墨西哥语中，黄金的意思是“上帝的大便”。

图 29-2　颜色与光泽

金具有典型的金属光泽，强烈、耀眼。金的化学符号是 Au，来自拉丁文名称 Aurum，这个名称来源于古罗马神话中的黎明女神 Aurora，意思是"灿烂的黎明"。

2 密度

金的密度为 19.32 克 / 立方厘米，是铁的 2 倍多，拿在手里会感觉沉甸甸的。

3 硬度

黄金的硬度很低，莫氏硬度只有 2.5 ~ 3，和指甲差不多。所以，平时佩戴金首饰时，不能用力拉、拽、捏，那样它们可能会变形；也要避免和其他比较硬的物体接触、摩擦；如果金首饰的表面脏了后，不能用刀片等刮，那样很容易损坏它们。

4 塑性

人们经常把塑性叫作延展性。纯金的塑性很好，可以被压成很薄的金箔，这片金箔有多薄呢？它可以是半透明的！

平时我们经常能看到一些庙宇里的佛像好像是黄金做的，或者一些宫殿里的墙壁、家具等好像是黄金做的，实际上，它们中的大多数并不是用黄金铸造的，只是在表面粘贴了一层很薄的金箔。

另外，金也可以拉成又长又细的金丝，有人做过实验：1 克黄金可以拉成 300 多米长的金丝。古代著名的金缕玉衣，就是用金丝把玉片编织起来的，如图 29-3 所示。

人们也经常利用金的优良塑性，制作一些形状复杂的产品，如图 29-4 所示。

5 耐热性

金的熔点是 1064℃，在人类发现铁之前，金的熔点比银、青铜等金属的熔点都高，另外，纯金的熔点比混有其他元素的合金的熔点更高。

图 29-3　金缕玉衣

有人经常用铜合金或混有杂质的金冒充纯金，所以，人们采用火烧的方法进行鉴别：那些假冒的黄金或纯度低的黄金会发生熔化，而纯金却不会熔化，这样，就有了"真金不怕火炼"的说法。

6 化学稳定性

金的化学性质很稳定，主要表现在以下几个方面。

（1）在常温下，不会和氧气发生反应，也就是不会氧化、生锈。

（2）黄金不溶解于水。

（3）在高温下，也不会被氧化。如果用火烧一块铁或钢，过一会就会发现钢铁的表面会变成蓝色、黑色或黄色，这是因为钢铁在高温时发生了氧化、变质。但如果用火烧黄金，它是不会变色的，甚

图 29-4　形状复杂的金饰品

至用温度很高的氧炔焰使黄金熔化后，它也不会变色！也就是不会发生氧化、变质。

（4）黄金不和单独的酸、碱发生反应，包括盐酸、硫酸、硝酸、氢氧化钠等，所以，金的耐腐蚀性很好。如图29-5所示是古代的金印，可以看到，

图 29-5　古代的金印

虽然经过了很多年，颜色仍很鲜艳，光泽也很耀眼。

但是，平时佩戴黄金首饰时，人们也经常发现它们会发生变色等情况，原因有很多种。

（1）金会和汞（水银）发生化学反应。有的化妆品里含有微量汞，金首饰和汞接触后，会生成黄白色的物质，从而发生变色。

（2）金会溶解于一些物质的混合物或与它们发生反应，比如会溶解于氰化物溶液；会溶解在盐酸和硝酸的混合物中；也会和含硫、氯的物质，土壤中的一些腐殖酸以及一些细菌发生反应。

（3）金首饰中经常含有其他合金元素，如银、铜等，这些元素会与一些物质发生反应，从而使金首饰变质。

所以，在平时，黄金首饰需要认真保养，包括尽量不和化妆品、洗涤用品、汗水等接触，在做饭、洗漱、化妆及运动时，最好摘下来。

纯度及表示方法

纯度也叫成色，对金制品包括金首饰的价格影响很大，成色好是指纯度高、含金量高。

按照纯度，金首饰可分为纯金和 K 金两大类。

1 纯金

纯金也叫足金、赤金，含金量在 99% 以上。人们常把含金量在 99.9% 以上的称为千足金，把含金量在 99.99% 以上的称为万足金（见图 29-6）。

图 29-6　万足金

足金首饰和制品的表面经常刻着"990""Au990""G990"等字样，千足金的表面经常刻"999"或"G999"等字样，"G"是黄金英文单词的第一个字母。

2 K金

纯金的硬度很低，在加工和使用过程中容易变形、磨损，所以人们经常加入一些其他金属，如银、铜等，做成合金，合金的硬度比纯金高，不容易变形、磨损，熔点也比较低、容易熔炼，而且产品的成本可降低。

人们把这种合金称为K金。K金中加入银、铜的

图 29-7　18K 金项链

数量不一样，也就是 K 金的含金量不同，首饰界规定：纯金是 24K，即 24K 金的含金量是 100%，其他 K 金的含金量依次类推，如 22K 的含金量是 22/24 ×100=91.6%，18K 的含金量是 18/24 ×100=75%。22K 金制品的表面经常刻有"G916"等标记，18K 金制品的表面经常刻有"G750"等标记。如图 29-7 所示为 18K 金项链。

其他常见的金制品

1 玫瑰金

玫瑰金是金和铜、银的合金，含金量一般为 75%，呈玫瑰红色，如图 29-8 所示。玫瑰金具体成分有多种，比如，有的成分为 75% 金 +25% 铜，有的成分为 75% 金 +21% 铜 +4% 银。

图 29-8　玫瑰金

2 紫金

紫金是金和铜、铁、镍等元素的合金，含金量一般只有 58.5% 或

37.5%，分别相当于 14K 和 9K。其颜色呈紫红色，硬度比较高，耐磨性好，主要产于俄罗斯。

3 3D 硬金

3D 硬金是近几年出现的新产品，纯度也分为足金、千足金等类型，3D 硬足金的纯度在 99% 以上，3D 硬千足金的纯度在 99.9% 以上，和普通的金首饰一样。

3D 硬金首饰和普通金首饰的区别是：它的制造工艺比较特殊，导致它一方面具有很高的纯度；另一方面也具有很高的硬度，所以就克服了普通纯金硬度低的缺点。3D 硬金首饰的另一个优点是：它一般是空心的，所以看起来体积很大，但是实际重量却不高，所以总的价格不太高，如图 29-9 所示。

图 29-9　3D 硬金产品

由于 3D 硬金首饰采用了特殊的制造工艺，所以它在这方面的成本比较高，商家在销售时，会把这方面的成本计算进去，然后再加上金的纯度方面的成本，就使 3D 硬金的单价特别高。

作假手段

1 镀金首饰

镀金首饰是指在其他首饰表面镀一层黄金，使它们看起来和金首饰一样。

2 包金首饰

包金首饰是指在其他材质的首饰表面包一层金箔。

3 仿金首饰

仿金首饰是指用别的金黄色的材料仿造黄金，也叫亚金。常见的仿制品有黄铜、铜－锌－锡合金、氮化钛、87.5% 铜 +12.5% 锌、58.5% ~ 68.5% 铜 +30% ~ 40% 锌 +1.5% 锡，或 90% 铜 +7% 铝 +3% 镍，等等。

有的仿金配方中含有稀土元素，人们称其为稀金。

鉴别方法

（1）观察法。

① 看产品的印记。国家规定：生产厂家必须在金首饰的背面刻制印记并标明纯度，比如 Au999、Au990 等。如图 29-10 所示是玫瑰金戒指和它的印记——Au750。

② 看颜色。含金量不同，产品的颜色也不同，有的发白，有的发红。比如，含银的比例比较高时，颜色会发青；含铜量高时，颜色会发红。

③ 看光泽。含金量越低，产品的光泽越弱。如图 29-11 所示是 18K 金项链的颜色和光泽。

（2）手掂。含金量越高，密度越大，手感越重。

（3）测硬度。纯度越高，硬度越低，所以纯金首饰甚至用牙咬得动。

（4）物理性质测试。比如测试样品的密度，电子能谱直接分析化学成分等，可以迅速、准确地进行鉴别。

图 29-10　玫瑰金戒指

图 29-11　18K 金项链的颜色和光泽

30

铂

铂，又叫铂金、白金，是一种比黄金还贵重的金属，具有洁白无瑕的颜色、耀眼的光芒、细腻坚韧的质感，历来都是纯洁、永恒的象征。

18世纪，法国国王路易十六赞誉铂是"唯一与国王称号相匹配的贵金属"；19世纪的西班牙国王卡罗斯四世、英国女王伊丽莎白二世和王妃格蕾丝·凯利等王室贵族都对铂金宠爱有加；1900年，著名的Cartier珠宝公司进一步将铂金首饰推向市场，从那以后，它更是征服了无数人，包括好莱坞明星、模特在内的众多拥护者都喜欢佩戴铂金饰品，以展现自己优雅的魅力和超凡的气质，如图30-1所示。

图30-1　铂金首饰

特征

1 颜色

　　铂的颜色是白色，由于在发现铂之前，人类已经发现了银，人类发现它的颜色和银很像，所以铂的西班牙语名称是 Platina，意思是银。18 世纪中期，南美洲的铂矿产品开始运到欧洲，很多学者开始认真研究它，1752 年，瑞典一位化学家将它称为 aurum album，意思是白金。

　　铂的白色十分纯净、无瑕，所以人类用它象征纯洁的爱情，如图 30-2 所示。

　　人类镶嵌钻石时，一般使用铂金，而很少用黄金，因为钻石的颜色如果泛黄，人们会认为质量较差，如果用黄金镶嵌，本来钻石的颜色等级很高，但也可能会被映衬

图 30-2　颜色

得发黄，而用铂金来镶嵌，就不会出现这个问题，如图 30-3 所示。

　　用铂金镶嵌其他宝石时，能够更加映衬宝石的颜色和光泽，比如红宝石、蓝宝石等，使它们显得更加鲜艳夺目，如图 30-4 所示。

2 光泽

　　铂具有明亮、耀眼的光泽，这种光泽很强烈，在很远的地方就可以

图 30-3　白金镶嵌钻石

看到。即使在周围的光线比较昏暗时，也很容易看到铂的光泽。所以经常有这样的情况：有的人即使戴着一条很细的项链，但我们却很容易发现它！因为人们会从不同的角度看到它发出的光芒，如图 30-5 所示。

图 30-4　白金镶嵌祖母绿

　　所以，温莎公爵夫人曾说过一句名言：“下午五点之后，你应该佩戴铂金。”因为那时候，灯光比较微弱，在那样的环境里，铂金的光芒会使佩戴者获得鹤立鸡群的效果。

3 密度

　　铂的密度为 21.45 克 / 立方厘米，比金还高，所以手感更重，如图 30-6 所示。

图 30-5　光泽

4 硬度

　　铂的硬度比黄金高，莫氏硬度为 4 ~ 4.5，更加耐磨损。但是，它的硬度比很多宝石和金属都低，所以，平时佩戴时，也应该避免和其他比较硬的物体接触、摩擦。

5 塑性

　　铂的塑性很好，可以压成很薄的箔片，或拉成很细的铂丝（见图 30-7），也很容易加工成其他比较复杂的形状。

图 30-6　铂金的密度

6 耐热性

　　铂的熔点是 1773℃，比金的熔点高得多，很难熔化。

图 30-7　塑性

7　耐腐蚀性

　　铂的化学性质很稳定，耐腐蚀性很优异，主要表现在以下几个方面。

　　（1）在空气中不会氧化，即使佩戴多年，颜色和光泽也始终如初、永久不变，不会褪色，光泽也不会消失，而是永远洁白无瑕、光彩夺目，如图 30-8 所示。所以，铂代表着永恒不变、坚贞不渝。

图 30-8　光彩永恒

（2）铂能耐很多物质的腐蚀，包括盐酸、硫酸、硝酸、氢氧化钠等。

（3）不会和汞发生反应。

（4）在高温下也不氧化，甚至熔化成液体后，也不会氧化、变质。

虽然铂的耐腐蚀性很好，但平时佩戴时，也要注意保养，因为铂会溶解于一些特别的物质或与它们发生反应，比如王水、碱金属的氰化物、盐酸和过氧化氢的混合物等。铂金首饰中经常含有其他合金元素，这些元素有时会与一些物质发生反应，从而会使铂金首饰变质。

所以，平时铂金首饰尽量不要与化妆品、洗涤用品、汗水等接触，在做饭、洗漱、化妆及运动时，最好都摘下来。

8 稀有性

铂在地球上的储量很少，产量只有黄金的 5%，而且开采、提炼都很困难。

铂的产地主要是南非和俄罗斯，它们占全球总储量的 95% 左右，另外，加拿大、美国等国家也有少量产出。

纯度及表示方法

制造铂金首饰时，一般不使用纯铂，因为它的硬度太低，容易发生变形和磨损。所以，也需要在铂中加入一些其他金属，如钌、铱、钴、钯等，制成合金，这样既能提高硬度，还能降低熔点，便于熔炼。

铂金的纯度对它的价格影响很大，铂的符号是 Pt 或 Platinum，常见的铂金制品的纯度有四种：99%、95%、90%、85%，分别用 Pt990、Pt950、Pt900、Pt850 表示，Pt990 也叫足铂。如图 30-9 所示是 Pt900 项链。

图 30-9　Pt900 项链

仿铂金首饰

1 K 白金

　　K- 白金是用金和其他一些元素如银、铜等形成的合金，呈白色，颜色和光泽都和铂很像，在市场上很常见。K 金包括 18K、14K、9K 等类型，分别表示含金量为 75%、58.5% 和 37.5%。如图 30-10 所示是 18K-白金饰品。

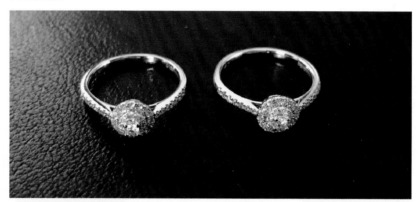

图 30-10　18K- 白金

2 镀铂金首饰

　　镀铂金首饰是指在其他材质的首饰表面镀一层铂金，使它们看起来和铂金一样。

3 其他仿制品

　　其他仿制品包括钯金、银等。

鉴别方法

1 观察法

观察主要是看产品的印记。因为国家规定：生产厂家必须在铂首饰的背面刻制铂金印记——Pt 或铂，还要标明纯度，比如 Pt950、Pt990 等，如图 30-11 所示。

图 30-11　铂金戒指及标记

K 金的标志和金饰品一样，比如 18K 的 K 金表示为：Au750、G750、18K 等，表示含金量是 75%，如图 30-12 所示。

图 30-12　K 金

2 物理性质测试

很多仿制品的外观和铂金差别不大，比如颜色、光泽等，很难区分出来，所以主要依靠测试物理性质。

（1）密度。由于铂的密度比金还高，所以铂金首饰的密度比多数仿制品都高。但由于铂金首饰的尺寸一般很小，重量很轻，所以用手掂法很难鉴别出来，必须使用专业工具。

（2）硬度。通过测试硬度，也可以把铂金和一部分仿制品区分开。

（3）化学成分测试。通过电子能谱等方法测试样品的化学组成，可以迅速、准确地鉴别 K 金、银等仿制品。

银

　　在很多国家，银都是一种历史悠久、应用广泛的贵金属。在我国，"金银首饰""金银珠宝""金银细软"自古以来都是富贵的象征。

　　据考证，早在 4000 多年前，人类就已经使用银器了，包括制造首饰、货币、工艺品、奢侈品、日用品等，妇女们佩戴各种各样精美的银首饰，王公贵族使用银质的餐具，如碗、筷、酒杯、酒壶等；而用量最大的是作为货币，包括银元宝、银圆、银币等。在民间，至今仍流传着一些关于银的未解之谜，如张献忠"江口沉银"等。如图 31-1 所示是一件银首饰。

图 31-1　银首饰

特征

1 颜色与光泽

　　银的颜色是白色，具有金属光泽，如图 31-2 所示，它的拉丁文名称是 Argentum，是"浅色、明亮"的意思。

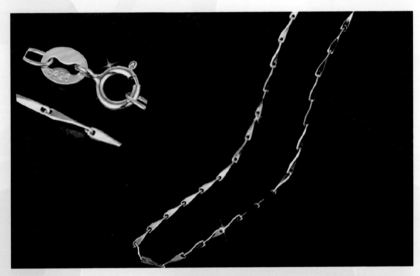

图 31-2　颜色与光泽

　　古代，人们发现的金属种类很少，只有金、银、铜、铁等，金的价格昂贵，铜和铁的颜色发暗，而且容易受到腐蚀变质，所以，银凭借其独特的颜色和光泽受到妇女的广泛喜爱，被称为"女人的金属"，如图 31-3 所示。

而且，银的光泽不如铂金耀眼，显得比较朴实、自然、淡雅。

用银镶嵌其他宝石时，也能衬托出它们的颜色、光泽和火彩，如图 31-4 所示。

图 31-3　"女人的金属"

图 31-4　银镶嵌宝石

2 密度

银的密度为 10.49 克/立方厘米，比铁、铜等金属都高，手感比较重。

3 硬度

银的硬度很低，莫氏硬度为 2.5～3。所以，我们经常从电视或电影里看到这样的镜头：人们鉴别银制品时，有时候会用牙咬，如果能咬动，就说明是银；如果咬不动，说明不是银或银纯度不高。

由于银的硬度较低，所以，平时佩戴银饰品时，应该避免和其他比较硬的物体接触、摩擦。

4 塑性

银的延展性很好，可以压成很薄的箔片或拉成很细的银丝，所以很容易加工成比较复杂的形状，如图 31-5 所示。

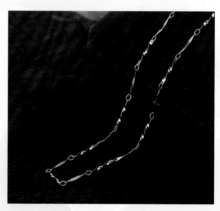

图 31-5　优良的塑性

5 耐热性

银的熔点是 961℃，容易进
行熔化、铸造，所以，古代制造
银元宝、银圆、银饰等制品比较
方便。现在很多银饰品，如银戒
指等也是使用铸造法制作的，如
图 31-6 所示。

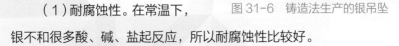

6 化学性质

（1）耐腐蚀性。在常温下，

图 31-6　铸造法生产的银吊坠

银不和很多酸、碱、盐起反应，所以耐腐蚀性比较好。

（2）银容易和硫起反应，生成黑色的硫化银。所以，使用时间长了，
银制品的颜色会发黑，光泽会变暗。

硫有很多来源，包括空气、食物、水、化妆品、汗液等，所以，平
时银首饰尽量不要与化妆品、洗涤用品、汗水等接触，在做饭、洗漱、
化妆及运动时，最好都摘下来。

另外，平时最好经常对银制品进行保养，比如定期清洗。

（3）银的验毒作用。

我国古代经常用银针验毒，这是因为古代经常使用砒霜做毒药，
里面经常含有硫。银针和硫接触后会变黑，所以能检测出食物中是
否有毒。

纯度及表示方法

　　由于纯银的硬度很低，容易变形和磨损，所以制造银首饰时，一般使用银合金，以提高产品的硬度、耐磨性。

　　银合金的纯度对它的价格影响很大，银的化学符号是 Ag，英文名称是 Silver，常见的银合金其纯度有三种：99%、92.5%、80%，分别用 S990、S925、S800 表示。目前市场上使用最多的是 S925，就是人们常说的 925 银，如图 31-7 所示。此外，S990 也称为足银。

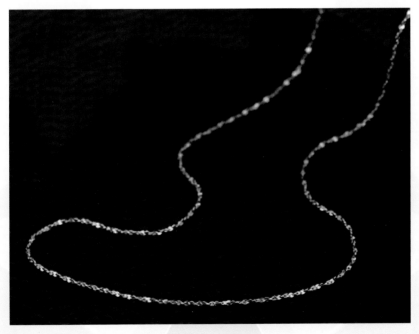

图 31-7　925 银项链

产地

　　银的产地比较多，包括秘鲁、墨西哥、中国、澳大利亚、智利、加拿大等。

　　我国很多省自治区都有产出，其中，江西、云南、内蒙古、广西、甘肃等资源比较丰富。

作假手段

1 用低纯度银假冒高纯度银

比如，用 30% 银 +70% 铜的银合金假冒 925 银。

2 仿制品

（1）锡。锡的颜色也是白色，看起来和银很像，而且密度比较高，手感重。

（2）白铜。白铜是铜和镍的合金，颜色是白色，和银很像，密度也和银接近。

3 镀银首饰

在其他材质如铜的表面镀一层银，使它们看起来和银一样。

鉴别方法

1 观察法

这主要是看产品的印记。国家规定：生产厂家必须在银首饰的背面刻制特定的印记，如 S925，如图 31-8 所示。

2 物理性质测试

有些仿银制品的外观和银很像，比如图 31-9 所示的锡。依靠观察法难以鉴别真伪，需要用专业的工具和方法测试物理性质。

（1）密度。仿制品的密度和银都有区别，但银首饰的尺寸一般都很小，重量很轻，所以用手掂法很难鉴别真伪，必须使用专业工具。

（2）硬度。通过测试硬度，也可以把银和一部分仿制品区分开。

（3）化学成分测试。通过电子能谱、X 荧光光谱法等方法直接测试样品的化学组成，可以迅速、准确地鉴别一些仿制品。

图 31-8　足银 990 戒指及印记

图 31-9　锡

附录

珠宝首饰 100 问

一、综合部分

1. 世界上有多少种宝石？

"宝石"这个词有两层含义，一层是狭义的，一层是广义的。狭义的"宝石"只指透明度比较高的品种，比如钻石、红宝石、蓝宝石、祖母绿、水晶、海蓝宝石等，这类宝石的微观结构多数是单晶体，所以也被称为单晶质宝石。

广义的"宝石"是"宝玉石"或"珠宝玉石"的简称，包括狭义的宝石、玉石和有机宝石。玉石很多人都很熟悉，比如翡翠、和田玉、玛瑙等，它们最明显的特点是透明度不太高，一般是半透明或微透明的。有机宝石是指化学成分含有有机物的宝石，比如大家很熟悉的珍珠、琥珀、象牙、砗磲等。

按照广义的含义来说，资料中介绍，目前世界上的宝石一共有200多种，有的资料介绍说有230多种。当然，有的品种使用比较广泛，人们比较熟悉；而有的品种使用比较少，人们不太熟悉。

实际上，宝石的品种并不是固定的，而是在不断增加，因为人们不断地在世界各地发现一些新的品种。比如，现在人们熟悉的坦桑石是1967年才在非洲的坦桑尼亚被发现的，1969年，美国著名的珠宝公司——蒂芙尼（Tiffany）公司把它推向珠宝市场，很快就受到人们的欢迎。在风靡全球的美国大片《泰坦尼克号》中，女主角凯特·温斯莱特佩戴着一颗"海洋之心"蓝色宝石，引起很多观众的注意。起初，人们认为它是一颗蓝色的钻石，后来才知道，它是一颗坦桑石。所以，这部电影进一步提升了坦桑石的知名度。另外，我国玉石市场上的新宠——黄龙玉是2004年才在云南省龙陵县被发现的，由于玉质优异（硬度高、质地细腻、晶莹剔透）、颜色和色泽独特（黄色在我国传统文化中一直受到推崇）、寓意美好（尊贵），具有较高的观赏价值，受到市场的追捧，一度成为与翡翠、和田玉齐名的玉种。

除此之外，如果把人工宝石考虑在内，宝石的品种就更多了。比如，钻石的仿制品——合成立方氧化锆是 20 世纪 70 年代研制成功的。目前很火爆的另一种钻石仿制品——莫桑钻（或莫桑石）是 20 世纪 90 年代研制成功的专利产品。有时候，由于歪打正着，人们会发现，本来打算用来制造其他产品的一些材料也适合制造人工宝石，比如钛酸锶、铌酸锂，它们属于电子陶瓷材料，主要用来制造电子元器件，但由于它们的折射率比较高，也可以制造人工宝石，所以这就进一步增加了宝石品种的数量。

所以，宝石的品种不是固定的，很难统计它们的实际数目。

2. 宝石有辐射吗？

市场上的大多数宝石并没有辐射，有的即使有辐射，但也是安全的。但是有极少数宝石可能有较强的辐射，会危害人体健康。原因如下。

（1）宝石具有辐射的第一个原因是内部含有放射性元素。多数宝石的内部不含放射性元素，所以它们没有辐射。

（2）宝石具有辐射的第二个原因是它受到了其他辐射源的辐射。比如，人们为了改善某些宝石的颜色，利用辐射技术对它们进行处理，比如一些钻石、黑珍珠、托帕石、碧玺等。辐射技术就是利用辐射源照射宝石，这些辐射源可以向外发射高能量射线，宝石吸收了这些射线后，内部会产生一些晶体缺陷，这些缺陷会使宝石的颜色发生改变。

但是宝石内部产生的这些晶体缺陷有的不稳定，会逐渐消失，在消失的过程中，会向外释放能量，释放能量的过程也是一种辐射，这就使宝石具有了辐射或放射性。

也有的宝石虽然没有特意进行辐射处理，但是可能附近有其他的辐射源，所以受到了辐射，这些辐射同样可能使宝石具有放射性。

（3）宝石的放射性如果剂量较小，就不会对人体产生影响，而如果剂量较大，就会对人体健康产生危害。在宝石行业里，为了消除这种危害，一般会采取一些措施，比如放置一段时间，或对宝石进行热处理，这样，它的放射性就会减小甚至消失。经过测试，确认低于国家规定的安全标准后，再进行销售。

（4）如果宝石内部含有较多的放射性元素，或无意中受到了其他辐射源的辐射，或在辐射处理后，放射性没有降低到安全标准，都会对人体产生危害。但是总的来说，这些情况比较少见。

所以，总而言之，在大多数情况下，不需要考虑宝石的辐射，多数宝石是安全的。如果实在不放心，可以去专业的检测机构进行检测，比如中国计量科学研究院等，以防万一。

3. 人工宝石是宝石吗？

人工宝石也是宝石。只是它们不是自然界天然形成的，而是人们用人工方法制造的。宝石具有三个特征：漂亮、稀有、耐久。人工宝石同样具有这三个特征，只是由于产量高于天然宝石，所以稀有性不如天然宝石。但是很多人工宝石的产量也不是人们想象的那么高，因为制造人工宝石时，会受到技术和设备的限制，需要的时间比较长，所以产量也有限。比如，近几年比较流行的 CVD 培育钻石，如图 1 所示，中央电视台的节目里介绍说，需要 1 个星期的时间，才能得到 1 克拉左右的产品。

这个时间和天然钻石的形成时间相比，当然是很短的，产量很高，但如果和普通的产品如钢铁、汽车、塑料、石油、煤炭、粮食等相比，产量还是很低。

图 1　培育钻石

所以，和其他很多物品相比，人工宝石仍旧是稀有的，正因为如此，所以它们的价格实际上也很高，比如，目前 CVD 培育钻石的价格是天然钻石的 1/5 或 1/6 左右，如果和天然钻石相比，我们会感觉很便宜，但是如果和其他物品相比，我们的看法可能会改变——在国内市场上，CVD 培育钻石的价格是 15000 元 / 克拉左右，1 克拉 =0.2 克，所以每克的价格是 75000 元左右！大家可以把它和黄金的价格比较一下。另外，我们还能想到什么物品的价格比它更高呢？它算不算宝石呢？

4. 佩戴人工宝石有什么好处？

和天然珠宝相比，佩戴人工宝石有一些独特的好处或优点。

（1）和天然珠宝相比，人工宝石最大的优点就是价格便宜。天然宝石由于资源稀缺，所以价格高昂，比如天然钻石的售价普遍都是5万元每克拉甚至更高，一些中档宝石如托帕石、海蓝宝石的价格也是500元每克拉左右。所以，天然珠宝的价格对很多普通消费者来说负担比较重，很多人即使有能力购买，却也舍不得，只能望洋兴叹。但是常言说："爱美之心，人皆有之"，人工宝石就可以满足人们的需求，比较好地解决这个问题。

（2）和天然珠宝相比，很多人工宝石的质量更好，比如颜色更漂亮，净度更高，缺陷更少，尺寸更大。因为企业在生产人工宝石时，可以反复调整化学成分和工艺参数，提高产品的质量。而高质量的天然珠宝很少见，珠宝界里有一句行话叫"十宝九裂"，意思是十块宝石里有九块有裂纹，就是这个意思。所以，在很多时候，人工宝石的装饰效果更好。

（3）我们都知道，在佩戴过程中，珠宝首饰难免会受到损坏或丢失。如果佩戴天然珠宝首饰，一旦发生这种情况，损失无疑会比较大，既包括经济方面又包括感情方面。所以很多人买了天然珠宝首饰尤其是价格比较贵的首饰后，经常面临一个"两难"的选择：如果经常佩戴，害怕受到损失；如果不佩戴，满足不了自己的爱美之心，起不到应有的作用，就相当于白买了，自然不甘心。

而人工宝石首饰能很好地解决这个矛盾，人们可以放心地佩戴，万一发生损坏或丢失，损失也会比较小，不至于让人捶胸顿足、追悔莫及。

由于人工宝石的这些优点，所以很多人购买了天然宝石首饰后，为防止损坏，就把它保存起来，平时并不佩戴，然后再购买一些人工宝石首饰，用于平时佩戴。

由于人工宝石具有这些优点，所以在珠宝界获得了广泛的认可，而且和天然珠宝一样，形成了一个蓬勃发展的产业，甚至一些名人、名企都参与其中，比如，著名的好莱坞影星莱昂纳多·迪卡普里奥就投资创立了一个生产人造钻石的公司，叫钻石工厂（Diamond Foundry）；很多人熟悉的奢侈品品牌施华洛世奇，它的产品主要是人造水晶；另外，全球最大的钻石公司戴比尔斯（De Beers）也开始生产人造钻石了，并为它创立了一个专门的品牌叫 Lightbox Jewelry。

　　有人预测，在未来一段时间里，人造钻石的市场价值将以 22% 的速度增长，2023 年将达到 52 亿美元，2035 年将达到 149 亿美元，将占整个珠宝市场价值的 5%。

5. 人工宝石有哪些品种？

　　人工宝石主要包括下面几个品种。

　　（1）合成宝石：它是人们按照一些天然宝石的化学成分、显微结构、形成条件制造的人工宝石，所以，它们的性质和天然宝石基本相同，比如颜色、光泽、硬度等，所以很难鉴别。培育钻石、合成水晶、合成红宝石、合成蓝宝石等都属于合成宝石。

　　（2）人造宝石：它是人们制造的具有宝石特征的材料，比如外观漂亮、性质稳定，但是自然界并没有这些品种。合成立方氧化锆、钛酸锶就属于这个品种。

　　（3）拼合宝石：它是人们把几块比较小的宝石拼合在一起，通过粘接，制造的大块宝石。因为对很多宝石来说，一个大块的价钱比几个小块的价钱之和要高，所以有人就用这个方法牟利。市场上的拼合宝石很常见，如拼合钻石、拼合欧泊、拼合翡翠等。

　　（4）再造宝石：它是人们用天然宝石的下脚料、碎块或粉末做原料，用胶粘接，或对它们进行加热，在高温下熔化，最后得到的人工宝石。

市场上这种产品也很多，比如蜜蜡、绿松石、青金石、翡翠等。

6. 人工宝石一定是假宝石吗？

不能笼统地说人工宝石就是假宝石。因为按照来源，宝石包括天然宝石和人工宝石两大类。前面已经提到，人工宝石也具有宝石的三个特征，也是宝石，而且它有自己的独特优势、有不可取代的价值，所以很多人特意购买人工宝石。

当然，也有很多人排斥人工宝石，甚至对它们深恶痛绝。究其根源，在很多时候，他们的这种态度实际上针对的并不是人工宝石本身，而是一部分销售人工宝石的商家：因为有的商家用人工宝石冒充天然宝石欺骗消费者，无疑，这些人工宝石确实是"假"的，同时，这也使很多消费者误认为所有的人工宝石都是假货。

但是我们也经常看到：有很多讲诚信的商家，对人工宝石明码标价，注明它们就是人工宝石，让消费者根据自己的意愿，选择购买天然宝石还是人工宝石。所以，这些人工宝石自然就不算"假"的了。这样的例子有很多，比如很多销售钻石的商场里，天然钻石的标牌上标注着"钻石"字样，人造钻石首饰的标牌上标注着"培育钻石"或"合成立方氧化锆"等字样。南非的戴比尔斯公司是全球最大的钻石公司，传统上一直从事天然钻石的开采、销售，近几年也开始研制并销售合成钻石，为了帮助消费者辨别，该公司在自己制造的每颗 0.2 克拉以上的合成钻石上，都做了特殊的识别标记。

7. 假宝石一定是人工宝石吗？

前面提到，不能笼统地说，人工宝石就是假宝石。反过来也可以说，假宝石也不一定都是人工宝石：有的假宝石也是真宝石！

道理比较容易理解：天然宝石的种类不一样，互相之间的价格相差很多，于是，有人为了谋取不正当利益，经常用比较便宜的宝石品种冒充贵重的宝石品种，比如，用水晶冒充钻石，用其他的绿色宝石冒充昂贵的祖母绿，用其他的绿色玉石冒充翡翠，用其他的白色玉石冒充和田玉，用坦桑石冒充蓝宝石，用尖晶石冒充红宝石，等等。所以，这些宝玉石本来是"真"的，但有些人却使它们变成了假的。

8. 怎样认清假宝石的真面目？

假宝石的种类有很多，作假的方法也有很多，千奇百怪，有的方法甚至让人感到匪夷所思、防不胜防。所以，假宝石的真面目很复杂，既包括前面提到的人工宝石、优化处理宝石、假冒高档宝石的中低档宝石等，还有其他一些品种。

（1）在假冒高档宝石的中低档宝石里，有一种类型更难鉴别，就是用不同产地的品种进行假冒。因为公认的有的产地的宝石价值更高，而其他产地的相同品种价值会低一些，所以有人用这种方法作假。比如鸡血石，在传统上，人们一般都认为浙江昌化的鸡血石价值更高，而其他地方的鸡血石价值较低，所以有人用其他地方的鸡血石冒充昌化鸡血石。

（2）和上一种情况类似，在珍珠行业里，有人用养殖珍珠假冒天然珍珠或用淡水珍珠假冒海水珍珠。

（3）真正的假宝石。就是用廉价材料制造成宝石的样子，欺骗消费者。常见的有下面几种类型。

① 用廉价材料制造的假宝石。比如用玻璃假冒水晶，用塑料假冒琥珀、珊瑚，用牛骨头假冒象牙等。

② 贴膜产品：比如，在无色钻石表面贴或镀一层彩色薄膜，假冒彩色钻石。

③ 镀膜产品：比如，在其他材料比如玻璃的表面镀一层钻石薄膜，冒充钻石；或在玻璃或塑料表面粘一层珍珠粉假冒珍珠等，这种产品很难鉴别。

④ 贴片产品：也可以叫"假皮"宝石，这种产品是在劣质宝石或其他材料表面粘贴优质宝石的薄片，从而欺骗消费者。市场上这种产品很多，比如，在劣质鸡血石的表面贴一片真正的质量很好但很薄的"鸡血"片，假冒优质鸡血石；或在劣质的欧泊表面粘贴一片质量很好的真正的欧泊薄片，假冒优质欧泊；在劣质翡翠表面粘贴一片质量很好的翡翠薄片……

和这种方法类似，有一种假翡翠，叫"假心"翡翠，它是把一块优质翡翠的中间部分取出来加工、销售，把外壳留下，然后往里面填充其他材料，最后密封好，冒充优质翡翠。

⑤ 假古玉。就是对现在的玉石进行做旧处理，伪造成古玉。做旧的方法有很多，比如，把玉石埋到土里，过几个月甚至更长时间再取出来，这样玉石会显得很旧。有的对玉石进行烘烤后再埋进土里，烘烤的目的是让玉器表面产生裂纹。有的把玉石浸入红色或黄色染料水里，然后蒸煮，让玉石表面产生红色、黄色的斑块。还有人把玉石放入动物体内，缝起来，过几个月或更长时间再取出来，玉石表面会产生红色的斑块；或把玉石放入死动物体内，埋到地下，过一段时间再取出来。

9. 真宝玉石都很硬、假宝玉石都软吗？

很多人认为真正的宝玉石都很硬，而假宝玉石都软，其实不是这样的。宝玉石的硬度和品种有关系：有的宝玉石的硬度确实很高，比如钻石、红宝石、蓝宝石。我们知道，钻石是自然界里最硬的物质，在矿物和宝石行业里，人们用莫氏硬度衡量各种材料的硬度，莫氏硬度分为 10 个等级：1 ~ 10 级，1 级是最软的，10 级是最硬的。钻石的莫氏硬度是 10 级，而红宝石和蓝宝石的莫氏硬度是 9 级，所以，它们的硬度很高，它们的仿制品的硬度一般都不如它们，比如玻璃、水晶等。

但是，有的宝玉石的硬度却很低，比如寿山石、鸡血石、琥珀、象牙，它们的莫氏硬度只有 2 ~ 2.5 级，和指甲差不多；黄金、银、珍珠的莫氏硬度稍高一些，是 2.5 ~ 3 级；铂金的莫氏硬度更高一些，是 4 ~ 4.5 级。

由于这些品种的硬度很低，所以，平时佩戴和保存时，需要注意尽量不要和其他较硬的物体接触、碰撞或摩擦，避免被划伤或刮伤，进行清洗时，也尽量用比较软的刷子。

影视剧里经常出现这样的镜头：人们鉴别金、银物品时，经常用牙咬，如果能咬动，说明是真货，如果咬不动，说明物品的纯度低或者完全是假冒的。

10. 普通人能学会珠宝鉴定吗？

很多人觉得珠宝鉴定很神秘，普通人是学不会的。

实际上并不是这样的。每个人都可以学会珠宝鉴定。

要学会珠宝鉴定，需要做到下面几点。

（1）了解珠宝鉴定的原理。

了解珠宝鉴定的原理，用白话说，就是明白珠宝鉴定是怎么回事。知道了它是怎么回事，就不会觉得它很神秘了。

那么，它是怎么回事呢？用一句话笼统地说，就是"假"宝石和"真"宝石在化学成分、显微结构和性质三个方面（我们把它们称为宝石的三要素）存在差别，这些差别有的大、有的小，有的多、有的少，有的明显、有的隐约。珠宝鉴定就是要了解样品的三个要素，然后和"真"宝石的三要素进行比较，它们越接近，说明样品越可能是"真"的；否则，相差越多、越大，就说明可能是假的——珠宝鉴定就是这么回事。

明白了珠宝鉴定是怎么回事，后面的事就好说了。

（2）了解"真"宝石的三个要素。因为只有知道真的是什么样子，才能知道要鉴定的样品是不是真的。而要做到这一点，需要多去市场看以及查阅相关的资料。

（3）想办法知道要鉴定的样品的三个要素。有多种方法可以做到这一点，如经验法、简单工具法、专业仪器法、先进精密仪器法等。

经验法主要是依靠鉴定者的感官，比如眼看、手摸、耳听、鼻嗅、牙咬等。简单工具法是使用一些简单的工具，比如手电筒、放大镜等。专业仪器法是利用一些专业仪器进行测试。先进精密仪器法是利用一些先进的、很精密的仪器进行测试。

我们都明白，珠宝鉴定需要做到四点：一是要"无损"，二是准确，三是快速，四是成本低。"无损"是指在鉴定过程中，不能破坏样品；"准确"是指结果要准，不能出现错误；"快速"是指鉴定速度要快，时间短；"成本低"是指花钱尽量少。我们都能看出来，在很多时候，这几点是矛盾的，不能兼顾，比如，要保证准确，使用的方法就要多、先进，这样需要的时间和成本就高；反之，要想减少时间和成本，就不容易保证准确性。所以，对鉴定者来说，这一步最需要功夫，也最能考验人的水平：高水平的鉴定者能够尽量兼顾上述四点，达到一个比较好的平衡点。

这和医生看病很像：高水平的医生首先能保证治好病，其次还能让病人尽量少做甚至不做复杂的检查、不做手术、不吃昂贵的药物。

（4）很多事情都是学会不难，难的是精。所以，要提高自己的鉴定水平，需要平时多看、多听、多学、多想，谦虚低调，活学活用，这样，菜鸟完全能够成为大师，不仅能学会现有的鉴定方法，而且能有所创新，创造出更新、更好的方法。

11. 只用肉眼就能鉴别真、假宝石吗？

电视节目和影视剧里，经常有这样的场面：鉴定人反复观察宝石，经常在几秒钟后就得出结论——是真还是假。这使很多人着迷，既感觉珠宝鉴定很神秘，也对那些鉴定者佩服得五体投地。问题来了：他们的结论准确吗？也就是说，只用肉眼就能鉴别真、假宝石吗？

从前面提到的内容我们知道，珠宝鉴定有四种方法：经验法、简单工具法、专业仪器法、先进精密仪器法。这四种方法各有优点，也各有缺点：经验法的鉴定速度最快，成本最低，但准确性也最低，因为人的感觉器官如眼睛、手的灵敏度普遍不如仪器；而用专业鉴定仪器需要的时间比较长，成本比较高，但是准确性高，结果可靠。如果有的假宝石的三个要素和真宝石相差比较大，确实可以只通过经验法比如外观观察就能鉴别出来，但是，常言说"道高一尺魔高一丈"，现在的作假技术越来越高超，很多假宝石的三个要素和真宝石相差很小，人的感官根本感觉不出这些差异，所以经验法不能鉴别出来。也就是说，只依靠肉眼观察而得到的鉴定结论很不可靠。

有人自然要问：到底什么时候应该相信经验法，什么时候需要使用专业仪器呢？这个需要根据样品的价值来决定，或者需要考虑性价比：

如果样品的价值比较低，那就完全可以用经验法进行鉴定，因为经验法的成本低，即使结果不准确，样品所有者的损失也不会太大；而如果样品的价值比较高，那自然就不能完全依靠经验法了，必须使用专业仪器进行鉴定。

12. 权威的珠宝鉴定机构——NGTC

自己购买的珠宝首饰应该去哪里鉴定呢？

如果从网上查，会看到全国各地有很多珠宝检测机构，往往让人无所适从、无法选择。总体来说，珠宝行业从业人员推荐最多的是"国家珠宝玉石质量监督检验中心"，简称"国检中心"（NGTC），网址是www.ngtc.com.cn。它是我国获得相关部门授权的国家级珠宝玉石质检机构，鉴定资质齐全，包括 CMA（"计量认证"资质。国家规定，向社会出具检测报告的质检机构必须获得这个资质，以保证检测数据准确、公正）、CAL（"质量监督检验机构"合格标志，由质量技术监督部门授权）、CNAS（实验室认可标志，由中国合格评定国家认可委员会授权）、CNAS（英文。实验室认可英文标志，与国外相关的检测机构互认）。

所以，NGTC 的优点是专业、准确、安全、客观、公正。

NGTC 在北京、上海、广州、深圳、云南、沈阳、西安、苏州、香港等地都设有实验室。为了方便客户检测，NGTC 开发了一个微信小程序——"珠宝送检"，使得检测快捷、方便。另外，为了保证样品在运输过程中的安全，NGTC 有专门的合作快递公司，用户可以通过它邮寄样品，NGTC 检测结束后，也通过它寄回样品和检测证书。在样品的整个运输过程中，小程序一直对样品提供全程的监控和平安保险，保证样品安全。

13. NGTC 怎么鉴别真假珠宝？

NGTC 严格按照国家标准进行珠宝鉴定，这些标准主要如下。

（1）《GB/T 16552 珠宝玉石名称》国家标准。它规定了珠宝玉石的各种规范的名称。

（2）《GB/T 16553 珠宝玉石鉴定》国家标准。它规定了正确的鉴定方法和鉴定特征。

（3）《GB/T 16554 钻石分级》国家标准。它规定了对钻石进行分级的规范的方法。

（4）《GB 11887 首饰贵金属纯度的规定及命名方法》国家标准。它对首饰使用的贵金属纯度进行了规定。

（5）《GB/T 18043 首饰贵金属含量的测定 X 射线荧光光谱法》国家标准。它规定了首饰使用的贵金属的检测方法。

鉴定机构的鉴定人也取得了国家规定的检测资质，按照这些国家标准的规定，采用相关的方法包括经验法、简单工具法、专业仪器法等进行鉴定，保证鉴定结果的准确性。

对珠宝进行完检测后，检测人要在鉴定证书上签字。另外，鉴定结果还需要另一个审核人进行审核，审核人也要在证书上签字；最后，鉴定证书上要盖上检测机构的钢印，以便对检测结果负责。

14. 怎么看懂珠宝鉴定证书——珠宝首饰的"身份证"？

珠宝鉴定证书可以说是珠宝首饰的"身份证"，它标明了珠宝首饰的重要信息，如图 2 所示。NGTC 的鉴定证书主要包括以下内容。

图2 珠宝玉石首饰鉴定证书

（1）检验结论：这是鉴定证书里最重要的内容，它标明了对样品的检测结果，到底是天然宝玉石还是人工宝玉石，以及具体品种。

（2）样品的总重量、形状、颜色。

（3）贵金属检测：对贵金属首饰，标出贵金属的纯度。

（4）放大检查：指放大观察到的样品的微观结构。

（5）备注：标明样品的其他信息，比如一些特殊性质，或具体的优化处理方法。

（6）检测人和审核人的签名，检测机构的钢印。

（7）检测机构取得的资质。右上角的几个符号——CMA、CAL、CNAS、CNAS（英文）。

（8）鉴定证书的编号：每件珠宝首饰都有唯一的编号，类似于我们的身份证号码，是独一无二的。消费者可以通过它，进入NGTC的网站，查询证书的真伪。

（9）送检样品的照片。

（10）检测依据：指珠宝检测依据的国家标准。

（11）二维码：可以通过扫描它，查询证书的真伪以及详细的检测内容。

（12）防伪码：指证书右下方的条形码。消费者可以通过它上网查询证书的真伪。

15. 为什么不同的鉴定机构的收费不一样？

鉴定机构的收费主要取决于以下几个方面。

（1）检测项目：对同一件样品，不同的鉴定机构检测的项目不同，包括项目的数量和类型。比如，有的机构可能只用经验法进行鉴定，有的机构可能会采用经验法和专业鉴定仪器法，所以，这就导致收费情况不一样。

检测项目的选择主要取决于鉴定的难易程度，它和多个因素有关，包括品种、尺寸、是否镶嵌、数量等。比如，有的宝玉石品种比较容易鉴别，而有的品种鉴别比较困难；尺寸过大和过小都不容易鉴定；如果珠宝、玉石已经镶嵌在贵金属里，比如钻戒，鉴定难度也比较大。

（2）机构的性质：国家级的鉴定机构权威性比较高，结果更可靠，所以收费一般比较贵；而一些民营的、规模较小、知名度较低的机构收费一般比较低。

16. 应该选择什么样的鉴定机构？

需要按照样品的价值选择鉴定机构，一般来说，如果样品的价值比较高，就应该选择权威的鉴定机构，虽然它们的收费比较高，但是鉴定结果更可靠。

二、钻石

1. 南非钻石的质量一定都好吗？

不一定。因为钻石的质量和它的产地有一定的关系，但并不是绝对的。19世纪中后期，南非发现了大型的钻石矿，在全世界引起轰动，在随后很长一段时间里，南非钻石的产量都很大，成为世界钻石第一大国。另外，南非钻石还有两个特点：一是大块的多，二是质量好的比较多。迄今为止，人们发现的最大的钻石——"库里南"就是在南非发现的。另外，其他一些世界名钻如"南非之星""世纪钻石""金色陛下"等也都产于南非。所以，南非钻石享誉世界。

正因为这些，导致很多人产生了一种误解，认为南非钻石的质量一定都好。大家知道，钻石是天然形成的，除了南非外，其他一些国家如博茨瓦纳、纳米比亚、俄罗斯、澳大利亚等也都出产钻石，每个地方出产的钻石都有质量好的，也有质量较差的。专业人士评价钻石的质量时，并不是根据它的产地，而是按"4C"标准来评价，即颜色、净度、切工、克拉。所以，购买钻石时，应该看它的质量本身，即这四个指标。

2. 钻石为什么经常加工成那种形状？

钻石一般都加工成图1-10所示的形状，长久以来，这种形状成了钻石独有的符号，使得很多人一看到它，就想到了钻石。

钻石为什么要加工成这种形状呢？因为人们发现，这种形状可以最大限度地体现钻石的火彩，使钻石具有耀眼的光芒，显得光华灿烂、璀璨夺目。

人们发现这种形状的优点，经历了一个漫长的过程：在早期，人们发现钻石原石后，并不进行加工，而是直接佩戴；自 14 世纪起，人们开始对钻石原石进行加工，当时人们经常把钻石原石磨出一个尖，好像金字塔那种形状，显得比较独特、漂亮，人们把这种形状叫作"金字塔"琢型；到 16 世纪，人们发明了台式琢型；到 16—17 世纪，发明了八边形琢型；到 17 世纪，发明了"玫瑰"型琢型；到 17 世纪后期，比利时的切割师 Gidel 发明了"明亮式"琢型，这种琢型的钻石被加工成了32 个面，后来，其他人对这种琢型又进行了改进和完善，使它流行了100 多年。

1919 年，比利时安特卫普的另一位钻石切割师马歇尔·托科夫斯基（Marcel Tolkowsky）发明了"理想式"切工，也叫作标准圆钻型，就是现在的形状。马歇尔出生于钻石切割世家，他不仅是钻石切割师，同时也是一位数学家、物理学家和工程师，所以对钻石的琢型设计理解更深刻。他对钻石的光学性质进行了深入研究，还建立了数学模型，进行了科学、严谨的推导和计算。1919 年，他撰写了自己在伦敦大学的博士学位论文——《钻石设计》（Diamond Design），在论文里，他根据钻石的折射率和全反射原理，提出了标准圆钻型切工的理论模型，这个模型可以使钻石反射的光线最多，从而最大限度地展现钻石的火彩，使钻石具有高亮度和闪烁效果。

钻石原石和以前的琢型都不能很好地展现钻石的火彩，所以使钻石的光泽比较暗淡，看起来和普通玻璃差不多，但加工成这种形状后，就变得光彩夺目，放射出迷人的光芒。所以，他的模型提出之后，很快就在钻石切割行业里引起了轰动，这个模型使钻石的切割从以前的经验时代进入一个崭新的科学时代。从那之后一直到现在，大多数钻石都按照他的理论模型进行切割。"标准圆钻"琢型统治了钻石行业。在迄今为止的 100 多年的时间里，这个琢型经久不衰，成为最经典的琢型，虽然后来有人对这个琢型进行了一些改进，但始终没有从根本上脱离它。

3. 托科夫斯基（Tolkowsky）家族为什么被称为"钻石行业"里的贵族？

在钻石行业里有一个家族——托科夫斯基（Tolkowsky）家族，在 200 多年的时间里，这个家族的几代人世代相承，从事钻石琢型的设计和切割，而且潜心钻研、不断创新，使这门原本不引人注目的手工艺成为一门"光的艺术"，家族涌现出一代代切割艺术大师，对钻石行业的发展作出了杰出的贡献，甚至可以毫不夸张地说，这个家族在很大程度上影响了世界钻石业的发展史，而且很有可能继续影响下去——今天，这个家族的传人仍活跃在世界钻石的舞台上。因此，托科夫斯基（Tolkowsky）家族是钻石行业里名副其实的贵族。

该家族的历史可以追溯到 19 世纪初。它的第一代掌门人叫**亚伯拉罕·托科夫斯基（Abraham Tolkowsky）**，他出生于波兰，是一个宝石加工匠，技艺高超，为很多欧洲贵族加工珠宝。1840 年前后，亚伯拉罕迁居到比利时的安特卫普，专门从事钻石切割。

亚伯拉罕有 9 个孩子，其中一个叫毛利斯（Maurice）。1840 年，毛利斯和另一位钻石加工师一起发明了世界上第一台钻石打磨机，在钻石行业引起了一场技术革命，极大地提高了钻石加工的效率和质量。亚伯拉罕的另一个儿子叫塞缪尔（Samuel），他是一位管理天才，被选为比利时安特卫普钻石交易所的第一任主席。

家族第三代的代表人物就是发明了标准圆钻琢型的马歇尔·托科夫斯基。他的天赋很高，据说在9岁时就会切割钻石，他在学校里主要学习数学和工程学。前面提到过，他用数学方法计算出了让钻石具有最佳光学效果的几何形状，从而创建了标准圆钻琢型，如图3所示，为现代钻石切工建立了标准。他的模型当时主要用于圆形钻石，后来逐渐扩展到其他形状的钻石。从那之后，钻石加工以至整个钻石行业进入了一个新时代，后世人们普遍认为，马歇尔的成就极大地推进了钻石切割艺术乃至整个钻石文明的发展，因而把他尊称为"现代钻石切工之父"。

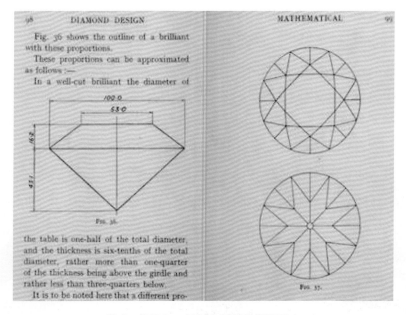

图3　马歇尔·托科夫斯基的模型原文

马歇尔有一个表弟叫拉扎（Lazare Kaplan），在13岁的时候做了毛利斯的学徒，他的特长是独具慧眼，会给钻石原石"看相"：因为成品钻石都是由原石切割得到的，有的原石的形状比较规则，容易切割得到成品，而有的原石形状不规则，不容易得到成品，或不容易得到大块的成品，所以，人们一般都不愿意买形状不规则的原石，这就使得原石的价格差异很大。拉扎能够发现很多形状不规则的原石的潜力，所以经常能以很低的价钱买到它们，然后化腐朽为神奇，加工出质量很高的成品。凭借这个特长，他成为行业内著名的"买手"，并成立了自己的公司。

在家族的第四代传人中，最有名的是目前享誉全世界的钻石设计和切工大师——加比·托科夫斯基（Gabi Tolkowsky）。他也很有天赋，年少成名——20 岁时就被业内人士公认为"大师"。他的杰作是切割了迄今为止世界上最大的两颗成品钻石——"世纪之钻"（Centenary Diamond）和"金色陛下"（Golden Jubilee）。另外，加比还发明了另一种新型的钻石切割方法——"花式切割法"（Flower cut），这种方法和马歇尔的标准圆钻琢型不同——标准圆钻琢型有 57（或 58）个刻面，花式切割进行了创新——有 105 个刻面，几乎翻了一番，在行业内引起了轰动，而且这种切工还获得了专利。

为了表彰加比对钻石行业作出的贡献，比利时政府授予他骑士勋章。

保罗（Jean Paul Tolkowsky）是加比的儿子，子承父业，也从事钻石切割，技艺超群，曾参与了"世纪之钻"和"金色陛下"的切割工作，还发明了另一种钻石琢型——"公主方形"。他创立的 Exelco 公司在日本很有名。

有人赞誉说：如果说钻石的第一次生命是大自然给予的，那么，托科夫斯基家族给了钻石第二次生命，赋予它光芒和灵魂。托科夫斯基家族是钻石业内不朽的传奇，他们一次次把切工艺术推向顶峰，从他们的身上，人们看到了"艺无止境"放射的光芒。我们有理由相信，将来，家族的成员们会继续发掘钻石的光芒，再次给"闪耀"这个词语赋予新的定义。

4. 安特卫普为什么被称为"世界钻石之都"？

很多人都听说过，比利时的安特卫普被称为"世界钻石之都"，是全世界最大的钻石加工和贸易中心。其实，安特卫普只是比利时的第二大城市，整个城市的面积只有 140 平方公里，人口 50 万左右，就和我国的一个县城差不多。这么不起眼的一个地方，怎么会成为全世界的钻石加工和贸易中心呢？这主要有以下几个原因。

（1）地理位置优越。

安特卫普的地理位置很优越：它位于比利时的西北部，是一个海港城市，交通很便利。

在 18 世纪之前，全世界只有印度出产钻石。欧洲人一直很喜欢钻石，在 14 世纪以前，海运业还没有兴起，印度的钻石都是通过陆路运往欧洲，沿途要经历万水千山，十分艰辛，而且充满危险，经常遭遇抢劫。14 世纪之后，随着航海技术的发展，钻石开始通过海运运往欧洲。由于在 14 世纪时，罗马帝国正处于强盛时期，所以它的港口城市——威尼斯成为当时的世界钻石贸易中心。从 15 世纪开始，随着罗马帝国的衰落，威尼斯的地位下降了，安特卫普凭借自己的地理位置优势，逐渐成为新的钻石贸易中心。

（2）钻石加工技艺高超。

在早期时，人们采用传统的手工方法加工钻石原石，钻石成品的表面很粗糙，基本没有光泽，就像现在的毛玻璃一样，所以人们对钻石的兴趣并不像现在这样浓。1456年，安特卫普有一位加工师改变了这种情况，他叫洛德维克·伯肯（Lodewyk van Berken），他发明了两项新技术：一是他发明了钻石磨盘，二是用钻石粉末打磨、抛光钻石。他把这两项技术结合起来：先把钻石粉末放在橄榄油里，搅拌均匀，做成牙膏一样的膏状物，然后涂抹在磨盘上。磨盘就和现在的砂轮一样，可以快速旋转。他用这种机械方法切磨钻石原石，得到的钻石成品的质量有了明显提高：一是成品表面的各个刻面的对称性很好，二是成品的表面很光亮，于是，钻石放射出强烈、耀眼的光芒——这是以前人们从来没有见过的。所以，这两项发明使钻石和安特卫普同时名声大噪，而且使二者紧紧地联系在一起，一举奠定了安特卫普"世界钻石之都"的地位。

这两项技术一直沿用到现在，可以说，它们是钻石加工最重要的技术革新之一，为了纪念洛德维克·伯肯，人们在安特卫普为他建造了一座雕像。

从那之后，世界顶级的钻石加工大师开始汇聚到安特卫普，安特卫普成了钻石"圣地"，"安特卫普切工"钻石成为"完美""高品质"的代名词，享誉全球。今天，钻石切工已经成为安特卫普悠久、浓郁的钻石文化中最闪亮、最珍贵的组成部分。

有人统计，目前全世界80%的钻石原石要送到安特卫普加工。如果去那里旅游，游客可以隔着玻璃窗近距离欣赏这种"指尖上的艺术"：加工师全神贯注、一丝不苟，从他们灵巧的指尖和专注的眼神可以看出，他们完全沉浸在另一个世界里，对他们来说，整个世界都浓缩为指尖上那颗小小的钻石。游客也会感觉世界变小了，时间静止了，一切都特别安静，但又会惊奇地发现，钻石散发出越来越多、越来越亮的光芒。

（3）政府支持。

据记载，早在距今近 600 年的 1447 年，安特卫普就出现了钻石贸易。从那时开始，政府就采取了一系列措施，支持钻石贸易，保障它的健康发展。比如，当时的安特卫普市市长曾颁布法令，打击假冒伪劣产品。现在，政府对安特卫普的钻石贸易提供了免税等优惠政策，极大地降低了钻石的交易成本，吸引了无数国内外客商。

蜂拥而至的钻石、商人、客户很容易带来一个严重的问题——犯罪。2005 年，美国好莱坞电影明星莱昂纳多·迪卡普里奥曾主演过一部电影——《血钻》，反映的就是钻石贸易的血腥、残忍。资料介绍，安特卫普的钻石贸易受到联合国的保护，确保产生的利润不用于战争、暴力等活动，因此，这里的钻石被称为"非冲突"钻石，没有"血钻"。

（4）规模庞大，组织严密。

安特卫普本身并不出产钻石，它之所以能成为"世界钻石之都"，依靠的主要是钻石贸易（包括加工），它是世界最大的钻石交易中心和集散地，全市有 1800 多家钻石企业（不同的资料介绍的数据不完全相同，有的说是 1600 家，有的说是 1700 家）。据安特卫普世界钻石中心 (AWDC) 统计，全球 80% 的钻石原石和 50% 的成品钻石都在这里交易，然后销往世界各地。钻石产业已经成为比利时最重要的产业之一，每年的交易额为 360 亿美元左右，占比利时出口总额的 5% ~ 7%。

为了保证钻石业的健康发展，安特卫普建立了几个规模庞大、组织严密、发展成熟、信誉良好的产业机构。

① 钻石交易所：早在 1893 年，它就诞生了世界上第一家钻石交易所，1950 年时，全世界所有的 4 个钻石交易所都在这里，现在，它也是全世界唯一拥有 4 个交易所的城市。

② 安特卫普世界钻石中心：它是一个政府机构，既负责规范国内的钻石产业，也负责比利时在国外的钻石业务。

③ 比利时钻石高层议会（HRD）：它实际上是一个宝石鉴定实验室，1976 年成立，可以为客户提供钻石和其他宝石鉴定、教育培训等服务。目前是全世界第二大权威的珠宝鉴定和教育机构。

（5）独特、浓郁的钻石文化。

目前，钻石已经成为整个安特卫普的标志，遍布城市的每个角落，由此形成了独特、浓郁的钻石文化。除了钻石加工厂、贸易公司、交易中心、鉴定实验室外，安特卫普还有很多钻石文化设施和人文景观、传说等。

① 安特卫普钻石博物馆（DIVA Museum）：游客可以参观名贵的钻石原石、首饰和其他制品，如镶嵌钻石的网球拍，还可以欣赏钻石的加工过程，以及古代的钻石加工厂的原貌再现。

② "钻石之眼"：安特卫普的港务局办公楼造型独特，被人们称为"钻石之眼"，是安特卫普的地标性建筑。

③ 钻石街、钻石广场：人们可以购物、交易、休闲等。

④ 安特卫普是艺术家鲁本斯、范迪克和乔登斯等的故乡，现在还流传着一些他们和钻石的传说。比如画家鲁本斯，传说他特别喜欢钻石，花费巨资购买了很多钻石首饰。但他后来的行为证明他更喜欢第二个妻子：他义无反顾地把它们都送给了她。

⑤ 美国好莱坞影星玛丽莲·梦露曾经有一句经典的歌词："钻石是女人最好的朋友。"安特卫普也流传着这么一句话："安特卫普只有两种女人——有钻石的，没有钻石的。"

悠久的历史、高超的技艺、永不停止的创新、浓郁的人文，一切都会继续传承、延续……一切都让人着迷、倾倒——这就是"世界钻石之都"安特卫普。

5. 为什么经常听说"白金钻戒"，而很少听到"黄金钻戒"？

钻戒的戒托一般都用白金制造，而很少用黄金，很多人都说这是因为黄金比较软，镶嵌钻石后，钻石容易脱落。这确实是黄金的一个缺点，但并不是主要原因。主要原因是黄金会影响钻石的颜色：专业人员评价钻石的质量时，颜色的纯度是一个重要因素（"4C"标准里其中一个就是颜色）。我们平时看到的白色钻石（也就是无色透明的），实际上里面经常有一些杂质，这些杂质会使钻石发黄。在钻石行业里，都认为如果钻石发黄，它的颜色等级是较低的，所以价值也比较低。所以，如果用黄金镶嵌钻石，即使本来钻石的颜色等级很高，也会被黄金衬得发黄，这样，就不容易销售或不容易卖出高价。

但是有一种例外情况，就是有的钻石本身就是金黄色的，这种钻石适合用黄金镶嵌。

6. 钻石有多么贵？

钻石的价格主要取决于四个因素，也就是"4C"标准：颜色、净度、切工、重量。比如，在国内某企业的网站上销售的一颗钻石，重量是1.03克拉，颜色是D级，净度是VS2，切工是EX，价格是7万元左右。

1克拉是0.2克。假如只考虑重量，那就是0.2克的钻石的价格就是7万元，相当于每克钻石的价格就是35万元了！黄金的价格是每克300元左右，钻石就是它的1166倍！我们还能想到什么物品的价格有这么贵呢？

7. 钻石为什么特别贵？

钻石价格昂贵主要有以下几个原因。

（1）受人喜爱。

钻石具有多种优异的性质，比如火彩强烈、坚硬无比，而且不易变质。它的硬度、折射率、色散、耐腐蚀性等性质在自然界的所有物质中基本都是最高的，所以自古以来，深受人们的喜爱。在很多国家，钻石都是力量、权力、地位、财富、爱情、纯洁、永恒的象征，它们正是人类永恒的追求。

（2）稀有。

在地球上，钻石的资源十分稀少，资料介绍，目前全世界的金刚石总储量只有25亿克拉，其中多数纯净度较差，不能制作成首饰使用，只能应用在工业领域，比如制造钻头、砂轮等。可以制作成首饰使用的钻石只有20%左右，也就是5亿克拉（合100吨）。整个地球上只有100吨钻石！但是那么多人都喜欢，正应了那句话——"物以稀为贵"。

（3）难以寻找。

钻石既然那么稀少，所以想找到它们自然很困难。有人听说过一些故事，比如南非第一颗钻石的发现特别偶然：有个农民有一天发现自己的孩子在拿着几块透明的石头玩耍，原来它们竟是钻石。后来，人们在南非发现了大型的钻石矿——著名的南非钻石就是这样被发现的。

但是这样的故事只是美丽的传说。对那些历尽艰辛的钻石矿工来说，这样的故事只能让他们发出苦涩的笑。我们看几组数字就能明白：非洲博茨瓦纳的"欧拉"钻石矿是经过12年的勘探才被发现的，苏联西伯利亚的钻石矿用了 18 年才找到，加拿大西北部的一座钻石矿更是花费了几代人的努力。

找到钻石矿后，开采、挖掘也耗时费力，据粗略统计，平均挖掘 250 吨矿石才能得到 1 克拉 (0.2 克) 的钻石成品。

（4）加工困难。

由于钻石的硬度高，而且特别脆，很容易损坏，所以对它的加工特别困难，程序复杂，耗费时间长。比如，加工世界名钻"库利南"，花费了 8 个月的时间；加工另一颗名钻"金色陛下"，花费了 2 年时间才完成。

8. "克拉钻"是什么意思，有多大？

克拉钻就是重量达到 1 克拉的钻石。1 克拉 =0.2 克。对别的物品，这样的重量可以说是微不足道的，一般的天平根本称不出来。但是对钻石来说，情况就不一样了：因为钻石的产量很小，多数钻石的尺寸很小、重量很轻，如果重量能达到 1 克拉，那就算是大钻石了，属于稀有产品，在市场上比较少见，价格也就比较高，一般在 5 万元以上。

另外，1 克拉 =100 分，所以，我们更多的会听说或看到 10 分、30 分、50 分、70 分这样的钻石，它们都不算克拉钻，价格也比较低。

另一个问题是：1 克拉的钻石有多大呢？

钻石的琢型有多种，常见的是圆形，也叫标准圆钻琢型。钻石的重量相同时，如果琢型不一样，尺寸自然也不一样。对标准圆钻琢型来说，1 克拉的钻石的直径是 6.4 毫米左右。可以拿一把尺子看一下，6.4 毫米已经不小了，如果在手指上比较一下，可以看到，它几乎快达到无名指的一半宽度了。

9. 钻石到底有多硬？

在珠宝界，人们用莫氏硬度表示各种宝石的硬度：钻石是最高的，是 10 级；红宝石和蓝宝石排在第二位，是 9 级；水晶、玛瑙是 7 级；翡翠是 6.5 ~ 7 级。我们常见的一些材料的莫氏硬度是：窗玻璃是 5 ~ 5.5 级，牙齿是 5 ~ 6 级，刀片是 5.5 ~ 6 级。

钻石是自然界里最硬的物质，也被叫作"硬度之王"。其实，莫氏硬度属于相对硬度，它的 10 个等级只表示材料硬度的顺序，并不完全表示硬度的大小。也就是说，莫氏硬度的相邻两个等级间的差异可能非常大，比如，在其他一些行业里，人们经常用硬度计测试材料的绝对硬度。硬度计上安装着一个金刚石压头，这个压头是四棱锥形状，硬度计通过对压头施加一定的压力，让压头压进材料里，在材料表面压出一个小坑，通过测量小坑的面积或深度衡量材料的硬度：小坑的面积越小或深度越浅，就表示材料的硬度越高。

绝对硬度可以更精确地表示材料的硬度，通过测试，人们发现，钻石的绝对硬度比刚玉（红宝石和蓝宝石属于刚玉）高 150 倍，比石英（水晶或玛瑙属于石英）高 1000 倍。也就是说，压头在钻石表面只能压出特别小、特别浅的小坑，而在刚玉和石英表面能压出很大、很深的坑，所以可以想象出钻石的硬度有多高了。

10. 钻石为什么特别坚硬？

上面提到，人们测试材料的硬度时，用硬度计的压头压材料的表面，材料表面会被压出一个坑。这个坑的面积越大、越深，就说明材料的硬度越低；反之，被压出的坑如果很小、很浅，就说明材料的硬度很高。

材料为什么会被压出坑呢？这和它们内部的结构有关系。材料都是由原子构成的，原子互相之间有吸引力，材料的种类不同，原子间的吸引力大小也不一样：有的材料的原子间的吸引力小，有的吸引力大。如果原子间的吸引力小，原子间的距离就比较大，材料内部的空隙就多，也就是材料比较松散，就像棉花或海绵一样；如果原子间的吸引力大，原子之间的距离就小，材料内部的空隙就少，材料就会很致密，比如石头、钢铁、玻璃等。材料的内部如果很松散，用压头压它时，那些原子就容易被压动，分别向四周和下方移动，这样被压出的坑就比较大、比较深，所以这种材料就软，硬度低；如果材料的内部很致密，被压头压时，原子不容易向四周和下方移动，这样压出的坑就小、浅，就说明材料的硬度高。

现在我们来看钻石：钻石是由碳原子组成的固体，这些碳原子互相之间的吸引力特别大，紧紧地堆积在一起，互相之间的距离很小，所以钻石的结构很致密，被压头压时，压出的坑就很小、很浅，所以钻石的硬度就特别高。

11. 钻石既然很硬，用什么加工它呢？

由于硬度高，钻石很难用其他材料加工，主要是用钻石粉或激光加工的。钻石的加工过程一般包括几个步骤：设计、切割、成型、抛光等。

（1）设计。

就是设计钻石成品的琢型，在原石表面画线、做标记，为后面的加工做准备。

（2）切割。

切割的目的是把原石分割成不同的部分，切割方法包括劈割和锯切两种。劈割也叫劈钻，劈割师沿着画好的线条，在原石上加工一个凹槽，传统上是用另一颗钻石做工具加工凹槽，现在也有人用激光加工凹槽，然后把劈刀放进凹槽里。劈刀的刃一般比较钝，并不是尖的，所以不会和槽底接触，而是架在槽的两壁上，然后用手或锤子等工具敲打劈刀的刀背，原石就会被劈开。

锯切也叫锯钻。大多数钻石原石并不适合进行劈割，因为劈割容易让原石碎成很多小块，所以人们经常用锯切的方法切割原石。锯切使用的工具是圆形的磷青铜锯片，锯片边缘涂抹了钻石粉和润滑剂，锯片高速旋转，就可以把原石锯开。

现在有人用激光进行锯切，精度和效率比锯片高得多。

（3）成型。

成型方法包括车钻和磨钻两种。车钻是把切割好的钻坯固定在车床上，车床带着钻坯高速旋转。用另一块钻石作为工具，把钻坯加工成各种琢型，比如圆形、心形、水滴形等。磨钻是用一个圆形的铸铁磨盘做工具，磨盘表面涂抹了钻石粉和润滑油，磨盘高速旋转，把钻坯加工成各种琢型。

现在也有人用激光进行成型加工，产品的精度和加工效率都大大提高了。

（4）抛光。

用磨盘打磨钻石表面，提高产品的光滑度，展现出强烈的火彩。

经过这些精心的加工，最终就得到了璀璨夺目的钻石。

12. 有比钻石更硬的材料吗？

一直以来，人们都知道，钻石是自然界里最硬的物质。那么，到底有没有比钻石更硬的物质呢?

很长时间以来,很多科学家都在想这个问题,因为有的科学家有很强的好奇心,喜欢思考并做一些尝试;另外,有的材料的硬度很高,钻石也不能加工它们,需要使用比钻石更硬的材料进行加工。

现在,随着科学家的不懈努力,人们发现了一些比钻石更硬的材料,它们甚至可以"削铁如泥",或者制造坦克的装甲和防弹衣等,甚至制造"太空电梯",让人们去太空旅游。

(1)氮化碳。

美国哈佛大学的科学家发现,氮化碳比钻石还硬,可以涂覆在齿轮、轴承等零件的表面,提高它们的耐磨性,延长它们的使用寿命。

(2)碳炔。

碳炔也是由碳原子组成的,奥地利科学家发现,它的硬度能达到钻石的 40 倍。

(3)石墨烯。

石墨烯实际上是单层的石墨,但它的硬度比钻石还高。有的研究者发现,两层石墨烯的硬度也比钻石高。

(4)聚合钻石纳米棒(ADNR)。

聚合钻石纳米棒也有人叫它"超钻石",它是由石墨烯或富勒烯压缩形成的,可以在钻石表面刮出划痕,所以硬度比钻石高。

(5)蓝丝黛尔石。

蓝丝黛尔石也叫六方金刚石或六方碳,它和钻石一样,也是由碳原子组成的,但是碳原子的排列方式和金刚石不一样。研究发现,它的硬度比钻石高 58%。

（6）PentaDiamond。

这是日本科学家在计算机上设计的一种新材料，它也是完全由碳原子组成的，但是结构是钻石和碳纳米管的混合物。科学家发现，这种材料的硬度比钻石高 40% 左右。

13. 钻石会碎吗，为什么？

钻石的硬度虽然很高，但是却很脆，很容易碎，比如，当钻石掉到地上或不小心碰到比较硬的物体上时，就会破碎。

这是因为，材料是否容易碎和硬度关系不大，主要取决于韧性或脆性：如果材料的韧性差或脆性高，它就容易碎。而钻石的韧性就很差，或脆性很高。

也就是说，韧性和硬度不是一回事。韧性好的材料，受到外部的作用力时，比如撞击，内部的原子容易改变方向，也就是发生旋转或弯曲，这样就能把外力"卸"掉，最终，原子之间的距离不会改变，原子之间的结合键不会破坏、断裂，所以材料就不会碎，很多金属、塑料就是这样的。

但是韧性差的材料，比如陶瓷、玻璃、钻石，受到外力时，内部的原子不容易改变方向，完全承受了外力，如果外力比较大，就会破坏原子间的结合键，使结合键断裂，所以材料就会碎。这就是我们常说的"宁折不弯"。

人们常说：凡事有一利，必有一弊。材料的硬度和韧性也在一定程度上体现了这个道理，在很多情况下，硬度高的材料，韧性都较低。因为前面提到：硬度高的材料，内部的原子受到外力时，不容易向四周和下方运动，这才使得材料的硬度高；但也正是由于这个原因，原子不能通过运动"卸"掉外力，当外力比较大时，就会使结合键断裂，从而导致材料破碎。

14. 为什么被称为"钻石界的大鳄"——戴比尔斯（De Beers）公司？

戴比尔斯公司创立于 1888 年，是全世界规模最大、历史最悠久的钻石公司，曾经处于绝对垄断地位——它的产量占全世界钻石总产量的 80% 以上。多年以来，戴比尔斯已经成为钻石的代名词，在国际钻石行业占有举足轻重的地位，是当仁不让的"老大"。

多年以来，钻石界里的很多"里程碑"式的事件都和戴比尔斯公司有关，最著名的有两个。

（1）"4C"标准。

我们都知道，在珠宝界，人们用"4C"标准评价钻石的质量，就是切工、颜色、净度、重量，这个标准最早是由美国宝石学院（GIA）提出来的。1939 年，戴比尔斯引入这个标准，对自己的产品进行了评级。从那之后，越来越多的企业也引入这一标准，使"4C"标准逐渐成为行业内的通用标准。

（2）"钻石恒久远，一颗永留传"。

这句家喻户晓的广告词是戴比尔斯公司于 1947 年提出来的，迄今为止，它已经被翻译成了 29 种语言，在 70 多年的时间里，在地球上不同的国家、地区，经久不衰、脍炙人口。

现在，戴比尔斯公司的业务包括矿业和珠宝两部分。

① 矿业：在全球多个国家经营钻石矿，开采钻石，目前的产量仍占全球总量的 35% ~ 40%。大家熟悉的 DTC 是戴比尔斯公司的销售分

公司，它的总部在伦敦，负责钻石原石的销售工作。戴比尔斯公司很像石油行业的"欧佩克"：它经常通过控制全球市场上钻石的供应量，稳定其价格，保证自己的利益。

② 珠宝：矿业属于上游产业，2001 年，戴比尔斯公司开始进入钻石的下游产业——珠宝行业，即钻石首饰的设计、加工和销售。戴比尔斯钻饰是珠宝行业里的高端品牌，而且通过独有的"钻石护照"等措施，保障产品的质量和信誉。2013 年，戴比尔斯推出了钻戒的个性化定制服务，宣传语是"For You, Forever"。

15. 钻石的颜色最高等级为什么是 D，而不是 A、B、C？

很多人都知道，钻石的颜色等级用 D—Z 的英文字母表示，最高级别是 D，后面依次递减。很多人会产生一个疑问：最高等级为什么是 D，而不是 A、B、C 呢？

关于这个问题，有多种说法。

（1）和其他分级方法区分。

用 D—Z 进行颜色分级是美国宝石学院（GIA）提出的。在那之前，钻石行业里已经有很多分级方法了，比如，有人用 A、B、C 等字母表示，甚至有人用 A、AA、AAA 来表示，还有的用阿拉伯数字 0、1、2、3 等表示，或者用简单的单词表示，如"蓝白 blue-white""优质白 fine white"等。

GIA 的创始人希望用一种新方法表示钻石的颜色，和其他方法区分开，在新方法里，不使用 A、B、C，而且，D 正好是钻石的英文单词 Diamond 的第一个字母，所以就把它作为颜色的最高等级。

（2）和戴比尔斯公司有关。

GIA 在开发颜色分级方法时，戴比尔斯（De Beers）公司是行业里的"老大"，所以 GIA 用公司名字的第一个字母 D 作为颜色的最高等级，表示对它的尊重。

（3）GIA 创始人高瞻远瞩。

第三种说法是 GIA 创始人心胸开阔、高瞻远瞩：他们认为，人类将来还有可能发现颜色等级更高的钻石，所以他们用 D 表示当时最高等级的颜色，把 A、B、C 留给后人使用，表示等级更高的钻石。

16. 钻石的"4C"哪个最重要？

大家知道，钻石的"4C"影响着它的质量等级和价格，那么，哪个"C"最重要呢？

其实，这个问题没有统一的答案，因为在购买钻石时，每个人的侧重点不一样，不同的人会看重不同的"C"，正所谓"萝卜白菜，各有所爱"。下面谈谈作者本人的看法。

（1）克拉，也就是重量。作者认为，克拉是"4C"里最重要的因素。因为大家应该有这样的体会：很多人挑选钻石时，首先关注的是它的重量，然后才看其他几个方面。

另外，钻石的定价也说明重量的影响非同一般。这主要体现在两个方面：一是钻石的价格和重量是平方关系，而不是直线关系。比如，0.5克拉钻石的价格是 1.5 万元，1 克拉钻石的价格就是 6 万元，而不是 3 万元。这就说明重量对钻石的价格影响特别大。另外，重量达到整克拉时，钻石的价格更会产生一个飞跃，比如，0.52 克拉钻石的价格可能比 0.51 克拉高 300 元，但 1.00 克拉的价格可能比 0.99 克拉高 8000 元。

这自然也说明重量的影响非常大。

（2）切工：切工被称为"钻石的第二生命"，它影响钻石的火彩，也间接影响钻石的颜色、净度和重量。所以，钻石对人的吸引力在很大程度上取决于切工，好的切工可以达到扬长避短的效果，最大限度地展现出钻石的魅力；否则，差的切工可能会适得其反，使一块质量很好的原石显得平淡无奇。所以，钻石公司都很重视切工，尤其是一些稀有的原石，更要聘请高水平的专家进行设计和加工，经常耗费几个月甚至几年的时间，可见切工对钻石的影响。

（3）颜色：颜色和净度相比，多数人更关注颜色，颜色对价格的影响高于净度。

（4）净度：净度一般需要专业人员进行判断，普通消费者不容易看出来。也就是说，在等级相差不多的情况下，它对钻石质量的影响不大，对价格的影响也比较小。

所以，本人认为，选购钻石时，首先应该考虑重量，其次是切工，再次是颜色，最后是净度。有的资料里介绍了"4C"在钻石的价格中所占的比例，大家可以参考：重量 40% ~ 60%、切工 20% ~ 35%、颜色 15% ~ 25%、净度 15% ~ 20%。

17. 钻石为什么被称为"宝石之王"？

这是因为，在很多方面，钻石都比其他宝石更优异。主要包括以下几点。

（1）外观漂亮，火彩强烈。

作为宝石，要求首先外观要漂亮、惹人喜爱。这突出地表现在颜色、透明度、光泽、火彩等方面。钻石的光学性质优异，折射率高、色散度高，所以光泽和火彩十分强烈，比其他的宝石都优异，所以人们喜欢它，为之倾倒。

（2）硬度高、无坚不摧。

钻石的硬度比其他宝石都高，这是它突出的内在魅力。因为在人的心里，都崇尚坚强、力量，所以，自古以来，古今中外，钻石一直是威严、力量、权力、地位、财富的象征，它的坚不可摧又无坚不摧的内在品质正是人类一直孜孜不倦追求的目标。

（3）持久。

钻石的性质稳定，不易变质，代表着坚贞、永恒，这一点也比其他宝石优异。

（4）稀有。

钻石的数量稀少，难以得到，在所有的宝石中，也是最突出的。

正是由于这些特性，人们赋予钻石丰富的内涵和寓意，它才有了"宝石之王"的美称。

18. 钻石真的"恒久远"吗？

很多人都听说过"钻石恒久远"这句广告词。但是，钻石真的能"恒久远"吗？

这句话主要和钻石的两种性质有关。一是它的硬度：钻石的硬度是自然界所有物质里最高的，不容易受到破坏，也不容易发生磨损，能够长期保持自己的形状。

二是钻石的化学性质很稳定：它不会溶解在水和很多溶液里，也不容易发生氧化变质，不容易受到其他物质的腐蚀。即使把钻石浸泡在"腐蚀之王"——氢氟酸和王水里，它也不会发生任何变化，仍能保持自己的"金刚不坏之身"。别的很多物质都达不到这一点，比如黄金，虽然常说"真金不怕火炼"，但是，很多物质却会溶解它——如果把一块黄金放进王水或者氰化钠、氰化钾溶液、热的浓硒酸、水银中，黄金很快就会消失不见！

但是，即使这样，钻石也并不是真的能"恒久远"。

第一，钻石的脆性很大，很容易碎。如果不小心掉到地上，尤其是瓷砖地面上，或者不小心碰到瓷砖墙面或金属物体上，钻石就很容易破碎。

第二，钻石害怕热。在高温下，钻石会和空气里的氧气发生化学反应，变成二氧化碳气体。所以应该避免钻石受热，尤其要远离火源。

第三，钻石害怕强光的照射。2011年，澳大利亚的科学家发现，如果用很强的光线照射钻石，钻石会升华！同时，他们说，在阳光或紫外日光灯的照射下，钻石升华的速度特别慢，基本可以忽略。但是，为了慎重，我们应该避免钻石受到强光的照射，比如很强的紫外线、X射线、激光等。

19. 钻石的荧光是什么？

钻石的荧光是钻石受到紫外线照射时发出的光。太阳光中有紫外线，紫光灯也会发出紫外线，比如医院里杀菌经常使用紫光灯，验钞机里一般也使用紫光灯。

很多材料受到紫外线照射时都会发出荧光，人们常把它作为钞票的一种防伪技术，比如，真正的钞票被验钞机的紫光灯照射时不会发出荧光，但是假钞会发出蓝色的荧光；还有的钞票上用特殊的材料印刷了特殊的图案或文字，用验钞机的紫光灯照射时，这些图案或文字就会发出荧光，而假钞的图案或文字不会发出荧光。

有人认为荧光是一种辐射，对身体有害。其实不是这样的，荧光并不是辐射，没有放射性，对身体没有影响。

钻石里经常含有杂质。不同的钻石里面含有的杂质种类和数量都不一样，所以受到紫外线照射时，荧光情况也不一样：70% 左右的钻石并不会发荧光，只有 30% 左右的钻石会发荧光。而且，不同的钻石发出的荧光的颜色和强度也不一样：绝大多数是蓝色，少数是蓝绿色、黄色、紫色、粉红色等；荧光有的强，有的弱。按照强度，GIA 把钻石的荧光分为"None"（无）、"Faint"（弱）、"Medium"（中等）、"Strong"（强）、"Very strong"（很强）五个等级，我国则分为"无""弱""中""强"四个等级，如图 4 所示。

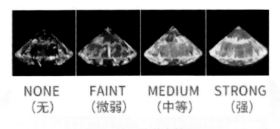

NONE　FAINT　MEDIUM　STRONG
（无）　（微弱）　（中等）　（强）

图 4　钻石的荧光等级

20. 荧光对钻石有什么影响？

荧光对钻石的影响分为以下几个方面。

（1）蓝色荧光能在一定程度上提高颜色等级较低的钻石（I—M 级）的颜色等级，这些钻石带有黄色调，蓝色荧光可以遮盖黄色调，使它们看起来接近无色，所以能提高它们的价格。

所以，在颜色等级相同的情况下，有荧光的钻石实际的颜色等级是较低的，因此它的价值比同等级而没有荧光的低。

（2）但是，对颜色等级比较高的钻石来说（D—H级），由于它们本身基本是无色的，如果发出较强的荧光，不仅不会提高它们的颜色等级，反而会使它们的透明度降低，显得很模糊，有一种朦胧感、乳浊感，表面好像有一层白雾或油一样，显得不纯净（肉眼不容易看到，在10倍放大镜下观察比较明显），见图4。另外，钻石的火彩也会减弱。有人把这种钻石叫作奶油钻或油雾钻。无疑，这会影响钻石的价格。

另外需要说明的一点是，并不是所有发出荧光的颜色等级为D—H级的钻石都会出现这种情况，但是，它们的价格仍会低于不发荧光的同等级钻石。

21. GIA 为什么被称为国际珠宝界的"总裁判长"？

GIA 是美国宝石学院（Gemological Institute of America）的英文单词的首字母缩写，它是目前全世界规模最大、最权威的宝石教育、研究和鉴定机构，在国际珠宝界享有盛誉，是珠宝界的"总裁判长"。

GIA 位于美国纽约，是 1931 年成立的，距今 90 多年了，历史悠久。GIA 成立的宗旨是向人们传授宝石评价方面的知识和技术，并研究合适的宝石评价标准，以此规范宝石行业，促进它的健康发展。

多年来，GIA 对国际珠宝界尤其是钻石行业作出了重要的贡献，主要包括以下几个方面。

（1）在全球普及宝石知识，为世界多个国家培养了大量高素质的珠宝专业人才，而且向大量普通消费者和爱好者传播宝石知识，有人把GIA 称为"珠宝专家的摇篮"，它颁发的教育文凭受到全世界的认可。

（2）钻石的"4C"标准就是由 GIA 提出的，目前它已经成为国际钻石行业的通用标准，这极大地推动和促进了全球钻石业的快速发展，对钻石文化的普及也起到了重要作用。

（3）GIA 研制了多种宝石鉴定工具和仪器，比如，现代的珠宝显微镜就是它发明的。这些工具和仪器提高了宝石鉴定的科学性、准确性和效率。

（4）GIA 为钻石提供分级服务，GIA 钻石分级证书是全球公认最权威的证书，人们公认为它具有诚信、科学、客观、公正、专业等特征，受到全球珠宝业的广泛认可和信赖。我国很多商家出售的钻石也提供 GIA 分级证书。

22. IGI 为什么被称为"消费者身边的鉴定师"？

IGI 是国际宝石学院（International Gemological Institute）的首字母缩写，它成立于 1975 年，地点在"世界钻石之都"——比利时的安特卫普。

IGI 是目前世界规模最大的宝石鉴定和教育、研究机构，在全球多个地方有分支机构，所以，有人把它称为"消费者身边的鉴定师"。

IGI 的优势包括以下几点。

（1）规模：和全球其他的同类机构相比，IGI 的服务涵盖面积最大，资料介绍，它为超过 96 个国家的消费者提供服务，服务对象包括全球 70% 以上的顶尖珠宝品牌如 LVMH、Richemont、Kering 等。另外，IGI 鉴定的珠宝首饰种类多，为世界之最，包括钻石、彩色宝石、珍珠、首饰等。

（2）IGI 是全世界最权威的钻石切工研究机构，它制定了世界第一张全面、完整的钻石切工评级表（Cut Grade Chart），目前使用的钻石切工评价标准就是由它发展而来的。

（3）IGI证书制作精美。在早期，IGI的客户主要是一些王室成员，鉴定对象自然是一些高档珠宝首饰，为了和这些首饰匹配，它出具的鉴定证书十分精美，同样也是一件奢侈品。现在，虽然IGI的服务对象扩展到普通消费者，但它的鉴定证书仍一直沿用了传统方法。手工制作，品质精良，这一点让客户有很强的贵族感，觉得IGI好像是自己的私人定制鉴定师。有人说：IGI证书给了客户第五个"C"：信心（Confidence）。

（4）和GIA的钻石分级证书相比，IGI证书的鉴定标准比较宽松，权威性稍差，级别相同的钻石，带IGI证书的比带GIA证书的价格稍低。

23. 什么是"丘比特切工"？

"丘比特切工"也叫"八心八箭"。这种钻石有一种特殊的光学效果：从上面往底部看，会出现八支箭头的形状；从底部往上面看，会出现八颗心的形状，如图5所示。

从上面往底部看八支箭　　　　从底部往上面看八颗心

图5　八心八箭

这种现象是20世纪70年代一个日本商人发现的，人们感觉很奇妙，而且，箭形和心形很容易让人们联想到爱神丘比特的爱情之箭和浪漫的爱情，于是就给这种钻石的切工起了个很浪漫的名字——"丘比特切工"，把这种钻石叫"HEART & ARROW 钻石",简称 H&A 钻石,即"八心八箭钻石"。

为什么钻石会出现这种现象呢?其实,"八心八箭"本质上是一种光学现象,当圆形钻石的切工符合一定的条件时,包括切割比例、角度、对称性、抛光等,光线在钻石内部经过折射、反射,就会产生这种现象。

完美的"八心八箭",八颗心和八支箭的大小相同,分布均匀,完美对称,会让人产生一种特殊的美感。但是这要求切割比例、角度、对称性、抛光等必须符合严格的标准,如果不符合标准,就不会出现这种现象,或者即使出现,心和箭的形状也不完美,比如形状不漂亮、大小不一致或对称性不好等。

所以,"八心八箭"对切割师的技术要求很高,从这个角度来说,这种钻石的价格比较高。另外,这种切工对原石的损耗比较大,所以也导致价格比较高。

需要说明一点:直接用肉眼看,并看不到"八心八箭",只有用专门的仪器——钻石切工镜,才能看到这种奇妙的景象。

24."3EX"切工是什么意思?

3EX 切工也叫完美切工,是指钻石的切割、对称性、抛光度三个方面都是 Excellent(优秀的)。

钻石的切工会影响钻石的火彩,切工包括切割、对称性和抛光三个方面的内容,这三个方面各分为五个等级:Excellent(EX,极好)、Very good(VG,很好)、Good(G,好)、Fair(F,一般)、Poor(P,差)。3EX 切工就是三个方面的等级都是最好的,可以使钻石呈现最强的火彩。下面详细解释一下。

（1）切割：指钻石各部分的切割比例和角度。切割比例和角度适当，可以使钻石充分地反射和折射光线，所以钻石的火彩就会很强；如果比例和角度不适当，钻石反射和折射的光线的强度就会减弱，火彩就会变差，如正文中的图 1-12 所示。

（2）对称性：指钻石的各个刻面围绕中心线的对称性。它实际上是由上面提到的切割比例和角度决定的，所以也对钻石的火彩有影响。

（3）抛光度：抛光的目的是使钻石的表面尽量光滑。抛光度越好，钻石的表面就越光滑，反射的光线就越强烈，钻石的光泽和火彩越强，显得更明亮，而且透明度也高；反之，如果抛光度不好，钻石的表面就会比较粗糙，光泽、火彩、透明度都会比较差。这一点，大家可以想象普通玻璃（抛光度高）和毛玻璃（抛光度低）的区别，就可以体会到。

25. "八心八箭"钻石是"3EX"切工钻石吗？

不一定。"八心八箭"钻石和"3EX"切工钻石不是一回事。"八心八箭"钻石指的是有八个心形和八个箭形的光学效应的钻石；而"3EX"切工钻石是指切工质量的三个方面——切割、对称和抛光都达到 Excellent 级别的钻石，它强调的是切工质量。

要产生"八心八箭"的效果，需要切工参数满足一定的条件，而"3EX"切工的钻石不一定都能满足这个条件，所以，"3EX"切工的钻石不一定是"八心八箭"钻石。

同样，"3EX"切工的钻石需要切工的三个方面都达到 Excellent 级别，而"八心八箭"钻石也不一定都能满足这个条件，所以，"八心八箭"钻石不一定就是"3EX"切工的钻石。

当然，有的钻石既具有"八心八箭"的效果，同时也达到了"3EX"

级别，所以，它们既是"八心八箭"钻石，又是"3EX"切工钻石。

26. "八心八箭"钻石和"3EX"切工钻石哪个更好？

这两种钻石没办法比较，因为上面提到，它们的标准不一样："八心八箭"指的是一种光学效应，"3EX"指的是切工质量。

正所谓"萝卜白菜，各有所爱"：有人喜欢"八心八箭"钻石，即使它的切工质量达不到"3EX"级别；同样，也有人喜欢"3EX"切工钻石，即使它没有"八心八箭"的效果。

27. 什么是"花式钻"？

花式钻指的是除了圆钻之外的其他形状的钻石，也叫"异形钻"，常见的有水滴形、祖母绿形、心形、橄榄形、公主方形、椭圆形、三角形等，如正文中图 1-13 所示。

花式钻造型独特、形状丰富，能够突出个性，所以受到很多人的欢迎。

28. 什么是"裸钻"？

"裸钻"就是已经加工好但还没有镶嵌的钻石。裸钻一般是卖给首饰加工厂，加工厂制造戒托、项链等，再把裸钻镶嵌在上面，得到钻戒、项链、耳钉等首饰。这几年，越来越多的人开始定制钻石首饰，所以，他们自己也购买裸钻，然后让首饰厂进行镶嵌。

29. 钻戒是怎么制造出来的？

钻戒的制造包括三部分：首先是挑选、购买裸钻，然后制造金属戒托，最后把裸钻镶嵌在戒托里。

30.钻戒有哪些镶嵌方法

钻戒常见的镶嵌方法有以下几种。

（1）爪镶：这种方法是用几个金属"爪子"把钻石固定在戒托上，如图6所示。

根据"爪子"的数量，还可以分为三爪镶、四爪镶、六爪镶等。

（2）包镶：这种方法是用金属薄片把钻石的四周包裹起来，固定在戒托上，如图7所示。

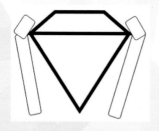 

图6 爪镶　　　　　　　图7 包镶

（3）卡镶：这种方法也叫迫镶、夹镶、逼镶等，它是在两边的金属内侧做一个浅槽，然后把钻石卡进去，用金属把钻石夹住或卡住，如图8所示。

（4）轨道镶：也叫槽镶、壁镶，它是在金属上车出沟槽或轨道，把钻石镶进去，金属从两侧固定钻石，如图9所示。

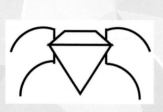 

图8 卡镶　　　　　　　图9 轨道镶

（5）钉镶：这种方法是用工具在镶嵌位置的边缘凿出几个小钉，用它们把钻石固定住，如图 10 所示。

（6）吉卜赛镶：也叫抹镶、藏镶，它是先在金属上加工孔洞，把钻石放进去，再捶打金属，把钻石固定住，如图 11 所示。

图 10 钉镶　　　　　　　　图 11 吉卜赛镶

31. 钻戒的哪种镶嵌方法最好？

钻戒的镶嵌方法很多，它们各有优缺点，各有自己的适用对象，很难说哪种方法最好，只能根据具体的产品选择合适的方法。

爪镶的优点是钻石被遮挡的部分少，所以火彩比较突出，但是这也造成钻石的牢固程度比较低，容易从戒托里脱落下来。有时候，有的爪子还会挂到衣服上被拉开，从而使钻石脱落。

包镶的优点是金属片能更好地固定钻石，使钻石很牢固，所以这种方法特别适合镶嵌比较大的钻石；缺点是钻石被遮挡的部分多，火彩比较弱。

在卡镶法里，钻石被遮挡的部分比爪镶还少，所以火彩更强，但钻石也更不牢固。

在轨道镶里，钻石很牢固，不容易脱落。而且这种方法适合镶嵌多颗钻石，整件首饰的火彩很强。

钉镶和爪镶比较像，钻石的火彩很强。但在钉镶里，钉子的尺寸一般很小，所以只适合镶嵌比较小的钻石。

在吉卜赛镶里，钻石很牢固，不容易脱落。但这种方法的操作比较麻烦，而且在加工过程中容易损坏钻石。

32. 什么叫微镶？

微镶也叫微钉镶，可以理解为"微型的钉镶"，这种方法和普通的钉镶基本相同，只是钉子特别小，镶嵌的钻石也比较小，整个镶嵌过程需要在显微镜下进行，而且需要使用特殊的工具。

用微镶技术镶嵌的钻石，互相之间排列很紧密，表面好像都是钻石，基本看不到金属，所以火彩很强，整件首饰显得光彩夺目，特别精致。

微镶技术的操作很复杂，对技术要求很高，需要的时间长，成本高，它起源于18世纪，当时一些皇室的定制珠宝首饰经常用这种方法加工，现在一些高端品牌也使用这种技术制造高档珠宝等奢侈品。

33. 怎么评价镶嵌质量？

镶嵌是首饰加工的一个重要环节，它在很大程度上会影响钻石的火彩，而且对钻石能起到重要的保护作用，另外，精良的镶嵌工艺本身也可以给人带来一种独特的美感。

评价镶嵌工艺，可以从以下几方面进行。

（1）看金属对钻石的遮挡程度。比如，对爪镶来说，金属爪的长度、粗细应该适当，不能太长、太粗，因为那样会影响钻石的火彩。

（2）观察金属对钻石的保护效果。比如，对爪镶来说，金属爪子不能太短、太细、太少，那样钻石容易脱落。

（3）观察金属和钻石之间是否贴合紧密。如果有空隙，钻石容易松动、脱落。

（4）观察钻石是否发生了破损，包括崩边、崩角、裂纹等。因为在镶嵌过程中，钻石容易受到碰撞发生破坏。

（5）从不同角度观察钻石的姿态，看有没有歪斜；如果有多颗钻石，还要看它们的排列是否整齐。

（6）观察金属部分的质量。比如，对爪镶来说，看各个爪子的长度、粗细是否均匀一致，互相的位置是否整齐、均匀，有没有发生破损，表面是否平滑，有没有缺陷，比如缺口、凹痕等。

（7）轻轻抚摸首饰表面，看钻石和金属会不会划手。人们常说："细节决定成败"，镶嵌技术也是如此，质量高低经常体现在细节里，比如，有人把爪镶的爪子尖端专门加工成圆球形状，这样可以防止它划伤皮肤或衣物，而且也显得美观。

（8）观察镶嵌工艺的外观是否美观。比如，爪镶显得简约，包镶显得复古，微镶显得精致，卡镶显得优雅。而且，即使一些细节部分，如上面提到的爪子尖端的圆球，也会产生美感。

34. 莫桑钻是钻石吗？

莫桑钻并不是钻石，只是钻石的一种仿制品，是人工合成的碳化硅（SiC），也叫莫桑石。它的名字来源于法国的一位化学家，叫亨利·莫桑。1893 年，亨利·莫桑在陨石里发现了一种闪闪发亮的材料，1905 年，人们把这种材料叫作莫桑石，以纪念他的发现。特别值得一提的是，莫桑在科学研究方面取得了多项成果，包括对氟的研究、发明了高温电炉等，由于这些成绩，他获得了 1906 年的诺贝尔化学奖（很多资料上把他的名字翻译为亨利·莫瓦桑）。

天然的莫桑石很少见，1996 年，美国的 C3 公司用人工方法合成了莫桑石，而且获得了专利。莫桑石的很多性质如折射率和色散度接近钻石，甚至超过钻石，而且价格低廉，所以成为一种很好的钻石替代品。2016年，C3公司的专利保护期到期，世界上很多国家都开始生产莫桑石，所以莫桑钻在市场上获得了快速发展，国内有的商家在网上提出了"有了莫桑石，无须南非钻"的广告语来吸引顾客。

35. 锆石是钻石吗？

"锆石"这个名字比较奇怪：因为它表示两种材料，是两种材料的俗称。第一种材料的全称叫合成立方氧化锆，简称CZ，它是一种很常见的钻石替代品，很多商场都在卖。合成立方氧化锆的化学成分和钻石完全不一样，所以不是钻石，但是它的色散值比钻石还高，折射率比钻石稍微低一些，所以，它加工成钻石的形状后，火彩也很强，很难和钻石进行区分。

"锆石"表示的第二种材料也叫锆英石或天然锆石，它的色散值和折射率比其他很多宝石都高，但不如合成立方氧化锆，在早期时，人们也用它作为钻石的替代品。从古代开始，西方人一直喜欢天然锆石，并把它作为十二月的生辰石，象征成功，现在，天然锆石是一种中档宝石。

36. 培育钻石是钻石吗？

培育钻石其实就是人工合成钻石，是模拟天然钻石的形成条件制造出来的，化学成分、微观结构、性能和天然钻石基本相同。近年来，市场上的培育钻石越来越多，由于它很难鉴别，所以引起人们越来越多的注意，但由于它具有很多优点，包括价格低、环保等，所以越来越多的企业开始涉足这个领域，包括戴比尔斯、施华洛世奇、俄罗斯Alrosa

等著名企业。

37. CVD 钻石是钻石吗？

　　CVD 钻石是一种人工合成钻石或培育钻石。CVD 是"化学气相沉积"的英文单词 Chemical Vapor Deposition 的首字母缩写，CVD 钻石就是用这种技术制造的钻石。其具体方法是：在反应室里放一颗很小的钻石，直径一般只有 10 ~ 30 纳米。它有多小呢？我们可以和我们的头发做个比较，普通人的头发的直径是 100000 纳米左右！所以那个小钻石用肉眼根本看不到。

　　然后，向反应室里充入甲烷等气体，然后对气体加热，甲烷在高温下会分解出碳原子，在重力的作用下，碳原子慢慢地落下去，一部分碳原子会落到这颗小钻石上，这颗小钻石就会慢慢"长大"，过一段时间后，就长成一块比较大的钻石！这就是 CVD 钻石。

　　网上介绍，荷兰一个公司制造了一块 155 克拉的 CVD 钻石，把它加工成了一枚钻石戒指。

38. HTHP 钻石是钻石吗？

　　HTHP 钻石也是一种人工合成钻石或培育钻石。目前，制造培育钻石的技术主要有两种，一种是化学气相沉积法，即 CVD 法；另一种叫高温高压法(High Temperature and High Pressure)，简称HTHP法。

　　HTHP 钻石的制造方法是：用石墨做原料，用铁、镍等做催化剂，把它们放在专门的设备里，加热到高温，同时施加很大的压力，石墨的晶体结构就会发生改变，最后成为钻石。这种技术是 20 世纪 50 年代由美国的通用电气公司开发的。当时《纽约时报》报道说，当实验者发现自己制造出了钻石后，又惊又喜，而且产生了一种莫名的恐惧感，差一点瘫倒在地。这种感觉，很像诺贝尔奖获得者——杨振宁说的"初窥宇宙奥秘的畏惧感"。

39. 为什么钻石戴一段时间后就不亮了？

这是因为钻石有一个很重要的特点，就是吸油性很强。在佩戴过程中，钻石表面会吸收周围的油污，比如厨房里的油污，还有皮肤上的油污等，这使得它的表面很容易变脏。所以，钻石的光泽、火彩就被表面的这些油污阻挡住了，就显得不亮了。

如果出现这种情况，或者为了防止这种情况出现，就需要采取一些措施，包括以下几点。

（1）在厨房做饭前，应该摘下钻石首饰。

（2）在运动时，应该摘下钻石首饰，防止它吸收汗液里的油脂。

（3）定期保养、清洗。可以购买专业的钻石清洁剂，按说明进行清洗，或者定期去珠宝店进行专业保养。

40. 佩戴钻石首饰需要注意什么？

（1）平时避免磕碰。因为钻石的脆性很大，和其他物体碰撞时容易破碎。

（2）运动时不应佩戴钻石首饰，以避免钻石发生磕碰，以及金属戒托发生松动使钻石脱落。

（3）洗漱、洗澡、游泳时摘下钻石首饰，防止化学物质腐蚀金属部分，也能防止钻石吸收化学物质，影响光泽和火彩。

（4）在厨房做家务时摘下钻石首饰，防止它吸收油污。

（5）钻石首饰和其他首饰分开保存，防止钻石划伤其他首饰。

（6）定期到珠宝店进行保养。珠宝店可以进行专业性的保养，包括清洗、检查镶嵌是否完好，钻石是否牢固等。尽量不要自己保养，因为很容易损坏钻石或金属部分。

41. 买钻戒是买成品好还是定制好？

可以从以下几个方面进行比较。

（1）成品钻戒的钻石和戒托的搭配是固定的，自己不能改变；而定制可以分别选择自己喜欢的钻石和戒托进行搭配。

（2）成品钻戒的款式是统一的，不容易体现自己的个性，定制可以自己选择款式，甚至参与设计新款式，做到真正的独一无二。

（3）价格：总体来说，定制钻戒的价格会低一些，尤其和一些著名的品牌相比更是如此。而且，在根据自己的预算进行选择时，成品钻戒的选择空间比较少，局限性较大，而定制钻戒的选择空间更大。

（4）时间：定制钻戒需要分别挑选钻石、戒托，有时候还需要自己参与设计，在设计过程中可能需要进行修改、调整；挑选、设计完成后，还要等待制作。所以需要消耗较多的精力和时间。而购买成品钻戒就很快，当挑选到自己满意的成品钻戒之后，马上就能佩戴了，省心、省时、省力。

（5）品牌感：成品钻戒的品牌较多，而且各个档次都有，选择余地比较大；而提供定制的品牌较少，选择余地比较小，经常遇到"喜欢某个品牌，但它却没有定制业务"这种情况。

（6）有两点需要注意：首先，不论是成品还是定制，重点应考虑钻石，也就是"4C"标准，因为钻戒的价格主要体现在钻石上，防止犯"买椟还珠"的错误。

其次，尽量选择可靠的商家和品牌，确保产品质量，防止一些缺陷，比如在加工钻戒过程中，钻石受到损伤，或者钻石镶嵌不牢固等。

所以，到底选择成品还是定制，需要综合进行考虑。

42. 购买钻戒应注意什么？

（1）寻找可靠的商家。一方面保证产品的质量；另一方面在佩戴期间还需要进行保养，所以商家的信誉一定要有保证。

（2）挑选钻石。理论上，钻石的"4C"越高越好，但是价格也会很高。比较可行的一点是：避开整数重量的钻石，比如30分、50分、1克拉等，买比它们稍轻的钻石。因为钻石的重量达到整数时，价格会有一个飞跃，性价比会降低。

但是很难找到48、49、98、99分这样的钻石，因为加工者会通过改变切工参数，把它们的重量提高到整数，所以选择47分、97分甚至46分、96分这样的也可以。

（3）定制钻戒时，挑选好裸钻后，要记住它的腰部的激光编码，拿到钻戒成品后进行对照，防止被替换。

（4）检查钻石的质量：在镶嵌过程中，有的钻石会受到损坏，产生裂纹、崩边、崩角等。

（5）检查镶嵌情况，比如，看金属部分和钻石之间结合是否紧密，如果结合不紧密，在以后的佩戴过程中，钻石容易发生松动、脱落。

43. 3EX 切工的钻石一定好吗？

不一定。前面提到，3EX 切工的钻石对切割角度、比例都有严格要求，为了达到这些要求，就需要牺牲钻石的一些重量。这样就面临一个矛盾：切工等级高会提高钻石的价格，而重量减少会降低钻石的价格。在加工钻石时，需要衡量这对矛盾，使钻石的价格最大化。所以，我们可以看到很多钻石，尤其是一些 50 分、51 分、1 克拉、1.01 克拉这种刚好达到或略微超过整数重量的钻石，它们的切工等级并不是 3EX，其实这不是因为加工者的水平低，而是他们故意牺牲切工等级，让切割角度和比例达不到 EX 级，以换取钻石的重量。尤其是如果钻石的重量能从 47 分、48 分、49 分、97 分、98 分、99 分达到 50 分、1 克拉这样的级别时，牺牲切工等级就更值得了，因为重量增加带来的价格提高远远大于切工等级降低带来的损失。

44. 黄金、铂金、K- 白金，哪种镶嵌钻石最好？

前面提到过，黄金会把钻石的颜色衬得发黄，降低钻石的颜色等级，所以一般不用黄金镶嵌钻石，而是用铂金或 K- 白金镶嵌钻石，它们不会损害钻石的颜色等级。

铂金或 K- 白金哪个更好呢？可以从以下几点进行比较。

（1）纯度、稀有性：铂金的纯度高，而且稀有；K- 白金是黄金和其他一些金属的合金，在 18K- 白金里，黄金的比例只有 75%，其他金属占 25%。

（2）硬度：铂金的硬度较低，而 K- 白金的硬度较高，如果形状和尺寸相同，K- 白金镶嵌的钻石更加牢固，不容易脱落。

（3）价格：K- 白金比铂金便宜。

（4）耐久性：K- 白金的耐久性不好，佩戴时间长了后，颜色会变暗。铂金的化学稳定性很好，所以耐久性很好，基本上不会变色。

所以，铂金和K- 白金各有优缺点。还是那句话"萝卜白菜，各有所爱"，还有一句"公说公有理，婆说婆有理"，每个人只能根据自己的喜好进行选择。

三、彩色宝石

1. "半宝石"是什么？

有时候，我们会听到"半宝石"这个词。猛一听到，很多人会认为它是"半真半假"的宝石。那么它到底是什么呢？

前面提到过，全世界一共有 200 多种宝石。在宝石行业里，有一种分类方法，把所有宝石分为两类：一类叫珍贵宝石，另一类叫半宝石。珍贵宝石主要有五种，即钻石、红宝石、蓝宝石、祖母绿、猫眼石，它们的价值较高。除了这几种珍贵宝石之外的其他宝石，就叫半宝石。

所以，"半宝石"也是真宝石，只是价值比那五种珍贵宝石低一些。

"半宝石"这个名字来源于英文"semiprecious stones"，直译是"半珍贵的宝石"，为了省事，就直接叫"半宝石"了，实际上，它的意思是"其次珍贵的宝石"，是指价值低于珍贵宝石的品种，也就是我们熟悉的"中档宝石"。所以，现在在很多场合里，人们把那些珍贵宝石之外的宝石叫作"中档宝石"，而不太常用"半宝石"这个名字了。

但是需要注意的是，在市场上，确实有一些"半真半假的宝石"，有人把它们也叫"半宝石"，这种"半宝石"也叫拼合宝石。它们的一半是宝石，一半是塑料、玻璃等材料。其中，常见的一个品种是拼合欧泊：它是在其他材料表面粘贴一层很薄的天然欧泊。还有人用玻璃冒充水晶，也把它叫作"半宝石"。所以，在购买珠宝时，如果商家提到了"半宝石"这个名字，就需要特别小心，认真辨别，确认货品到底是中档宝石还是人工宝石。

2. 外国人的"属相"——生辰石的由来

传说生辰石起源于 16 世纪的德国，当时有一个习俗：当亲朋好友过生日时，人们会按他的出生月份赠送宝石作为生日礼物，而且不同的月份赠送不同种类的宝石，每种宝石象征一定的意义，所以，不同品种的宝石就成了出生月份的标志，寄托着美好的祝愿。后来，这种习俗逐渐扩展到其他国家，每个月份出生的人都有自己的生辰石或守护石，生辰石就成了外国人的"属相"。

3. 红色的宝石都是红宝石吗？

红宝石是一种红色的宝石，但是并不是所有红色的宝石都叫红宝石。在宝石行业里，红宝石指的是红色的刚玉宝石，它的主要化学成分是三氧化二铝，还含有一些铬元素。而其他的红色的宝石，如红色的尖晶石、石榴石、碧玺、红玛瑙等，虽然颜色是红色的，但不能叫红宝石。

4. 蓝色的宝石都是蓝宝石吗？

和红宝石类似，并不是所有蓝色的宝石都叫蓝宝石。在宝石行业里，蓝宝石指的是除了红色之外的其他颜色的刚玉宝石，它的主要化学成分是三氧化二铝，还含有其他一些微量元素。而其他的蓝色的宝石，如蓝色的托帕石、海蓝宝石、坦桑石等，虽然颜色是蓝色的，但不能叫蓝宝石。

5. 蓝宝石一定是蓝色的吗？

不一定。因为在宝石行业里，蓝宝石指的是除了红色之外的所有其他颜色的刚玉宝石的统称，包括蓝色、无色、黄色、绿色……所以，很多蓝宝石确实是蓝色的，但是也有很多蓝宝石并不是蓝色。为了区分各种颜色的蓝宝石，一般人们把蓝色的蓝宝石就叫蓝宝石，把其他颜色的蓝宝石专门指明，比如"黄色蓝宝石""无色蓝宝石""绿色蓝宝石"等。

6. 红宝石和蓝宝石有火彩吗？

红宝石和蓝宝石也有火彩，但是不如钻石的火彩强烈。因为红宝石、蓝宝石的化学成分是三氧化二铝，它的折射率、色散度等光学性质比钻石差很多，所以即使加工成钻石的形状，火彩也比钻石弱很多。

7. 红宝石和蓝宝石哪个更好？

红宝石和蓝宝石很难说哪个更好，因为不同的人喜欢不同的颜色，每个人都有自己的判断，所以主要取决于自己的感觉。

8. 红宝石和蓝宝石哪个更贵？

总体上说，在重量、净度、切工等指标相同的情况下，红宝石比蓝宝石要贵。因为红宝石的储量比蓝宝石少很多，更加稀有。有的资料里介绍，在缅甸，平均开采 400 吨红宝石矿石才能得到 1 克拉左右的红宝石原石。蓝宝石的产量比红宝石大，产地也多，我国的山东昌乐、海南、福建、黑龙江、江苏等地都出产蓝宝石。

9. 为什么容易见到质量好的蓝宝石，而质量好的红宝石不常见？

这也和它们的产量有关系：蓝宝石的产量大，所以容易找到质量很好的产品，比如透明度好、净度高、尺寸大；而红宝石的产地少，产量低，不容易找到质量好的产品，很多红宝石的尺寸很小，而且透明度低、净度低，里面有裂纹、斑点等缺陷。上面提到的资料里介绍说，在缅甸，开采 400 吨红宝石矿石找到的 1 克拉的红宝石原石里，多数质量都很差，平均在 1000 颗这种原石里才能挑选出 1 颗优质的红宝石。所以，质量特别好的红宝石很少见，如果出现的话，价格会很高。

10. "无烧红宝石"是什么意思？

"无烧红宝石"是指天然的没有经过加热处理的红宝石。很多天然红宝石的质量都不高，比如，有的颜色太深，有的颜色太浅，有的内部有裂纹或杂质。人们为了改善这些质量不好的红宝石，经常对它们进行加热处理，行业内把加热叫作"烧"。处理后，红宝石的颜色会很纯正，裂纹也会消失，所以，市场上有"不烧不成宝"的说法。

11. 缅甸的红宝石比其他国家的质量都好吗？

不一定。总体上说，缅甸红宝石的质量确实比较好，但是并不是所有的都好，也有很多质量比较差。同样，其他国家的红宝石有质量好的，也有质量差的。评价红宝石的质量，并不是根据产地，而是根据颜色、透明度、净度、切工、重量这几个指标。

12. 年轻人适合佩戴祖母绿首饰吗？

适合。祖母绿虽然有"祖母"这两个字，但是它和祖母并没有什么联系，因为在古代，古波斯人把祖母绿叫作"Zumurud"，我国按照它的读音，把它音译成了"祖母绿"。所以，祖母绿适合所有人佩戴，包括年轻人，当然也包括真正的祖母们。

13. 猫有九命，"猫眼石"有几种？

很多宝石都有猫眼效应，比如碧玉、石英、海蓝宝石、碧玺、绿柱石、磷灰石、透辉石、蓝晶石、月光石等，但是，它们都不是真正的"猫眼石"。在宝石行业里，"猫眼石"指的是具有猫眼效应的金绿宝石，它的化学成分是含有铍的氧化铝，化学分子式是 $BeAl_2O_4$。所以，虽然俗话常说"猫有九命"，但"猫眼石"只有一种。

14. 火彩超过钻石的宝石有哪些？

石榴石有很多种类，其中有一种叫翠榴石，它的色散值是 0.057，比钻石的 0.044 高，能把白色的自然光分解为更清晰的七种单色光，所以，它的闪烁效果比钻石更好。有人说，翠榴石是世界上最闪耀的宝石。从这个方面说，翠榴石的火彩超过了钻石。

但是，美中不足的是，翠榴石的折射率比钻石低很多，所以光泽不像钻石那么强，看起来不是那么耀眼，这在一定程度上影响了翠榴石的火彩。

另外，翠榴石中含有铬元素，所以是绿色的，在这种绿色背景下，它的火彩会被遮盖一些，不容易显示出钻石的那种五彩斑斓的效果，视觉效果不如钻石。

15. 慈禧太后的"翡翠西瓜"是用翡翠做的吗？

传说，慈禧太后生前曾有一对翡翠西瓜，它们是用翡翠做的，栩栩如生：瓜皮是绿色的，上面有黑色条纹，瓜瓤是红色的，甚至还有黑色的瓜子！慈禧对它们爱不释手，在她死后，它们也被随葬了。后来，军阀孙殿英盗挖慈禧的陵墓，把翡翠西瓜盗走了，至今下落不明，成为一个未解之谜。

但是，后来人们普遍认为，那对翡翠西瓜其实并不是用翡翠做的，而是用碧玺做的。碧玺的颜色丰富，被人们称为"宝石变色龙""落入人间的彩虹"。那两个翡翠西瓜的原料实际上是碧玺，能工巧匠充分利用它们的颜色特点，巧夺天工，制造成了稀世珍宝，至今还引起人们无尽的遐想。

16. "沙弗莱"是什么？

"沙弗莱"是一种绿色的宝石，20世纪60年代末在肯尼亚的沙弗国家公园被发现，70年代，著名的珠宝公司——蒂芙尼公司按照它的产地把它命名为"沙弗莱石"，向珠宝界推广。

沙弗莱其实是一种石榴石，内部含有微量的铬和钒元素，所以是绿色的。人们称赞这种宝石有"三高"：颜色浓度高，绿色纯正；亮度高，火彩强烈，这是因为它的折射率高；净度高，内部的杂质很少。

在目前的国际珠宝市场上，沙弗莱是仅次于祖母绿的最受欢迎的绿色宝石，被认为是彩色宝石中的"潜力股"，有很好的升值潜力。

17. 南非的"绝代双骄"是什么？

提到南非，人们很容易想到钻石。其实，除了钻石外，南非还有一种宝石特别有名，一向被称为南非的"国石"，这就是舒俱来。

舒俱来也叫苏纪石，是一种紫色宝石，给人一种神秘的感觉，而且，它的颜色有多种色调，深浅不一，其中最珍贵的被称为"皇家紫"。

舒俱来的质地细腻，半透明，主要化学成分是二氧化硅，同时含有钾、钠、铁、锂等多种元素。

它的名字来源于它的发现者——日本地质学家Sugi。可以说，钻石和舒俱来是南非的"绝代双骄"。

18. "碧玺里的贵族"是什么？

卢比来是一种红色的碧玺，有人称它为"碧玺里的贵族""红碧玺之王"，这是因为它的颜色鲜艳、浓郁、纯正，有时还带有一些紫色调，和红宝石的颜色很像。它的英文名字的意思就是"和红宝石一样的"，以前曾经常被误认为是红宝石。而普通的红色碧玺的颜色饱和度比较低，而且经常带一些棕色调。

19. "芬达石"和芬达汽水有关系吗？

"芬达石"和芬达汽水真的有关系："芬达石"是一种石榴石，颜色是橙色，和芬达汽水的颜色很像，所以被叫作"芬达石"。

"芬达石"的颜色主要是由内部的铁元素形成的：当铁元素的含量合适时，芬达石就具有鲜艳的橙色，而且显得特别明亮、纯净。"芬达石"是一种新兴的彩色宝石，1991年才在非洲的纳米比亚被发现，由于它的独特的颜色和强烈的光泽，所以很快就受到人们的欢迎。为了给它起名字，人们费了很多周折：开始时，有人提议用其他宝石常用的方法命名，比如按照产地、化学组成、颜色等，但都觉得不合适，因为这些名字不能恰如其分地表达它的特点，最后，有人提议，可以借用可口可乐公司的芬达汽水的名字，把这种宝石叫作"芬达石"。因为一方面，它的颜色和芬达汽水很像；另一方面，芬达汽水代表着活力、快乐，而人们也希望"芬达石"带给人们这些感觉。于是，人们一致同意采用这个名字。也正是由于这次成功的命名，使"芬达石"迅速享誉全球。

20. 摩根石和摩根有关系吗？

摩根石是一种粉红色的宝石，颜色比较浅，同时折射率比较高，所以显得很柔和、清新、明丽，给人一种亲切感，受到人们的喜爱。

摩根石和祖母绿、海蓝宝石一样，都属于绿柱石，只是由于含有的微量元素不一样，它们的颜色才不一样。摩根石的内部含有锰元素，所以是粉红色的，也被人们叫作"粉红色的祖母绿""玫瑰绿柱石"。摩根石的价值比较高，优质产品的价格甚至比普通的祖母绿还高。

而且，摩根石确实和摩根有关系。

约翰·皮尔庞特·摩根（J.P. 摩根）是 19 世纪末、20 世纪初美国著名的银行家、金融家，建立了一个庞大的商业帝国，在当时美国的经济领域占据着举足轻重的地位，他的影响甚至遍及国外一些国家，被当时的人们称为"世界债主"。而且，他的影响一直持续到现在：他创立的 J.P. 摩根公司现在发展成为摩根大通基团和摩根士丹利公司，在全球金融界占有重要地位。

同时，J.P. 摩根也是一位狂热的珠宝收藏家，他曾多次向朋友表示：自己有一个心愿，就是能以自己的名字命名一种宝石。1911 年，美国著名的珠宝公司——蒂芙尼公司（Tiffany & Co.）在非洲的马达加斯加岛发现了一种新的宝石，这次活动的赞助人就是 J.P. 摩根，同时，蒂芙尼公司的副总裁昆兹博士是摩根的好朋友，他早就知道摩根的心愿，于是，公司顺理成章地把这种宝石命名为"摩根石"，了却了他的心愿。

摩根也是一位慈善家，他收藏的宝石最后都捐赠给了美国纽约的史密森尼博物馆。

21. 红色尖晶石为什么被叫作"宝石里最成功的骗子"？

红色尖晶石的颜色和红宝石特别像，很长时间以来，很多人都把它误认为是红宝石。最有名的有四个例子。

（1）"铁木尔红宝石"。这是一颗富有传奇色彩的宝石，重量达361克拉，产于阿富汗，曾几次易手：开始时被鞑靼人所有，到14世纪末，落到了铁木尔王的手里，后来在中亚地区的混战中几易其手，直到1849年，东印度公司得到了它，献给了英国的维多利亚女王。1953年，在伊丽莎白二世参加加冕典礼时曾佩戴着它，现在保存在英国伦敦的白金汉宫里。

（2）"黑王子红宝石"。在英王王冠正面最显眼的中央位置，可以看到一颗硕大的红色宝石，这就是"黑王子红宝石"，它重达170克拉。关于它的来历，有不同的说法。一种说法是，在14世纪时，被称为"黑王子"的英格兰王子爱德华帮助邻国打赢了一场战争，对方为表示感谢，就把这块宝石赠送给他。另一种说法是，它是英国王室花费重金买到的。后来，英国王室把它和著名的"非洲之星II"钻石一起镶嵌在英王的王冠上。

（3）18世纪时，俄国出现了一位雄才大略的女沙皇——叶卡捷琳娜二世，在她的皇冠顶端，镶嵌着一颗巨大的红色宝石，重达398.7克拉。

（4）在我国清朝，皇族和一品官员的帽顶上，都镶嵌了一颗红色宝石，作为地位的象征。

数百年来，人们一直认为上述红色宝石是红宝石，一直到近代，人们通过科学仪器进行测试才发现，这些价值连城的"红宝石"原来都是红色尖晶石！所以，人们把红色尖晶石叫作"宝石里最成功的骗子""史上最高明的骗子"！

四、玉石和有机宝石

1. 为什么玉器经常是弧面而很少是刻面？

多数玉器如吊坠、戒面、手镯等都是弧面形状的，很少做成宝石那样的刻面形状。这是因为宝石切割成刻面的目的是体现光泽和火彩，但是很多玉石的透明度和净度比较差，即使切割成刻面，也体现不出光泽和火彩，所以就加工成弧面形状。

2. 绿色的手镯都是翡翠吗？

平时经常可以看到一些人戴着绿色的手镯，很多人认为它们是翡翠。其实不一定。因为绿色的玉石有很多种，除了翡翠外，常见的还有碧玉、岫玉、玉髓、密玉、东陵玉、蓝田玉等，很多绿色手镯是这些品种。一般来说，它们的价格比翡翠低得多。

3. 翡翠都是绿色的吗？

不一定。翡翠的颜色有很多种，除了绿色外，还有无色、白色、灰色、黄色、红色、粉色、紫色甚至黑色等。

4. 为什么翡翠戒面很贵？

因为翡翠戒面对原料的质量要求很高，包括种、水头、颜色、净度都要很好。无疑，能够符合这些要求的原料很少。

另外，戒面的加工难度也很高，包括各部分的加工比例、对称性、抛光都有严格的要求。

所以，虽然翡翠戒面的尺寸很小，不如吊坠、手镯等，但是价格通常要比它们高。

5. "无绺不做花"是什么意思？

无绺不做花也叫"无绺不遮花"。"绺"是裂纹的意思，是玉石上的缺陷；"花"指雕刻的花纹。这句话的意思是：如果玉石上没有裂纹，就不会雕刻花纹。

这是因为，玉石上经常有裂纹，为了掩盖它们，人们就经常雕刻一些图案，比如花纹、动植物、文字等，所以，雕刻了花纹的玉石，一般都有一些缺陷，有的是裂纹，有的是杂质、斑点、斑块等。所以，如果玉石没有缺陷，一般是不会雕刻花纹等图案的。

6. "大圭不琢"是什么意思？

这句话来自四书五经中的《礼记》这本书，整句话是："大圭不琢，美其质也。"意思是品质好的玉器是不进行雕琢的，可以向人们展示它的本质的美。上面提到，很多玉石有缺陷，所以在很多情况下，雕刻的目的是掩盖缺陷。反之，对那些完美无瑕、天生丽质的高档玉石原料，一般不进行雕琢。

所以，在市场上可以发现，很多"素面"或"光面"的玉器的价格比一些雕刻图案的玉器高，就是因为它们的质量本身很好，缺陷比较少。

7. "玉不琢，不成器"对吗？

前面提到"大圭不琢"，但是我们更熟悉另一句话："玉不琢，不成器"，这句话对吗？

对。这是因为有两个原因。

（1）如果玉石有缺陷，当然需要进行雕琢，去除这些缺陷，成为有价值的玉器。

（2）即使有的玉石原料没有缺陷，但是，为了表达特定的主题，人们也要进行雕琢，把原料加工成特定的造型。所以，"大圭不琢"和"玉不琢，不成器"并不矛盾："大圭不琢"的目的是展示玉石的本质美，而"玉不琢，不成器"的目的是展示玉器的主题美和工艺美。

8. 为什么说"黄金有价玉无价"？

因为黄金的价格有比较明确的标准——主要是重量，比如1克300元。而玉器的价格没有明确的标准：一方面和原料有关，另一方面和加工工艺、内涵、文化、感情等因素有关，这些因素难以客观、定量地表示，所以使玉器无法用一个明确的价格来衡量。

9. 和田玉和翡翠谁是"玉石之王"？

可以从以下几个方面进行比较。

（1）外观：和田玉色泽温润，颜色和光泽比较含蓄、内敛，更符合中国人的审美观；而翡翠的颜色鲜艳，光泽较强，比较外露。

（2）质地：和田玉的质地细腻，硬度较低，韧性比较好；翡翠的硬度较高，韧性较差。

（3）文化影响：和田玉的历史悠久、底蕴深厚——从夏、商朝就已经开始使用了，围绕它形成了我国特有的丰富的玉文化。

翡翠是从明朝时开始进入我国的，从清朝开始受到人们的广泛喜爱，也是我国玉文化的重要组成部分。

（4）市场：相对来说，在我国，和田玉在北方更受欢迎，翡翠在南方更受欢迎。在价格方面，翡翠的价格相对更高一些，经常可以看到几十万元甚至价格更高的翡翠戒面、手镯等，而和田玉的价格相对要低一些。

从上面可以看出，和田玉和翡翠各有千秋，很难明确地判断谁是"玉石之王"，所以只能按自己的喜好决定了。

10. 什么是"爱迪生珍珠"？

"爱迪生珍珠"其实是一种淡水养殖珍珠，它并不是爱迪生发明的，和爱迪生没有直接关系。叫这个名字是因为他曾说过：自己虽然有2000多项发明，但是有两样东西自己却不能在实验室里制造出来——珍珠和钻石。人们用人工方法养殖出高品质的珍珠后，为了把它和其他养殖珍珠区分开，就取了这个名字，一方面是纪念爱迪生，"弥补"他的遗憾，就像前面提到的"摩根石"一样；另一方面，也作为一种促销手段，表明这种珍珠的独特性，和爱迪生的发明一样，给人们带来价值，和前面提到的"芬达石"相似。

总之，这个名字起得很巧妙，很有创意，有深刻的内涵，让人回味无穷，而且越想越觉得巧妙！

11. 什么是"阿卡珊瑚"？

"阿卡珊瑚"是产于日本海域和台湾海域的一种高品质红珊瑚。珊瑚有多种颜色，其中红珊瑚最受人们的喜爱，素有"千年珊瑚万年红"的说法。红珊瑚也有多种类型，其中产于日本海域和台湾海域的红珊瑚品质最好，颜色是深红色，而且有较强的光泽，质地致密、细腻。在日文中，"阿卡"（AKA）是"赤红"的意思，在行业内，人们就把这些海域的红珊瑚直接音译成"阿卡珊瑚"。

五、贵金属

1. 3D 硬金是什么？

3D 硬金是用一种叫"电铸"工艺的方法制造的金首饰，和普通的金首饰相比，具有几个明显的特点。

（1）普通的金首饰是实心的，而 3D 硬金是空心的，所以 3D 硬金首饰看起来比较大，但是重量却很轻。

（2）硬度高，不容易磨损。3D 硬金采用了特殊工艺，硬度比普通黄金提高了很多。

（3）造型丰富、精致，款式多样，立体感强。3D 硬金采用了特殊的设计和加工方法，产品的造型、款式特别多，形状可以很复杂、精细，可以满足不同用户的要求。

2. 3D 硬金为什么比普通黄金硬？

在制造 3D 硬金时，通过采用特殊的原材料和制造工艺，在 3D 硬金内部，金原子的排列方式和普通黄金不一样：比普通黄金排列更紧密，结构更细腻、更致密，所以硬度比普通黄金高。

3. 3D 硬金为什么比普通黄金贵？

普通黄金的价格主要是由黄金的重量决定的，制造工艺占的比重不大。而 3D 黄金的价格一方面包括黄金本身的价格，另一方面也包括制造工艺方面的费用，3D 硬金的制造工艺很复杂、难度高，所以这部分费用占的比重比较大，这就使得 3D 硬金的价格比普通黄金贵。

4. 3D 硬金首饰的价格为什么不统一？

普通黄金首饰的价格是统一的，比如每克的金价再加 15% 的加工费。但是 3D 硬金首饰的价格经常不统一，基本是一件一价。原因还是和制造工艺有关系：因为每件 3D 硬金首饰的加工工艺都不完全一样，复杂性、需要的时间都有差别，所以价格不统一。

5. 为什么 3D 硬金的回收价比原价低很多？

因为 3D 硬金的原价中，制造工艺部分的费用占很大比重，但是金店在回收时只会支付黄金本身的价格，不会支付制造工艺部分的费用，所以 3D 硬金的回收价比原价低很多。

6. 5G 黄金是什么？

5G 黄金的全称是 "Five Good Gold"，即 "5 好黄金"，是指它有 5 个优点。

Gentle（高尚）：5G 黄金的纯度高，含金量高，不低于 99.9%。

Glorious（璀璨）：5G 黄金的纯度高，颜色璀璨夺目，而且不会褪色。

Genius（天赋）：5G 黄金的制造工艺先进。

Grace（优雅）：5G 黄金的韧性好，可以制作多种造型，产品的款式丰富多样。

Gusty（坚硬）：5G 黄金的硬度比 3D 硬金还高，不容易变形、磨损，而且重量轻。

5G 黄金具有这些优点是因为它综合采用了 K 金和 3D 硬金的生产技术：在冶炼时，在原料里加入了特殊的元素，冶炼后，这些元素可以使原料的硬度提高，所以，5G 黄金的硬度比普通黄金和 3D 硬金都高。

K金也在原料里加入了一些元素，但是种类和5G黄金不一样，加入量比较多，所以使黄金的纯度下降了，含金量比较低，而5G黄金里加入的元素种类和K金不一样，加入量很少，使产品仍具有很高的纯度，含金量很高，颜色鲜艳，而且不容易褪色；此外，这也使5G黄金的硬度也和K金一样高，高于3D硬金。

在制造工艺方面，5G黄金也采用了和3D硬金一样的"电铸"工艺，从而具有3D硬金的优点：产品是空心的，壁很薄，重量轻；造型丰富、精致，款式多样，立体感强；硬度高，不容易变形和磨损。

所以，有人说，5G黄金是3D硬金的"加强版"。

7. 5G黄金的硬度为什么比3D硬金高？

因为5G黄金的原料和3D硬金的不一样：5G黄金中加入了特殊的化学元素，人们把这些元素叫"硬金粉"，这些元素的加入量很少，却能有效地提高黄金的硬度，使5G黄金的硬度比3D硬金高。这些元素的种类和加入量都属于商业机密，不会对外公布。

8. 5G黄金的价格为什么很贵？

因为5G黄金综合了普通黄金、K金和3D硬金的生产方法，产品的性能更优异，它的价格既包括黄金本身的价格，还包括制造工艺方面的价格——熔炼、产品造型设计、制造工艺等，这部分价格比3D硬金还高，占的比重很大，所以5G黄金的价格很贵。

9. 5G黄金能保值、增值吗？

和3D硬金一样，5G黄金的保值性、增值性较差。因为它们的价格中很大一部分是制造工艺方面的，商家回收时都会忽略这部分价格，

附录

而只考虑黄金的重量，所以多数 5G 黄金产品的回收价会比原价低很多，使得它们的保值性、增值性较差。

10. 5G 黄金首饰损坏了可以修复吗？

很难。因为 5G 黄金首饰和 3D 硬金首饰一样，是用电铸法生产的，整件产品是整体一次成型的，而且是空心的，各个部位的壁都很薄，所以如果某个部位发生损坏，比如碰破，就很难修复。5G 黄金首饰和 3D 硬金首饰回收后，厂家也很少修复，都是重新熔化，制造其他的新产品。

11. 5D 硬金是什么？

可以说，5D 硬金是 3D 硬金的"升级版"：用电铸法制造产品时，需要使用一些化学原料，3D 硬金的化学原料里需要使用氰化物，很多人都知道，氰化物对人体有害，会污染环境，而 5D 硬金使用的化学原料进行了改进，里面不含氰化物，所以不会污染环境。另外，5D 硬金比 3D 硬金的硬度更高，壁更薄，所以空心更大了，这样，在体积相同的情况下，5D 硬金会更轻，价格更低。

12. "古法黄金"是什么？

"古法黄金"就是用古代的方法制造的黄金产品，主要特点是手工制造，使用简单的工具，具体方法包括浇铸、锻打、雕刻（錾刻）、镶嵌、打磨等。浇铸，就是把黄金加热到高温，熔化成液体，然后倒进模具里，铸造产品；锻打就是用锤子把块状的原料加工成薄片、丝等形状；雕刻（錾刻）就是用工具在产品表面加工各种花纹、图案等；镶嵌就是在产品上镶嵌宝石、珍珠等装饰品；打磨就是让产品表面更光滑。

13. "古法黄金"有什么优点?

"古法黄金"主要有以下几个优点。

（1）颜色、图案、花纹显得古朴、厚重、有质感，有一种特有的古韵。

（2）表面是哑光质感，显得含蓄、内敛、低调，被人们形容为"华而不炫，贵而不显"。

（3）纯手工制作，每一件都是独一无二的，与众不同，可以满足人们对个性的追求。

（4）"古法黄金"由于经过多次锻打，所以硬度比现代的黄金高，耐磨性好，不容易出现划痕。

（5）表面比较粗糙，用手抚摸时不容易出现指纹，表面有了灰尘、污物时也不明显，比较耐脏。而现代的金首饰由于表面进行了抛光，特别光滑、明亮，抚摸时很容易留下指纹，也容易变脏。

（6）"古法黄金"首饰会越戴越亮。因为它们和皮肤接触，相当于被皮肤进行了抛光，所以表面会越来越光滑、越来越亮。

14. "古法黄金"比现代的黄金首饰好吗?

如上所述，和现代的黄金首饰相比，"古法黄金"有多个优点，但是，并不能说它肯定比现代黄金首饰好，因为它也有自身的缺点，甚至在有的时候，它的一些优点也会成为缺点。

（1）光泽不强，颜色发暗，显得比较旧，没有那种"金光闪闪"的感觉。

（2）"古法黄金"由于是手工制造，所以产品的精度比较低，形状和尺寸都不精细，显得比较粗糙、笨重，不像现代的黄金首饰那么精致。

（3）由于是手工制造，所以"古法黄金"的生产效率比较低，从而导致生产成本比较高，价格也比较高。而现代的黄金首饰是工业化生产，效率高，具有明显的价格优势。这实际上是制约"古法黄金"制品普及的一个很重要的因素。

所以，不能说"古法黄金"一定比现代的黄金首饰好，它只是在某些方面具有自己的优势，但同时也有一些劣势。所以，"古法黄金"的普及和推广任重而道远。

15. 为什么有的 18K 金首饰比足金首饰还贵？

我们知道，18K 金的含金量不如足金高，但是经常看到一些重量相同的 18K 金首饰却比足金首饰贵，这是为什么呢？

这和首饰的制造工艺有关。如果是原料，那么足金的价格要比 18K 金的价格高，比如一块 10 克的 18K 金金块和一块 10 克的足金金块，那足金金块会比 18K 金金块贵。但是对首饰来说就不是这样了，因为首饰是需要进行加工的，所以在首饰的价格里，一方面包括原料的价格，另一方面还包括加工费。有的足金首饰的款式比较简单，加工比较容易，所以加工费不高。而一些 18K 金首饰的款式比较复杂，加工难度大，有的需要十几道工序，需要使用专业设备，由专业的技术人员进行设计和加工，这样，加工费自然就比较高，所以就会造成有的 18K 金首饰比足金首饰贵。

当然，不是所有的 18K 金首饰都比足金首饰贵，有的足金首饰的造型也很复杂，加工费也很高，所以它们的价格就比 18K 金首饰高。

16. 金首饰越贵越能保值吗？

有人认为：金首饰越贵越能保值。其实不一定。如上所说，有的 18K 金首饰比足金首饰还贵，但是这些 18K 金首饰的保值性却并不好，因为它们的价格很大一部分是加工费，黄金本身的价值并不高，而在一般情况下，金首饰的保值性主要取决于黄金本身的价值，所以在很多时候，由于足金的含金量更高，因而保值性会更好。

17. 什么是素金首饰？

素金首饰是指没有镶嵌宝石的金属首饰，包括素金戒指、素金项链、素金耳环等。而且，素金首饰既包括黄金首饰，也包括其他金属首饰，如素K金、素铂金、素钯金等。

18. 沙金是什么？

沙金本来是沉积在泥沙里的金矿石粉末。由于没有经过冶炼提纯，所以纯度比较低。

但是2019年11月，中央电视台《经济半小时》报道：有的商家用铜等材料做出黄金的颜色和光泽，有的在这些材料的表面镀一层黄金，包括24K金，把它们叫作沙金，所以消费者需要注意。

19. 为什么K金有很多种颜色？

这是因为K金的化学成分不一样。纯金的颜色本来是黄色的，但是很多人喜欢其他的颜色，所以首饰厂家为了满足不同客户的喜好，就把黄金和其他元素混合起来熔炼，加入的元素种类和含量不同，得到的K金的颜色就不一样，比如，18K金有红色、黄色、淡黄色、暗黄色等颜色，14K金有红色、红黄色、深黄色、淡黄色、暗黄色等颜色。

20. 白色K金是白金吗？

白色K金不是白金。白色K金是在黄金里加入其他金属，如钯或镍、银、铜、锌等熔炼得到的白色的 K 金，也叫白 K 金或 K- 白金。如果黄金的含量是 75%，这种白色 K 金就是 18K 金。

平时人们说的白金指的是铂金，白色 K 金和铂金的颜色很像，但是它们是完全不同的两种金属，价格也不一样：铂金比白色 K 金要贵。

21. 为什么金首饰的价格比金价高？

很多人发现一个问题：如果按克计算，商场里卖的金首饰的价格比网上查到的金价贵很多。这是为什么呢？

这是因为，网上查到的黄金价格，就是单纯的黄金原料的价格。而金首饰的价格既包括黄金原料的价格，也包括其他方面，比如设计、加工、品牌价值甚至商场的人工、宣传、水电等方面的费用，所以金首饰的价格比金价高。

22. 金首饰为什么多数是 18K 而很少是 24K ？

18K 金的含金量只有 75%，24K 金的含金量是 99.9% 以上，但是很多人发现，很多黄金首饰并不是用 24K 金制造的，而是用 18K 金制造的。这是为什么呢？

这主要有以下几个原因。

（1）24K 金虽然含金量高，但是硬度很低，特别软，容易变形，所以不能制造款式复杂、精细的首饰，也不能制造镶嵌宝石的首饰，因为宝石容易掉落。

18K 金的硬度比 24K 金高很多，可以制造多种款式复杂、精细的首饰，造型很丰富，也适合制造镶嵌宝石的首饰，因为它可以牢固地镶嵌宝石。

（2）24K金的颜色就是金黄色，比较单一。而18K金的颜色有多种，能制造出颜色、款式更丰富多样的首饰，满足更多客户的需要，产品的销量更大，盈利更多。

（3）买金首饰时，我们中国人更看重含金量，在内心中，更多地把首饰看作一块金子，买的首先是金子，其次才是首饰；而西方人相对不是这么重视含金量，他们更看重造型，更多的是把首饰作为一件艺术品，买的首先是艺术，其次才是金子。

（4）24K金的含金量虽然高，但是价格相对是固定的，用它做的首饰由于造型比较简单，所以设计、加工方面的费用较少，这样首饰的附加值比较低，盈利空间比较有限。而18K金的含金量虽然低，但是可以制造多种造型的首饰，设计、加工方面的费用可以很高，也就是产品的附加值更高，盈利空间更大，珠宝公司自然喜欢制造18K金首饰。可以发现，很多18K金首饰的价格远远高于24K金首饰，很多天价的首饰是用18K金甚至含金量更低的14K金、12K金制造的，也是这个原因。

23. 为什么金首饰佩戴时间长了会变色？

金首饰变色的原因主要包括以下几个。

（1）汗液。人的汗液里含有多种化学物质，它们会和金首饰里的化学成分发生化学反应，使金首饰变色。比如氯元素会和首饰里的银反应形成黑色的氯化银，硫会和首饰里的铜反应形成黑色的硫化铜，它们会使金首饰变黑；汗液里的汞元素会和金发生化学反应，形成金汞合金，也叫金汞齐，它的颜色是白色的，所以金首饰会变白。

（2）日化用品，包括化妆品、染发剂、洗护用品、清洁用品等。这些产品里含有的一些化学成分也会使金首饰变色。比如，有的化妆品里含有汞，所以会使金首饰变白。有的化妆品、染发剂里含有铅，铅和金会发生反应，形成黑色的物质，所以金首饰会变黑。有的化妆品里有一些很细小但很硬的颗粒，它们会磨损金首饰；有的会镶嵌在首饰里或覆盖在首饰表面，使首饰发暗。

（3）环境。空气中含有的硫或酸性物质会和金首饰里含有的一些化学成分发生化学反应，使金首饰变红或变黑。空气中的汞元素会使金首饰变白。空气里的灰尘、油烟、雾霾等颗粒也会使金首饰变色。海水、泳池、浴室甚至自来水里的一些化学物质也会使金首饰变色。

（4）金首饰和其他首饰或其他物体发生接触，互相摩擦，也会使金首饰变色。

24. 为什么足金首饰很常见，而足银首饰不常见，大多数是925银？

足银的银含量在99%以上，特别软，容易变形，不容易加工成复杂造型的首饰，而且在佩戴过程中容易损坏，比如发生变形和磨损，所以厂家很少用足银做首饰。

925银的银含量是92.5%，还含有7.5%的铜，这种银的硬度比足银高，不容易发生变形，容易加工成多种款式的首饰。所以厂家一般用它加工银首饰，这种首饰上一般会标注"S925"，表示925银。

25. 可以用牙膏清洗珠宝首饰吗？

这个要根据珠宝首饰的种类来决定：因为牙膏里一般都含有很细小的磨料颗粒，它们的硬度很高，目的是去除牙齿表面顽固的污渍。所以，可以用牙膏清洗硬度比较高的珠宝，比如钻石、红宝石等，它们表面的污渍可以被迅速清除。但是，不能用牙膏清洗硬度较低的珠宝，比如黄金、铂金、蜜蜡、珍珠等，因为牙膏里的磨料会磨损这些珠宝的表面，使它们失去光泽以及产生划痕等，从而造成损坏。

26. 为什么金银首饰适合用超声波清洗？

超声波清洗机会产生超声波，在超声波的作用下，水里会出现很多微小的气泡，这些小气泡会形成冲击波，冲击、振动首饰的表面，使首饰表面的污物发生破碎、分离，从而起到清洗的作用。人们把这种现象叫作"空化效应"。

超声波清洗有很多优点。

（1）清洗效果好、速度快，省时省力。冲击波的压强很大、频率很高，污物能够彻底被清洗掉。

（2）清洗彻底。用超声波清洗时，首饰是浸泡在水里的，水可以渗入首饰的多个位置，所以超声波可以清洗多个位置的污物，比如狭缝、深孔、死角等，所以超声波特别适合清洗形状复杂的首饰，效果好、效率高。

（3）对金银首饰不会造成损伤。虽然超声波的压强大、频率高，但是气泡的体积非常小，金银首饰本身很致密，强度高，韧性好，所以金银首饰不会发生磨损、破坏，质量、重量都不会变化。

所以，金银首饰适合用超声波清洗。

27. 哪些珠宝不能用超声波清洗？

超声波清洗虽然有很多优点，但是也有很多珠宝不能用它清洗。这些珠宝种类和其原因如下。

（1）宝玉石。如红宝石、祖母绿、翡翠等，这是因为它们的脆性很大，超声波会破坏它们内部的结构，使内部出现裂纹。而且，很多宝玉石内部本身就经常有很细小的裂纹，但并不影响平时佩戴。如果用超声波清洗，超声波会使裂纹变大，严重时可能会使宝玉石发生开裂，所以，宝玉石不能用超声波进行清洗。

（2）有机宝石。如珍珠、琥珀蜜蜡、珊瑚等。它们的结构比较疏松，强度、硬度低，韧性差，有的内部还有裂纹、气泡等缺陷，在超声波的振动和清洗液的渗透作用下，它们的结构会受到破坏，严重时也会发生开裂或破碎。

（3）微镶和无边镶的宝石首饰。在这些首饰里，金属对宝石的固定作用不强，宝石都不太牢固，如果用超声波清洗，在超声波的振动作用下，宝石容易发生脱落。

28. 手镯断了怎么办？

对金、银手镯，如果造型比较简单，断了后可以让维修人员重新焊接起来；如果造型复杂，不能焊接，也可以回收。

对玉镯，断了后一般可以用金、银等进行镶嵌，重新做成手镯。如果断成了很多段，可以把它们做成其他首饰，比如吊坠、戒指等。

当然，这些修复都需要一定的费用，在决定是否修复以及用哪种修复方法之前，最好先打听一下费用，看看是否划算，然后再做决定。